“十二五”普通高等教育本科国家级规划教材
普 通 高 等 教 育 精 品 教 材

21世纪大学本科计算机专业系列教材

丛书主编 李晓明

形式语言与自动机理论教学参考书（第4版）

蒋宗礼 编著

U0214237

清华大学出版社
北京

内 容 简 介

本书作为《形式语言与自动机理论(第4版)》(主教材)的配套教学辅导用书,按照主教材的结构编写而成。本书包括有关内容的讲解、学习要点、问题分析、求解思路和方法、注意事项。考虑到该课程习题求解具有相当的难度,以及给出全部习题解答又不利于学生学习,本书只给出了典型习题的解析。为了引导读者及时总结学习内容,按照小节给出知识点和主要内容解读,为读者学习和掌握主教材中的知识点和问题求解方法,体会问题求解的核心思想提供帮助,对教师和学生来说,阅读这些内容都是很有意义的。

图书在版编目(CIP)数据

形式语言与自动机理论教学参考书/蒋宗礼编著. —4版. —北京:清华大学出版社,2023.6
21世纪大学本科计算机专业系列教材
ISBN 978-7-302-63626-7

Ⅰ.①形… Ⅱ.①蒋… Ⅲ.①形式语言—高等学校—教学参考资料 ②自动机理论—高等学校—教学参考资料 Ⅳ.①TP301

中国国家版本馆CIP数据核字(2023)第090164号

责任编辑:张瑞庆
封面设计:常雪影
责任校对:申晓焕
责任印制:曹婉颖

出版发行:清华大学出版社
网　址:http://www.tup.com.cn, http://www.wqbook.com
地　址:北京清华大学学研大厦A座　**邮　编**:100084
社 总 机:010-83470000　**邮　购**:010-62786544
投稿与读者服务:010-62776969,c-service@tup.tsinghua.edu.cn
质量反馈:010-62772015,zhiliang@tup.tsinghua.edu.cn
课件下载:http://www.tup.com.cn,010-83470236
印 装 者:三河市铭诚印务有限公司
经　销:全国新华书店
开　本:185mm×260mm　**印　张**:14.25　**字　数**:350千字
版　次:2008年3月第1版　2023年6月第4版　**印　次**:2023年6月第1次印刷
定　价:48.00元

产品编号:100957-01

第 4 版前言

FOREWORD

本书自第 1 版出版以来，一直受到读者的厚爱，甚至被认为是国内“形式语言与自动机理论”课程最合适的教材，第 2 版和第 3 版先后入选普通高等教育“十一五”国家级规划教材和“十二五”普通高等教育本科国家级规划教材，第 2 版在 2008 年还被教育部评为国家级普通高等教育精品教材。尽管该教材是基础理论课程教材，按照需要，2013 年出版的第 3 版也到了修订的时候。另外，自 2013 年以来，作者在教学中也有了一些新的体会，加上我国高等教育正在跨入新的阶段，所以，在第 4 版出版前，还是有一些话想和大家交流。

首先，到 2020 年，我国全面建成了小康社会，目前中国共产党正在领导我们迈向第二个百年目标，把中国建成一个富强、民主、文明、和谐的社会主义现代化国家。这个新的发展时期的人才需求明显高了，这给高等教育提出了新的要求。我们必须为党和国家培养更多水平更高、质量更好、对未来高速度发展适应性更强、德智体美劳全面发展的社会主义建设者和接班人。他们需要有更强的创新能力、更强的可持续发展能力，要能更好地承担并高质量、高水平地完成发展之潮头的引领性工作。

其次，近些年来，随着人才培养标准的建立和质量意识的强化，我们进一步清晰地表达了本科教育的定位和要求，特别是将工科人才培养的基本定位具体准确地描述为解决复杂工程问题。而教育意义上的复杂工程问题的最基本特征是“能够运用深入的工程原理经过分析才有可能解决”。另一个重要特征是“需要通过建立抽象模型才能解决，而且在建模过程中体现出创造性”。这些使得我们对工科本科教育致力于未来工程师的培养所需的教学内容和基本追求有了更深刻的体会。不仅进一步明确了本科教育不能是产品教育，不能导致学生毕业后在谈到自己学了什么、有什么能力的时候，首先想到的是学了哪几种高级程序设计语言，这个说“我是学 Java 语言的”，那个说“我是学 Python 语言的”，或者说我学了 3 种或 4 种“编程”语言，而是要夯实学生的可持续发展基础，能够创造性地综合运用数学、自然科学、计算机、工程基础和专业知识分析和解决问题。使得学生未来不会仅仅凭借记忆的知识去解决问题，去和机器抢饭碗。“形式语言与自动机理论”课程在这些方面有着天然的优势。要发挥这一优势，课程教学需要进一步在以下方面发力。

第一，努力为学生“能够运用深入的工程原理，经过分析解决问题”奠定坚实的基础。一是课程内容的选择和组织，要保证能够使学生学到“深入的工程原理”，不仅教师要“讲到”，重要的是学生要“学到”。所以，既不能“因难就删”，也不是“越难、越多就越好”，要使学生使劲“跳一跳”，而且“跳一跳”后能够得到。二是要强调“分析”。不能只是简单地告诉学生有什么、是什么，而是要带着学生探讨出什么，更不能念 PPT、照本宣科。三是追求恰当的“运用”。就本课程而言，就是要首先保证适当、有效的习题。因为“习题”可以在课内最高效地获得对“知识”的适当运用。当然,如果学时比较充裕,安排学生依据一些基本结论,设计实现出相应的自动计算系统,也是非常有意义的。

一个重要的问题是,要破除学生认为这些抽象理论不是“编程”所以没有用的错误认识。

第二,要按照学生的培养需求强调恰当学科形态的内容。一定要将本课程的教学置于整个人才培养体系中,不能就课程说课程,更不能从定义到定理,将课程上得干巴巴的。就目前我国计算机类专业本科教育而言,虽然有4200多个专业点,但基本上都是面向工程和应用型人才培养的。所以,一般来说,强调“设计形态”的内容是本课程的基本取向。虽然本课程的数学特征非常明显,在统计中应该像集合与图论、近世代数、数理逻辑、组合数学一样,将其归入数学类课程,但对工科学生来说,不能简单地从定义到定理,不能简单地追求结论的常规证明。所以,需要重视模型的构造、等价变换,以及基于模型实现的构造性证明,引导学生学习如何基于模型实现问题的系统求解,并能够证明解的正确性,从而对工程的完备实现提供保证。

第三,一定要坚持理论指导下的实践。本科教育的实践,不是简单地动手,而是动脑为前提的动手。对本科教育而言,很多时候“动手能力差”实际是“动脑能力差”。有人错误地将考试分数比较高但设计开发能力较差的学生说成是“理论学得好”“动手能力差”的学生。分数高,不一定是理论学得好。实际上,既然这类学生“动手能力差”,那么他们肯定并没有真正学懂这些理论,因为理论是源于实践又反过来指导新的实践的。他们之所以获得了“高分”,是评价体系出了问题,很可能是针对基本知识的集合简单理解进行的评价。

第四,本课程的“动手”鼓励学生认真求解适当、适量的习题,一般不安排到实验室做实验。而且在有效的习题求解“练习”中也不能是简单地“照猫画虎”,而是要综合地、创造性地解决问题。要注意体现基于基本原理的探索。所以,即使是习题课,也不能简单地告诉学生如何解题。要通过这类实践练习,使学生深入理解课程内容,亲口尝尝这个“梨子”的滋味。另外,要注意习题的难易搭配。防止全是比较简单的题导致无法达到训练的目的。还要防止给学生太多做不出来的题,这样会导致学生失去信心、失去兴趣。再者,在习题中,构造性题目的占比应该大一些。本书各章给出的习题总体上是按照这个想法设置的,教师还需要根据学生的具体情况,从中做出适当的选择。

第五,引导学生基于基本原理通过分析去求解问题,而不是简单地追求解题技巧,更不是简单地追求“套用”“模仿”。这有利于学生科学意识的培养,使得他们能够在高层次上解决问题。

授课的过程中,要引导和鼓励学生读书,特别是读经典图书。我们都知道“书中自有黄金屋,书中自有颜如玉”,书中,尤其是经典图书中确实有,但是要把这些“黄金屋”“颜如玉”变成学生的,唯有静下心来认真、深入读书。所以,教师不仅要努力为自己构建一个安静的书桌,也要为处于重要的打基础阶段的学生有一张安静的书桌而构建一个良好的生态环境。

第六,强化学生思维能力的培养。前面已经强调了课程要努力引导学生分析问题,教师要在对问题的研究中教,学生要在对未知的探讨中学,形成心灵的高层次互动,努力将课程上成思维体操课。只有让学生学会独立思考,他们才会逐渐形成解决复杂工程问题的能力和可持续发展的能力。

本书除了保持内容的严格叙述外,也试着探索对一些关键思路的描述,引导读者发现问题、分析问题、解决问题,以期对以上几点给出一些回应。当然,这些本身都是探索性的,一定有不妥当之处，还请读者毫无保留地指出来，并且希望教师也能结合自己的教学去探索，以便编写出更好、更适应新时期教学要求的教材，当然不仅仅是“形式语言与自动机理论”课程的教材。希望通过大家的共同努力，使本书及其对应的课程能够在高水平科技人才，尤其是高水平计算机类专业人才的培养中发挥更多作用。

对书中的错误和有关建议，请读者不吝赐教。联系方式：jiangzl@bjut.edu.cn。

作　者

2023 年 1 月

第 3 版前言

FOREWORD

培养创新人才，对本科教育来讲，主要是夯实基础、训练思维、养成探索之习惯。所以，创新能力(innovation ability)的培养不能着眼于眼前，简单追求立竿见影，必须面向未来，寻求可持续发展。因此，要追求雄厚的基础(fundaments)、有效的思维(thinking)、勤奋的实践(practice)，这 3 点简单归纳为“厚基础、善思维、常实践”，可以用如下公式表示：

$$I=F+T+P$$

首先是“厚基础”，包括知识基础和能力基础。对计算机类专业人才来说，重要的理论基础主要来自于理论课程的学习。认真深入地读几本基础性的书，深入理解其中的内容，使自己的思想水平上升到一个新的高度，是非常必要的。为了达到学习知识以提升能力的目的，就要在学习知识的同时，注重对其中蕴含的思想和方法的学习，培养主动探索意识与精神。其次是“善思维”。古人云：“学而不思则罔，思而不学则殆。”要想将书中的知识转化成自己的知识和能力，就必须在认真读书的过程中勤奋地思考。在培养创新思维能力的过程中建立创新意识，形成创新能力。最后，“常实践”是手段。在实践中去加深理解，实践探索。“动手能力”不能是狭义的，它不仅仅简单地来自于下工厂、进企业、进实验室的活动，更不是简单地“编程序”。作为一名科技工作者，“动手”的关键在于“动脑”。

就计算学科而言，离开了理论的指导，就很难有高水平的实践。作者认为，“理论，可以使人‘站到巨人的肩膀上’，并拥有一个‘智慧的脑’”；“实践，需要用智慧的脑，练就一双灵巧的手，去开创一个新世界”。不应该将理论和实践教学割裂开，要有意识地将它们融在一起，这样会收到事半功倍的效果。这就是说，既要“动手”又要“动脑”，要用高水平的动脑去“指挥”高水平的动手，也就是“理性实践”。而且，不同的专业、不同的课程需要不同形式的实践。就本课程而言，认真地读书，思考一些问题，做一些各种难度的练习，就是一种常规的实践。在这个过程中领悟大师们的思维，从而达到训练思维、提升思维水平的目的，不断强化探索未知的意识，提升探索的能力。

这些能力导向教育的思想如何体现在教材中？如何引导读者去发现问题、分析问题、解决问题？如何使得这些引导既深入又简单？它们一直是作者努力探讨的问题。在本书的写作中，除了叙述基本的知识内容外，还努力进行着问题的分析，从而使这些分析在本书中占有很大的篇幅。建议读者不要简单地背定义、定理，要深入地理解，达到能够用自己的语言表达它们的程度。特别要注意认真地阅读分析部分，其中的某一句话可能会使读者产生“恍然大悟”之感，而某一句话可能会引导读者思考更深入的问题。希望读者能够仔细地阅读这些内容，相信会有更多的收获。

本套书自 2003 年 1 月出版以来，其第 1 版在 2004 年获北京市高等教育教学成果一等奖，2005 年被评为北京市精品教材。该套书的第 2 版是普通高等教育“十一五”国家级规划教材，2008 年被教育部评为国家级普通高等教育精品教材。本版作为“十二五”普通高等教育国家级规划教材出版。作者看到，10 年来，该教材一直受到读者的欢迎和鼓励，开设此课程的学校很多将其选为教材，使得该套教材成为国内同类教材中发行量和影响力最大的精品教材。另外，清华大学出版社对本套教材的建设，给予了很大的支持，特别是本书的责任编辑张瑞庆编审发挥了重要作用。在此，我们一并表示真诚的感谢。我们相信，随着计算机专业教育的发展，在大家的支持下，该课程在高水平人才的培养中将会进一步发挥作用。

对书中的错误，请读者不吝赐教。联系方式：jiangzl@bjut.edu.cn。

作　者

2013 年 2 月

第 2 版前言

FOREWORD

“离散数学”和“形式语言与自动机理论”是计算机科学与技术专业本科两大专业基础理论课程，这两门课程不仅为学生提供本专业的基础知识，更肩负着培养学生计算思维能力的重要任务。在形式语言与自动机理论中，按照类研究问题的描述，并研究这些描述之间的关系、变换等，从而将问题的求解从实例计算推进到类计算和模型计算，这正是计算学科所追求的，也是本学科的工作者解决问题的着眼点和方法，以及所构建的系统的最大特点和优势。随着计算学科本科生和研究生教育的不断发展，这种优势将进一步的凸现。

从 2002 年到 2003 年，作者以近 20 年教学积累和相应的教案为基础，辅以 10 余年对教育教学的思考撰写成了《形式语言与自动机理论》和配套的《形式语言与自动机理论教学参考书》，这套书出版后，受到了广大读者的欢迎，一些相识的和不相识的读者对本书给予了充分的肯定，被选作本科生和研究生教材，成为国内相应课程发行最广的教材。2004 年这套书被评为北京市精品教材，并且荣获 2004 年北京市高等教育教学成果奖一等奖，2006 年被评为教育部普通高等教育“十一五”国家级规划教材。

在这次修订中，又融进了近几年来作者在从事相关课程教学以及计算机科学与技术专业优秀教材建设中所获得的经验和体会。例如，进一步强调教材是写给读者的，不是写给自己的。而且强调教材的写作特征，认为在这些读者中，首先是学生，要考虑他们是初学者，不同类型的学生有不同的关注点，更需要强调用词和描述的准确性、一致性，语言表达的清晰性和叙述的完整性，杜绝陌生名词的突然出现和使用；其次是教师，面对他们，要考虑对现代教育思想的体现和课程的容量；最后是普通的读者，需要通俗易懂，可以提供一些问题的查阅。考虑到作为理论基础性课程教学所确定的内容的稳定性和相应课程关于人才培养的实际需要，本次修订没有追求对知识点及其讲述顺序的调整，主要是进一步提高其可读性、系统性、严密性，特别对一些不太容易掌握含义的地方做了更清楚、更确切的描述，进一步提高了可理解性。

我们必须承认，本课程的基本内容高度抽象，虽然在写作中按照理工科人才培养的实际需要，强调了构造、等价变化等设计形态的内容，但是与其他的课程相比，也难免有一些难度。如何更好地解决这些问题，我们渴望读者能够给出宝贵的建议。另外，书中难免有这样或那样的错误，也恳请读者不吝赐教。联系方式：jiangzl@bjut.edu.cn。

作　者

2007 年 4 月

第 1 版前言

FOREWORD

计算机科学与技术学科要求学生具有形式化描述和抽象思维能力，并且能够很好地掌握逻辑思维方法。我们称其为“计算思维”能力，或者称为“计算机思维”能力。当然，一种能力的培养绝不是一两门孤立的课程可以实现的，尤其是思维能力的培养更是如此。它需要一系列课程，并且通过长期的学习和实践来完成。

形式语言与自动机理论不仅对问题及其求解提供了良好的形式化描述工具，更在通过适当的描述和解析而降低难度之后，成为对本科生和研究生进行“计算思维”能力培养的一门重要技术基础课程。

抽象和形式化是本书所涉及内容的主要特点。在这里，既有严格的理论证明，又具有很强的构造性。包含一些基本模型、模型的建立、性质等。通过对本课程的学习，除了使学生掌握正则语言、下文无关语言的文法、识别模型及其基本性质、图灵机的基本知识以外，主要致力于培养学生的形式化描述和抽象思维能力。同时使学生了解和初步掌握“问题、形式化描述、自动化(计算机化)”的解题思路。这样，我们就扣上了“什么能被有效地自动化”这一计算学科的主题。

当我们用计算机进行问题的求解时，需要实现对“问题”所在系统的状态及其变换的描述，要用适当的数据在计算机中表示该问题，并用适当的算法通过对这些数据的变换来获得问题的求解结果。因此，首先对问题进行抽象和形式化表示，然后进行处理，是进行计算机问题求解的基本途径。形式语言与自动机理论给出了一类基本问题的基本描述与计算模型——抽象表示。并通过研究这些模型的性质及其变化方法来对这些问题进行研究。它们都是问题的数学模型化的典范，给计算机问题求解提供了一种优美而坚实的基础，而且，它也向人们展示了一种典型的方法和思想。另外，形式语言与自动机理论还是研究算法及其理论的基础。

形式语言与自动机理论对于一个计算机科学与技术工作者是非常重要的，它已经成为国际上计算机科学与技术专业本科生的一门重要课程。ACM 和 IEEE CC2001 及《中国计算机科学与技术学科教程 2002》(简称为 CCC2002)给出了明确的要求。这里面不仅含有本学科最基本的知识内容，更涉及本学科方法论中所包含的全部 3 个学科形态。它可以被用来引导学生站在更高的高度去看待问题，去伪存真，直击本质，抓住问题及求解的关键点，以“计算机”的方式解决问题。

《形式语言与自动机理论》一书包括了 CC2001 和 CCC2002 规定的全部相关知识单元的内容，并且完全满足 CC2001 建议的高级课程——自动机理论教学大纲的要求。它不仅是后续课《编译原理》的理论基础，而且还广泛地用于一些新兴的研究领域。与国外现有的教材比较,《形式语言与自动机理论》一书主要突出了3个特点:①充分考虑国内教学计划的容量,进行内容的取舍和组织;②在培养读者的计算思维能力上做出进一步的尝试;③主要考虑国内读者的特点,并且按照国内的教学风格的要求讨论问题。本书将按照小节清晰地列举出相关知识点,给出主要内容的解读。通过这些,进一步地讨论讲解学习的要点、问题分析、求解思路和方法、注意事项等内容,为读者学习和掌握原书中的知识点和问题求解方法、体会问题求解的核心思想提供帮助。考虑到初学者在解答习题中将会遇到的主要困难,本书选择了一些典型习题,并且给出了解答及分析。

"形式语言与自动机理论"课程的教学,最大的问题有两个:一是内容非常抽象,这就导致阅读起来比较枯燥,而且它的作用主要是在潜移默化中体现的,难以让学生看出其"用处",似乎让人感到学习这门课程是在"自讨辛苦",而且这种"辛苦"没有太大的意义,不如学习Java语言等编程更容易、更实用;二是这些内容具有较大的难度,难以找到体验感性认识的具体实例,这就导致读者难以发现相关知识点的来龙去脉,以达到深入领会之目的。要想解决这两个问题,必须掌握问题求解的思想和方法,并且通过对它们的研究,来领略这门课程在高度抽象和形式化下的优美和乐趣,使这些看似抽象枯燥的内容活起来。实际上,许多内容都可能是读者自己的体会,哪怕这些体会是不完善的,甚至是过于理想化(理性)的,与历史是不十分符合的。但是,它们一定是更理性的"思路"和"想法"。实际上,这正是人们在科学研究中所努力追求的。

虽然目前在国内的计算机科学与技术学科的本科生的课程教学计划中,设置"形式语言与自动机理论"课程的学校还不是很普遍,甚至在一些学校的研究生的培养方案中也还未开设此课程,但是,随着我国的计算机科学与技术学科教学的不断发展和条件的逐渐成熟,将会有越来越多的学校开设本课程。

本书共分12章。为了便于阅读,从第1章到第10章完全与原书(主教材)结构相对应。第1章回顾在离散数学中学过的本书将要用到的一些基础知识,为后续的章节做好准备。由于主要是为了复习,所以这里给出的是知识点和应该注意的事项。除最后一节的"形式语言及其相关的基本概念"为新内容外,其他内容都可以由学生自学。第2章到第8章是教学的重点内容,主要讨论正则语言和上下文无关语言的文法、自动机描述及其性质。第9章对计算进行介绍,包括一般计算模型图灵机的概念、构造方法、修改,与计算相关的不可判定性、P-NP等问题。第10章介绍上下文有关语言。在这些章节中,以知识点、主要内容解读、典型习题解析的形式,对讨论的内容进行归纳和解析。第11章对本书的内容按类进行全面总结。在第12章中安排了教学设计,从总体上讨论本课程的讲授等问题。

由于作者水平有限,书中的错误和不当之处在所难免,敬请读者批评指正。

作　者

2003年6月

目　录

CONTENTS

第 1 章 绪论

计算机科学与技术学科，简称计算机学科，系统地研究信息描述及其变换算法，包括它们的理论、分析、效率、实现和应用。学科的根本问题是：什么能且如何被（有效地）自动计算。经过多年的发展，计算机学科已经发展成为计算学科（computing discipline）。该学科既研究计算领域中的一些普遍规律，描述计算的基本概念与模型，又研究包括计算机硬件、软件（系统软件和应用软件）在内的计算系统设计与实现的工程技术。理论和实践在该学科占有重要地位，其中的理论扮演着重要基础的角色。这可以从计算学科（计算机科学与技术学科）方法论中找到依据。另外，深入分析不难发现，即使像形式语言与自动机理论这样的内容，也同时具有抽象、理论、设计 3 个形态的内容。对不同类型学生的教学，可以通过强调不同形态的内容来达到教学目的。

众所周知，建立物理符号系统并对其实施变换是计算机学科进行问题的描述和求解的重要手段。"可行性"所要求的"形式化"及其"离散变换特征"使得数学成为重要工具。尤其是离散数学和计算模型，无论从方法还是从工具等方面，更表现出它在计算学科中的直接应用。

虽然形式语言与自动机理论的论述只是用到集合、关系、图等基本概念，但是却不需要对这些基本概念进行过多的解释。因此，从知识的联系的角度来看，集合论和图论不一定要作为本课程的先修课。但是，从理解和掌握本课程的内容来讲，应该是在学习过集合论和图论，具有一定的知识基础和思维能力基础后，再开始本书内容的学习才是比较有利的。考虑到集合论和图论通常都被划入离散数学，所以，在本科生的教学计划中，"形式语言与自动机理论"被作为离散数学的后续课程。而如果是在研究生阶段学习形式语言与自动机理论，通常也假定学生具有离散数学的基本知识。为了平稳地过渡，本章首先简要回顾在离散数学中学过的部分基本概念和方法，包括：集合及其表示、集合之间的关系、集合的运算、无穷集合、二元关系及其性质、等价关系与等价类、关系的合成、关系的闭包、无向图、有向图和树。这一部分内容分布在 1.1 节到 1.3 节。建议快速浏览这 3 节内容，以熟悉相应的表达方式。如果要介绍这一部分的内容，需要另外增加 4～6 学时。

第二部分是关于形式语言及相关基本概念，包括字母表、字母及其特性、句子、出现、句子的长度、空语句、句子的前、后缀、语言及其运算。这一部分是本章的重点，属于本课程的正式内容。讲授这一部分的内容需要 2 学时。

本章后面列举了大量的习题，主要使学生对所要求的内容进行进一步巩固和复习。在这些习题中，希望读者能够完成一些构造性题和证明题。关于语言的题目，应该尽可能多地完成。因为它们都涉及最基本的训练。

1.1 集合的基础知识

无论是朴素集合论（set theory），还是公理化集合论，都是整个数学的基础。计算机科学与技术领域中的大多数基本概念和理论都采用与集合论有关的术语来描述。

1.1.1 集合及其表示

1. 知识点

（1）集合：一定范围内的、确定的并且彼此可以区分的对象汇集在一起形成的整体称为集合（set），简称为集。

（2）元素：集合的成员为该集合的元素（element）。

（3）a 是集合 A 的一个元素：如果 a 是集合 A 的一个元素，则记为 $a \in A$，且称 a 属于 A，或者 A 含有 a；否则记为 $a \notin A$，且称 a 不属于 A，或者 A 不含 a。$a \in A$ 读作 a 属于 A；$a \notin A$ 读作 a 不属于 A。

（4）集合描述形式。

① 列举法（listing）：将所有的元素逐一地列举在大括号“{}”中，在能使读者立即看出规律时，某些元素可用省略号表示。

② 命题法（proposition）：其基本形式为 $\{x \mid P(x)\}$，其中 P 为谓词，表示此集合包括所有使 P 为真的 x。

（5）多重集合：一个元素可以在同一个集合里重复出现。

（6）基数：如果集合 A，B 之间有一个一一对应，则称它们具有相同的基数（cardinality）。集合 A 的基数又称为集合 A 的势，一般用 $|A|$ 表示。对有穷集来说，它的基数就是它所包含的元素的个数。

（7）集合的分类。

① 由有限个元素构成的集合称为有限集（finite set），又称为有穷集。由无穷多个元素组成的集合称为无穷集（infinite set）。

② 如果 $|A|=0$，则称 A 为空集（null set），一般用 $\varnothing$ 表示。

③ 无穷集可以分成可数集（countable infinite set 或 countable set）和不可数集（uncountable set）。与自然数集对等的集合称为可数集。

（8）整数集、有理数集是可数的，实数集是不可数的。实数集的不可数性质可以用著名的对角线法（diagonalization）证明。

2. 注意事项

本节回忆集合及其表示的基本内容，不用进一步扩展，而且在回忆中可随时以实际例子加以说明。注意以下表示集合及其元素的习惯。

用大写英文字母 $A, B, C, \cdots$ 和大写希腊字母 $\Gamma, \Sigma, \Phi, \cdots$ 表示集合，用小写字母 $a, b, c, d, \cdots$ 表示集合的元素。

N——表示全体自然数集合。

Q——表示全体有理数集合。

R——表示全体实数集合。

Σ——表示字母的集合。

1.1.2　集合之间的关系

1. 知识点

(1) P_1 是 P_2 的充要条件记为 $P_1 \Leftrightarrow P_2$，或者 P_1 iff P_2。

(2) 全称量词和存在量词。

"$\forall x$"表示"对(论域中)所有的 x"，"$\exists x$"表示"(论域中)存在一个 x"。

(3) 子集。

如果集合 A 中的每个元素都是集合 B 的元素，则称集合 A 是集合 B 的子集(subset)，集合 B 是集合 A 的包集(container)。记作 $A \subseteq B$，也可记作 $B \supseteq A$。$A \subseteq B$ 读作集合 A 包含在集合 B 中；$B \supseteq A$ 读作集合 B 包含集合 A。

如果集合 A 是集合 B 的子集 $A \subseteq B$，且 $\exists x \in B$，但 $x \notin A$，则称 A 是 B 的真子集(proper subset)，记作 $A \subset B$。

(4) 集合相等。

如果集合 A, B 含有的元素完全相同，则称集合 A 与集合 B 相等(equivalence)，记作 $A = B$。

2. 注意事项

(1) 对于集合的如下结论，可以在回忆上述基本概念时穿插在其中考虑，不用特意去证明，在提到这些结论时，可以以思考题的方式引导学生去思考，并鼓励这方面知识不扎实的学生在课后自行努力完成几个证明。

对任意集合 A, B, C：

① $A = B$ iff $A \subseteq B$ 且 $B \subseteq A$。

② 如果 $A \subseteq B$，则 $|A| \leqslant |B|$。

③ 如果 $A \subset B$，则 $|A| \leqslant |B|$。

④ 如果 A 是有穷集，且 $A \subset B$，则 $|B| > |A|$。

⑤ 如果 $A \subseteq B$，则对 $\forall x \in A$，有 $x \in B$。

⑥ 如果 $A \subset B$，则对 $\forall x \in A$，有 $x \in B$ 并且 $\exists x \in B$，但 $x \notin A$。

⑦ 如果 $A \subseteq B$ 且 $B \subseteq C$，则 $A \subseteq C$。

⑧ 如果 $A \subseteq B$ 且 $B \subset C$，或者 $A \subset B$ 且 $B \subset C$，或者 $A \subset B$ 且 $B \subseteq C$，则 $A \subset C$。

⑨ 如果 $A = B$，则 $|A| = |B|$。

(2) 通过充要条件、存在量词、全称量词的使用，告诉学生尽量用符号、式子去表达和叙述问题，培养学生形式化表达问题的能力。

1.1.3 集合的运算

1. 知识点

(1) 并。

将集合 A 的元素和 B 的元素放在一起构成的集合称为 A 与 B 的**并**(union),记作 $A\cup B$。$A\cup B=\{a\mid a\in A$ 或者 $a\in B\}$。

"$\cup$"为并运算符,$A\cup B$ 读作 A 并 B。

设 $A_1,A_2,\cdots,A_n$ 是 n 个集合,则它们的并 $A_1\cup A_2\cup\cdots\cup A_n=\{a\mid \exists i,1\leqslant i\leqslant n$,使得 $a\in A_i\}$;

设 $A_1,A_2,\cdots,A_n,\cdots$是一个集合的无穷序列,则它们的并 $A_1\cup A_2\cup\cdots\cup A_n\cup\cdots=\{a\mid \exists i,i\in N$,使得 $a\in A_i\}$,也可记为 $\bigcup\limits_{i=1}^{\infty}A_i$。

当一个集合的元素都是集合时,可以称为集族。设 S 是一个集族,则 S 中的所有元素的并为

$$\bigcup_{A\in S}A=\{a\mid \exists A\in S,a\in A\}$$

(2) 交。

集合 A 和 B 中都有的所有元素放在一起构成的集合称为 A 与 B 的**交**(intersection),记作 $A\cap B$。$A\cap B=\{a\mid a\in A$ 且 $a\in B\}$。

"$\cap$"为交运算符。$A\cap B$ 读作 A 交 B。

如果 $A\cap B=\varnothing$,则称 A 与 B 不相交。

(3) 差。

由属于 A,但不属于 B 的所有元素组成的集合称为 A 与 B 的**差**(difference),记作 $A-B$。$A-B=\{a\mid a\in A$ 且 $a\notin B\}$。

"$-$"为减(差)运算符,$A-B$ 读作 A 减 B。

(4) 对称差。

由属于 A 但不属于 B,以及属于 B 但不属于 A 的所有元素组成的集合称为 A 与 B 的**对称差**(symmetric difference),记作 $A\oplus B$。$A\oplus B=\{a\mid a\in A$ 且 $a\notin B$ 或者 $a\notin A$ 且 $a\in B\}$。

"$\oplus$"为对称差运算符。$A\oplus B$ 读作 A 对称减 B。$A\oplus B=(A\cup B)-(A\cap B)=(A-B)\cup(B-A)$。

(5) 笛卡儿积。

A 与 B 的**笛卡儿积**(cartesian product)是一个集合,该集合是由所有这样的有序对(a,b)组成的:其中,$a\in A,b\in B$,记作 $A\times B$。$A\times B=\{(a,b)\mid a\in A$ 且 $b\in B\}$。

"$\times$"为集合的笛卡儿乘运算符。$A\times B$ 读作 A 叉乘 B。

(6) 幂集。

A 的**幂集**(power set)$2^A=\{B\mid B\subseteq A\}$。

(7) 补集。

补集又称为余集,它是基于某个论域而言的。论域 U 中的、不在 A 中的所有元素组成的

集合称为 A 关于论域 U 的补集(complementary set),简称为 A 的补集,记作 $\bar{A}$。$\bar{A}=U-A$。

对补运算,De Morgan 公式成立:$\overline{A\cap B}=\bar{A}\cup\bar{B}$,$\overline{A\cup B}=\bar{A}\cap\bar{B}$。

2. 注意事项

(1) 应强调有穷集合的并和无穷集合的并的异同,尤其注意使学生较好地掌握无穷集合的运算问题和 $\bigcup_{A\in S}A=\{a\mid \exists A\in S,a\in A\}$ 的用法。

(2) 与 1.1.2 节提到的注意事项类似,本节的一些结论,也应该进行同样的处理。

1.2 关　系

1.2.1　二元关系

1. 知识点

(1) 二元关系。

任意的 $R\subseteq A\times B$,R 是 A 到 B 的二元关系(binary relation)。

① $(a,b)\in R$,表示 a 与 b 满足关系 R,按照中缀形式,也可表示为 aRb。其中,A 称为定义域(domain),B 称为值域(range)。当 $A=B$ 时,则称 R 是 A 上的二元关系。

② 二元关系的性质:自反(reflexive)性、反自反(irreflexive)性、对称(symmetric)性、反对称(asymmetric)性、传递(transitive)性。

③ 自反性、对称性、传递性合在一起称为关系的三歧性。

(2) 等价关系。

具有三歧性的二元关系称为等价关系(equivalence relation)。

(3) 等价类。

设 R 是集合 S 上的等价关系,则 S 的满足如下要求的划分 $S_1,S_2,S_3,\cdots,S_n,\cdots$ 称为 S 关于 R 的等价划分,S_i 称为等价类(equivalence class)。

① $S=S_1\cup S_2\cup S_3\cup\cdots\cup S_n\cup\cdots$。

② 如果 $i\neq j$,则 $S_i\cap S_j=\varnothing$。

③ 对任意的 i,S_i 中的任意两个元素 a,b,aRb 恒成立。

④ 对任意的 $i,j,i\neq j$,S_i 中的任意元素 a 和 S_j 中的任意元素 b,aRb 恒不成立。

R 将 S 分成的等价类的个数称为 R 在 S 上的指数(index)。如果 R 将 S 分成有穷多个等价类,则称 R 具有有穷指数;如果 R 将 S 分成无穷多个等价类,则称 R 具有无穷指数。

(4) 关系的合成。

设 $R_1\subseteq A\times B$ 是 A 到 B 的关系,$R_2\subseteq B\times C$ 是 B 到 C 的关系,R_1 与 R_2 的合成(composition) R_1R_2 是 A 到 C 的关系:$R_1R_2=\{(a,c)\mid \exists(a,b)\in R_1$ 且$(b,c)\in R_2\}$。

2. 注意事项

(1) 关系用来反映对象——集合元素之间的联系和性质。二元关系则是反映两个元素之间的关系,包括某个元素的某种属性。读者需要建立这种观念,以促进对后续内容的理解。

(2) 注意全称量词是对什么样的范围而言的。

(3) 需要通过等价关系强化等价分类的概念,为后面章节中的正则语言的描述(RG,FA)和对相应的 R_M,R_L 的理解做好准备。

(4) 关系合成的几个结论无须仔细证明。

1.2.2 递归定义与归纳证明

1. 知识点

递归定义(recursive definition)又称为归纳定义(inductive definition),可用来定义一个集合。一般地,一个集合的递归定义由以下 3 部分组成。

(1) 基础(basis):用来定义该集合最基本的元素。

(2) 归纳(induction):指出用集合中的元素来构造集合的新元素的规则。其一般形式为:如果 $a,b,c,\cdots,d$ 是被定义集合的元素,则用某种运算、函数或者组合方法对 $a,b,c,\cdots,d$ 进行处理后所得的结果也是集合中的元素。

(3) 极小性限定:指出一个对象是所定义集合中的元素的充要条件是可以通过有限次的使用基础和归纳条款中所给的规定构造出来。

与递归定义相对应,归纳证明方法包括以下 3 个步骤。

(1) 基础:证明该集合的最基本元素具有给定性质。

(2) 归纳:证明如果某些元素具有相应性质,则根据所规定的方法得到的新元素也具有相应的性质。它的形式一般为:如果 $a,b,c,\cdots,d$ 具有相应的性质,则用规定的方法根据 $a,b,c,\cdots,d$ 构造出来的新元素也具有相应的性质。

(3) 根据归纳法原理,所有的元素具有给定的性质。

2. 注意事项

(1) 递归定义给出的概念有利于归纳证明。在计算机学科中,有许多问题可以用递归定义描述或者用归纳方法进行证明,而且在许多时候,这样做会带来很多方便,特别是有利于给出无穷对象的有穷描述。因此,读者应该逐步掌握这种问题描述和证明方法。

(2) 在课堂上,最多选择一个典型例子仔细讲解一遍即可。主要是让学生掌握这种方法的叙述格式。$|2^A|=2^{|A|}$(主教材例 1-19),表达式的前缀形式与中缀形式对应(主教材例 1-20)是值得考虑使用的例子。

1.2.3 关系的闭包

1. 知识点

(1) 设 R 是 S 上的关系,递归地定义 R 的 n 次幂 R^n:

① $R^0=\{(a,a)|a\in S\}$。

② $R^i=R^{i-1}R$, $i=1,2,3,4,5,\cdots$。

(2) 关系 R 的 P 闭包(closure)是包含 R 并且具有 P 中所有性质的最小关系。

R 的正闭包(positive closure) 又称为 R 的传递闭包(transitive closure),用 R^+ 表示,

定义为

① $R\subseteq R^+$。

② 如果$(a,b),(b,c)\in R^+$,则$(a,c)\in R^+$。

③ 除①和②外,R^+不再含有其他任何元素。

$$R^+=R\cup R^2\cup R^3\cup R^4\cup\cdots$$

当 S 为有穷集时,

$$R^+=R\cup R^2\cup R^3\cup\cdots\cup R^{|S|}$$

R 的**克林闭包**(Kleene closure)又称为 R 的**自反传递闭包**(reflexive and transitive closure),用 R^* 表示,定义为

① $R^0\subseteq R^*$,$R\subseteq R^*$。

② 如果$(a,b),(b,c)\in R^*$,则$(a,c)\in R^*$。

③ 除①和②外,R^*不再含有其他任何元素。

$$R^*=R^0\cup R^+=R^0\cup R\cup R^2\cup R^3\cup R^4\cup\cdots$$

当 S 为有穷集时,

$$R^*=R^0\cup R\cup R^2\cup R^3\cup\cdots\cup R^{|S|}$$

2. 注意事项

(1) 介绍二元关系的传递闭包和自反传递闭包的性质。

(2) 关于闭包运算的几个结论要适当说明,但无须详细证明。

1.3 图

1.3.1 无向图

1. 知识点

(1) 无向图的概念。

设 V 是一个非空有穷集合,$E\subseteq V\times V$,$G=(V,E)$称为**无向图**(undirected graph)。其中,V 中的元素称为**顶点**(vertex 或 node),V 称为顶点集,E 中的元素称为**无向边**(undirected edge),E 为无向边集。顶点又称为结点。

(2) 图表示。

图 $G=(V,E)$的**图表示**是满足下列条件的"图":其中,V 中称为顶点 v 的元素用标记为 v 的小圈表示,E 中的元素(v_1,v_2)用标记为 v_1,v_2 的顶点之间的连线表示。"图"和"图表示"统一简称为图。

(3) 路。

如果对于 $0\leqslant i\leqslant k-1$,$k\geqslant 1$,均有$(v_i,v_{i+1})\in E$,则称 $v_0,v_1,\cdots,v_k$ 是$G=(V,E)$的一条长为 k 的**路**(Path),当 $v_0=v_k$ 时,$v_0,v_1,\cdots,v_k$ 称为一个**回路或圈**(cycle)。

(4) 顶点的度数。

对于 $v\in V$,$|\{v\,|\,(v,w)\in E\}|$称为无向图 $G=(V,E)$的顶点 v 的度数,记作 $\deg(v)$。

对于任何一个图,图中所有顶点的度数之和为图中边的两倍:

$$\sum_{v\in V}\deg(v)=2\mid E\mid$$

(5) 连通图。

如果对于$\forall v,w\in V,v\neq w$,v与w之间至少有一条路存在,则称$G=(V,E)$是连通图。

2. 注意事项

(1) 尽量用实例说明有关的概念。

(2) 图G是连通的充要条件是G中存在一条包含图的所有顶点的路。

1.3.2 有向图

1. 知识点

(1) 有向图。

V是一个非空的有穷集合,$E\subseteq V\times V$,$G=(V,E)$称为一个有向图(directed graph)。其中,V中的元素称为顶点(vertex 或 node),V称为顶点集,$\forall(v_1,v_2)\in E$称为从顶点v_1到顶点v_2的有向边(directed edge),或弧(arc),v_1称为前导(predecessor),v_2称为后继(successor)。E称为有向边集。顶点又称为结点。

(2) 有向路。

如果对于$0\leqslant i\leqslant k-1,k\geqslant 1$,均有$(v_i,v_{i+1})\in E$,则称$v_0,v_1,\cdots,v_k$是$G=(V,E)$的一条长为$k$的有向路(directed path)。当$v_0=v_k$时,$v_0,v_1,\cdots,v_k$称为一个有向回路或有向圈(directed cycle)。

(3) 图表示。

$G=(V,E)$的图表示是满足下列条件的“图”:其中,V中称为顶点v的元素用标记为v的小圈表示,E中的元素(v_1,v_2)用从标记为v_1的顶点到标记为v_2的顶点的弧表示。“图”和“图表示”是图的两种表示形式,统称为图。

(4) 顶点的度。

① $\text{ideg}(v)=|\{v\mid(w,v)\in E\}|$称为有向图$G=(V,E)$的顶点$v$的入度数,表示到达该顶点的边的个数。

② $\text{odeg}(v)=|\{v\mid(v,w)\in E\}|$,称为有向图$G=(V,E)$的顶点$v$的出度数,表示离开该顶点的边的个数。

2. 注意事项

(1) 通过强调与无向图中有关定义的异同来解释有向图。

(2) 有向图顶点v的出度数和入度数与该图中“经过”v的长度为2的路的条数之间的关系将在后面用到,建议在此处讨论。

1.3.3 树

1. 知识点

(1) 树。

满足以下条件的有向图$G=(V,E)$称为一棵(有序、有向)树(tree)。

① $\exists v \in V$，v 没有前导，且 v 到树中其他顶点均有一条有向路，称此顶点为树 G 的**根**(root)。

② 每个非根顶点有且仅有一个前导。

③ 每个顶点的后继按其拓扑关系从左到右排序。

(2) 树的基本概念。

① 顶点也可以称为结点。

② 顶点的前导为该顶点的**父亲**(**父结点** father)。

③ 顶点的后继为它的**儿子**(son)。

④ 如果树中有一条从顶点 v_1 到顶点 v_2 的路，则称 v_1 是 v_2 的**祖先**(ancestor)，v_2 是 v_1 的**后代**(descendant)。

⑤ 无儿子的顶点称为**叶子**(leaf)。

⑥ 非叶顶点称为**中间结点**(interior)。

(3) 树的层。

① 根处在树的第 1 层(level)。

② 如果顶点 v 处在第 i 层($i \geqslant 1$)，则 v 的儿子处在第 $i+1$ 层。

③ 树的最大层号称为该树的高度(height)。

(4) 二元树。

如果对于 $\forall v \in V$，v 最多只有 2 个儿子，则称 $G=(V,E)$ 为**二元树**(binary tree)。

对一棵二元树，它的第 n 层最多有 2^{n-1} 个顶点。一棵 n 层二元树最多有 2^{n-1} 个叶子。

2. 注意事项

(1) 适当讨论二元树在“最满”时叶子个数的计算，各层结点数的计算，请读者考虑最大路长为 n 的二元树的叶子的最大个数。

(2) 因为后面将讨论语法树，所以要适当讨论各顶点的关系，尤其是祖先与后代的关系。

1.4　语　　言

1.4.1　什么是语言

1. 知识点

(1) 语言的概念。

① 关键点：字，组成规则，理解(语义)规则。

② 斯大林强调语言的作用，认为语言是“广大人群所理解的字和组合这些字的方法”。

③ 语言学家韦波斯特(Webster)指出：为相当大的团体的人所懂得并使用的字和组合这些字的方法的统一体。

④ 要想对语言的性质进行研究，用这些定义来建立语言的数学模型是不够精确的，必须有更形式化的定义。

(2) 形式语言。

将语言抽象地定义成一个数学系统,其形式性可以使我们能给出语言的严格描述,并能通过此发展出一批知识——理论,而后将这些知识用到适当的模型中,使之能够在科学实践中起到良好的指导作用。

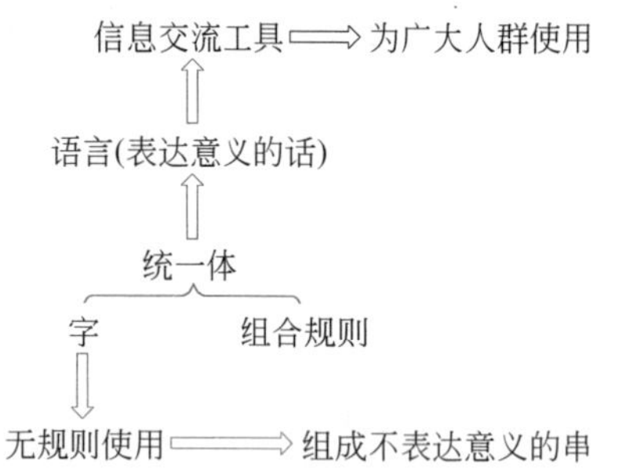

图 1-5* 语言是字及其组合规则的统一体

2. 主要内容解读

从自然语言的一个简单句子的构成及其表达意思提取出语言的构成要素,然后给出语言学家给语言所下的定义。这一部分内容主要围绕主教材图 1-5*理解。

1.4.2 形式语言与自动机理论的产生与作用

1. 知识点

(1) 形式语言的发展历史。

① 语言学家乔姆斯基,毕业于美国宾夕法尼亚大学,最初从产生语言的角度研究语言。1956 年,他将语言 L 定义为一个字母表 Σ 中的字母组成的一些串的集合:$L\subseteq\Sigma^*$。

② 在字母表上按照一定的规则定义一个文法(grammar),该文法所能产生的所有句子组成的集合就是该文法产生的语言。

③ 1959 年,乔姆斯基根据产生语言文法的特性,将语言划分成三大类。

④ 1951 年到 1956 年,克林(Kleene)在研究神经细胞中建立了识别语言的系统——有穷状态自动机。

⑤ 1959 年,乔姆斯基发现文法和自动机分别从生成和识别的角度去表达语言,而且证明了文法与自动机的等价性,这一成果被认为是将形式语言置于了数学的光芒之下,使得形式语言真正诞生了。

⑥ 20 世纪 50 年代,巴科斯范式(Backus Naur form 或 Backus normal form,BNF)实现了对高级语言 ALGOL-60 的成功描述。这一成功使得形式语言在 20 世纪 60 年代得到了大力的发展。尤其是上下文无关文法被作为计算机程序设计语言的最佳近似描述,得到了较为深入的研究。

⑦ 相应的理论用于其他方面。

(2) 形式语言与自动机理论在计算机学科人才计算思维能力的培养中占有极其重要的地位。

(3) 主教材图 1-6 表达的计算学科的主题:"什么能且如何被有效地自动计算。"

(4) 计算机学科人才基本专业能力构成。

① "计算思维能力"——强调问题的形式化与模型化描述、

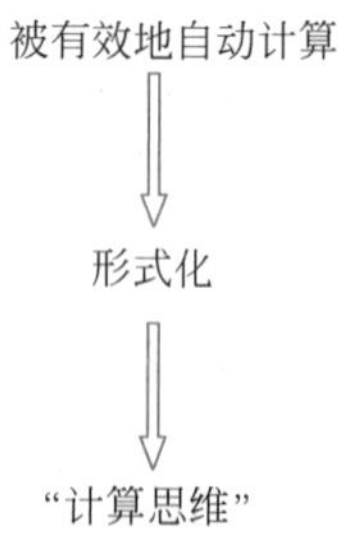

图 1-6 自动计算、形式化与"计算思维"

* 注:为了与主教材保持一致,本书的图序号统一采用主教材的原图序号。

抽象思维能力、逻辑思维能力。

② 算法设计与分析能力。

③ 程序设计与实现能力。

④ 计算机系统的认知、分析、开发和应用能力。

(5) 知识的载体属性在能力培养中的体现以及计算思维能力的培养过程见主教材图 1-7。

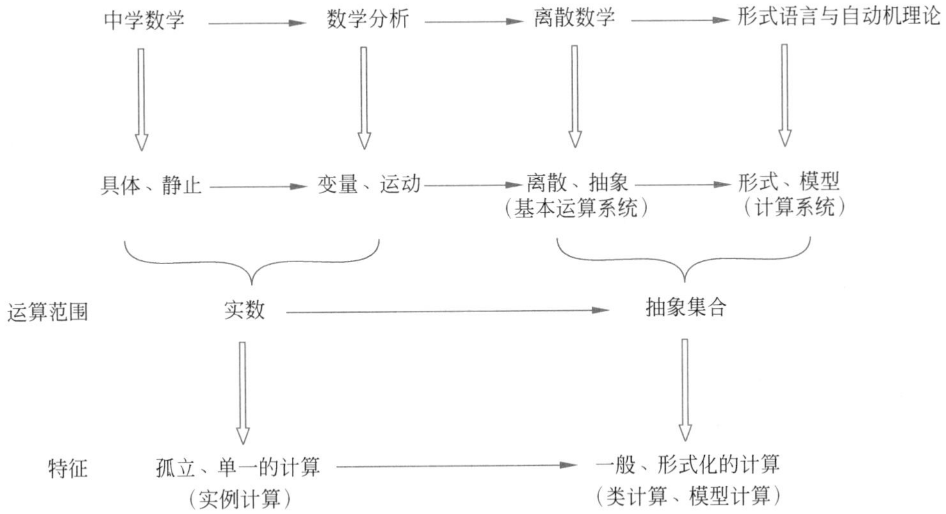

图 1-7 "计算思维能力"梯级训练系统

2. 主要内容解读

(1) 重点论述形式语言与自动机理论在计算机学科人才计算思维能力培养中的重要作用,以激发学生的学习热情。这需要通过"什么能且如何被有效地自动计算"这一计算学科的主题,探讨该学科人才的能力构成,如果可能,再适当结合计算学科方法论的内容进行讨论。这样才能使这段论述更全面、更清楚,才能在今后的教学中获得学生的较好配合。

(2) 尽可能加进教师自己的亲身体会,以增加说服力。

(3) 最后应该能自然地得出结论——形式语言与自动机理论不仅是计算机学科重要的基础理论,有着广泛的应用,而且还在计算机学科人才的培养中占有十分重要的地位,是一个优秀的高水平计算机工作者必修的一门课程。

1.4.3 基本概念

1. 知识点

(1) 对语言研究的 3 方面。

① 表示(representation)——无穷语言的表示。

② 有穷描述(finite description)——研究的语言要么是有穷的,要么是可数无穷的,这

里主要研究可数无穷语言的有穷描述。

③ 结构(structure)——语言的结构特征。

(2) 字母表(alphabet)与字母(letter)。

字母表是一个非空有穷集合,字母表中的元素称为该字母表的一个字母,又称为符号(symbol)或者字符(character)。

字母表具有非空性和有穷性。

(3) 字符的两个特性。

① 整体性(monolith),也称为不可分性。

② 可辨认性(distinguishable),也称为可区分性。

(4) 字母表的乘积(product)。

字母表 Σ_1 与 Σ_2 的乘积 $\Sigma_1\Sigma_2=\{ab \mid a\in\Sigma_1$ 且 $b\in\Sigma_2\}$。

(5) 字母表的 n 次幂。

Σ 的 n 次幂递归地定义为

① $\Sigma^0=\{\varepsilon\}$。

② $\Sigma^n=\Sigma^{n-1}\Sigma,\ n\geqslant 1$。

(6) 字母表的闭包。

字母表 Σ 的正闭包:

$$\Sigma^+=\Sigma\cup\Sigma^2\cup\Sigma^3\cup\Sigma^4\cup\cdots$$

Σ 的克林闭包:

$$\Sigma^*=\Sigma^0\cup\Sigma^+=\Sigma^0\cup\Sigma\cup\Sigma^2\cup\Sigma^3\cup\cdots$$

(7) 句子。

$\forall x\in\Sigma^*$,x 称为 Σ 上的一个句子(sentence)。句子还可以称为字(word)、(字符、符号)行(line)、(字符、符号)串(string)。

两个句子被称为相等的——如果它们对应位置上的字符都对应相等。

$x,y\in\Sigma^*$,$a\in\Sigma$,句子 xay 中的 a 称为 a 在该句子中的一个出现(appearance)。

$\forall x\in\Sigma^*$,句子 x 中字符出现的总个数称为该句子的长度(length),记作 $|x|$。

长度为 0 的字符串叫空句子,记作 ε。

(8) 句子的并置与幂。

① $x,y\in\Sigma^*$,x,y 的并置(concatenation)是这样一个串,该串是由串 x 直接连接串 y 所组成的,记作 xy。并置又称为连接。

② 对于 $n\geqslant 0$,串 x 的 n 次幂定义为

- $x^0=\varepsilon$。
- $x^n=x^{n-1}x$。

③ Σ^* 上的并置运算具有如下性质:对 Σ^* 上的任意串 x,y,z,

- 结合律:$(xy)z=x(yz)$。
- 左消去律:如果 $xy=xz$,则 $y=z$。
- 右消去律:如果 $yx=zx$,则 $y=z$。
- 唯一分解性:存在唯一确定的 $a_1,a_2,\cdots,a_n\in\Sigma$,使得 $x=a_1a_2\cdots a_n$。
- 单位元素:$\varepsilon x=x\varepsilon=x$。

(9) 前缀与后缀。

设 $x,y,z,w,v\in\Sigma^*$,且 $x=yz,w=yv$,

① y 是 x 的前缀(prefix)。

② 如果 $z\neq\varepsilon$,则 y 是 x 的真前缀(proper prefix)。

③ z 是 x 的后缀(suffix)。

④ 如果 $y\neq\varepsilon$,则 z 是 x 的真后缀(proper suffix)。

⑤ y 是 x 和 w 的公共前缀(common prefix)。

⑥ 如果 x 和 w 的任何公共前缀都是 y 的前缀,则 y 是 x 和 w 的最大公共前缀。

⑦ 如果 $x=zy,w=vy$,则 y 是 x 和 w 的公共后缀(common suffix)。

⑧ 如果 x 和 w 的任何公共后缀都是 y 的后缀,则 y 是 x 和 w 的最大公共后缀。

(10) 子串。

设 $t,u,v,w,x,y,z\in\Sigma^*$,

① 如果 $w=xyz$,则称 y 是 w 的子串(substring)。

② 如果 $t=uyv,w=xyz$,则称 y 是 t 和 w 的公共子串(common substring)。

③ 如果 $y_1,y_2,\cdots,y_n$ 是 t 和 w 的公共子串,且 $\max\{|y_1|,|y_2|,\cdots,|y_n|\}=|y_j|$,则称 y_j 是 t 和 w 的**最大公共子串**。

(11) 语言与给定语言的句子。

$\forall\ L\subseteq\Sigma^*$,$L$ 称为字母表 Σ 上的一个语言(language),$\forall\ x\in L$,x 称为 L 的一个句子。

(12) 语言的乘积。

$L_1\subseteq\Sigma_1^*$,$L_2\subseteq\Sigma_2^*$,语言 L_1 与 L_2 的乘积(product)是语言 $L_1L_2=\{xy\mid x\in L_1,y\in L_2\}$。

(13) 语言的幂。

$\forall L\subseteq\Sigma^*$,$L$ 的 n 次幂是一个语言,该语言定义为

① 当 $n=0$ 时,$L^n=\{\varepsilon\}$。

② 当 $n\geqslant1$ 时,$L^n=L^{n-1}L$。

(14) 语言的闭包。

① L 的正闭包 $L^+=L\cup L^2\cup L^3\cup L^4\cup\cdots$。

② L 的克林闭包 $L^*=L^0\cup L\cup L^2\cup L^3\cup L^4\cup\cdots$。

2. 主要内容解读

(1) 强调字母表为什么是**非空**的、**有穷**的集合。

(2) 字母表中的字母是组成字母表上的语言中的任何句子的最基本元素。

(3) 注意在介绍字母表的闭包时,说明以下两点,这对初学者来讲是很重要的。

$\Sigma^*=\{x\mid x$ 是 Σ 中的若干个,包括 0 个字符连接而成的一个字符串$\}$

$\Sigma^+=\{x\mid x$ 是 Σ 中的至少一个字符连接而成的字符串$\}$

(4) 对 ε 强调以下两点:

① ε 是一个句子。

② $\{\varepsilon\}\neq\varnothing$,这是因为$\{\varepsilon\}$是含有一个空句子 ε 的集合,不是一个空集。$|\{\varepsilon\}|=1$,而 $|\varnothing|=0$。

(5) 前缀、后缀、真前缀和真后缀,是比较简单的概念。关于它们的讲解,可以和子串的

概念一起，考虑在计算机系统处理“语句”时是如何处理它们的。

（6）将字母用法的约定当成是培养良好表达习惯的一种努力。

（7）关于两个串的最大公共子串并不一定是唯一的这一结论，可以举一个例子说明，也可以作为一道思考题留给学生。

（8）虽然曾经给过一些乘积的定义，但是，关于语言的相应定义还必须在此给出，以保证定义的严格性。这里注意插入一些例子，让学生开始接触语言的结构这一重要问题，否则，到构造文法和自动机时，会因“新”内容过多而造成理解上的困难。

1.5 小　结

本章简要叙述了基础知识。一方面希望读者通过对本章的阅读，熟悉集合、关系、图、形式语言等相关的基本知识点，为以后各章的学习做适当的准备；另一方面也使读者熟悉本书中一些符号的意义。

（1）集合：集合的表示、集合之间的关系、集合的基本运算。

（2）关系：等价关系、等价分类、关系合成、关系闭包。

（3）递归定义与归纳证明。

（4）图：无向图、有向图、树的基本概念。

（5）语言与形式语言：自然语言的描述、形式语言和自动机理论的出现、形式语言和自动机理论对计算机科学与技术学科人才能力培养的作用。

（6）基本概念：字母表、字母、句子、字母表上的语言、语言的基本运算。

1.6 典型习题解析*

可以从主教材第1章习题16～32中选择适量的习题，要求学生完成，其他习题可以作为学生课外自习时参考。

16. 设 L 是 Σ 上的一个语言，Σ^* 上的二元关系 R_L 定义为：对任给的 $x,y\in\Sigma^*$，如果对于 $\forall z\in\Sigma^*$，均有 $xz\in L$ 与 $yz\in L$ 同时成立或者同时不成立，则 xR_Ly。请证明 R_L 是 Σ^* 上的一个等价关系。将 R_L 称为由语言 L 所确定的等价关系。实际上，R_L 还有另外一个性质：如果对任给的 $x,y\in\Sigma^*$，当 xR_Ly 成立时，必有 xzR_Lyz 对 $\forall z\in\Sigma^*$ 都成立。这将被称为 R_L 的“右不变”性。你能证明此性质成立吗？

证明提示：直接参考5.3节中命题5-2的证明。

18. 设 $\{0,1\}^*$ 上的语言 $L=\{0^n1^n\mid n\geqslant 0\}$，请给出 $\{0,1\}^*$ 的关于 L 所确定的等价关系 R_L 的等价分类。

解：根据第16题的定义及其证明，考虑 R_L 对 $\{0,1\}^*$ 的等价分类时，主要需根据语言 L 的结构，分析哪些串按照 L 的要求具有相同的特征。

第一，取 $0^n1^n,0^m1^m\in L$，$0^n1^n\varepsilon\in L$，$0^m1^m\varepsilon\in L$ 同时成立，但是，对所有 $x\in\{0,1\}^+$，$0^n1^nx\in L$，$0^m1^mx\in L$ 同时不成立，满足第16题中所给定义的要求；所以，L 中的元素是属

* 注：本书的习题序号与原主教材习题序号保持一致。

于同一类的。

第二,分析是否还有其他的元素与 L 中的元素属于同一类。根据 L 的结构,一种类型的串不含子串10,这种串可以表示成 $0^k1^h, k\neq h$;另一种类型是含有子串10的串(L 的句子不含这种子串),这种串可以表示成 $x10y$。显然,$01\varepsilon\in L$,但是,$0^k1^h\notin L(k\neq h)$,$x10y\notin L(x,y\in\{0,1\}^*)$。根据等价分类的性质,$\{0,1\}^*$ 中的不在 L 中的串与 L 中的串不在同一个等价类中。

第三,考查不含子串10的串。这些串有如下几种形式:

① $0^n, n\geqslant 1$。

② $1^n, n\geqslant 1$。

③ $0^m1^n, m,n\geqslant 1$ 且 $m>n$。

④ $0^m1^n, m,n\geqslant 1$ 且 $m<n$。

对于 $0^n, n\geqslant 1$, 1^n 接在它后面时,构成串 0^n1^n。显然,当 $m\neq n$ 时,$0^n1^n\in L$,但 $0^m1^n\notin L$。所以,0^n 和 0^m 一定不在同一个等价类中。

类似的讨论可知,对于 $0^n, n\geqslant 1$:

0^n 不可能与形如 $0^m1^n(m,n\geqslant 1$ 且 $m<n)$ 的串在同一个等价类中;

0^n 不可能与含有子串10的串在同一个等价类中。

下面再考查形如 0^h 的串和形如 $0^m1^n, m,n\geqslant 1$ 且 $m>n$ 的串是否可能在同一等价类中。注意到当 $m-n=h$ 时,

$$0^h1^h\in L, 0^m1^n\ 1^h\in L$$

同时成立,但是当 $n\geqslant 1, x=01^{h+1}$ 时($x\neq 1^h$),

$$0^hx\in L, 0^m1^n\ x\notin L$$

成立。所以,对应 $h>0$,令

$$[h]=\{0^m1^n \mid m-n=h \text{ 且 } n\geqslant 1\}$$

$[h]$ 中的元素在同一个等价类中,而且所有其他的元素都不在这个等价类中。实际上,当 $h=0$ 时,有

$$[0]=L$$

第四,形如 1^m 的串和形如 $0^m1^n(m,n\geqslant 1$ 且 $m<n)$ 的串应该在同一等价类中。事实上,对于 $\{0,1\}^*$ 中的任意字符串 x,

$$1^mx\notin L, 0^m1^nx\notin L(m,n\geqslant 1 \text{ 且 } m<n)$$

恒成立。所以,这些字符串在同一个等价类中。

第五,所有含子串10的串在同一等价类中。事实上,设 y,z 是含有子串10的串,对于 $\{0,1\}^*$ 中的任意字符串 x,

$$yx\notin L, zx\notin L(m,n\geqslant 1 \text{ 且 } m<n)$$

恒成立。所以,这些字符串在同一个等价类中。

第六,形如 1^m 的串和含子串10的串在同一等价类中。事实上,设 y 是含有子串10的串,对于 $\{0,1\}^*$ 中的任意字符串 x,

$$1^mx\notin L, yx\notin L(m\geqslant 1)$$

恒成立。所以,这些字符串在同一个等价类中。

综上所述,R_L 确定的 $\{0,1\}^*$ 的等价分类为

$[10]=\{x10y \mid x,y\in\{0,1\}^*\}\cup\{0^m1^n \mid n-m\geqslant1\}$

$[0]=\{0^m1^n \mid m-n=0\}=\{0^n1^n \mid n\geqslant0\}$

$[1]=\{0^m1^n \mid m-n=1,n\geqslant1\}$

$[2]=\{0^m1^n \mid m-n=2,n\geqslant1\}$

⋮

$[h]=\{0^m1^n \mid m-n=h,n\geqslant1\}$

⋮

$\{0\}$

$\{00\}$

⋮

$\{0^n\}$

⋮

其中,n,m 均为非负整数。

20. 使用归纳法证明下列各题。

(9) 对字母表 Σ 中的任意字符串 x,x 的前缀有 $|x|+1$ 个。

证明:设 $x\in\Sigma^*$,现对 x 的长度施归纳。为了叙述方便起见,用 prefix(x)表示字符串 x 的所有前缀组成的集合。

当 $|x|=0$ 时,有 $x=\varepsilon$,由字符串的前缀定义知道,

$$\text{prefix}(x)=\{\varepsilon\}$$

ε 就是 x 的唯一前缀。而

$$\begin{aligned}|\text{prefix}(x)|&=|\{\varepsilon\}|\\&=1\\&=0+1\\&=|x|+1\end{aligned}$$

所以,结论对 $|x|=0$ 成立。

设 $|x|=n$ 时结论成立,$n\geqslant0$。即

$$|\text{prefix}(x)|=|x|+1$$

现在考查 $|x|=n+1$ 的情况。为了叙述方便,不妨设 $x=ya$,其中 $|y|=n$,并且 $a\in\Sigma$。由归纳假设,

$$|\text{prefix}(y)|=|y|+1$$

首先证明 y 的任何前缀都是 x 的前缀。事实上,设

$$\text{prefix}(y)=\{u_1,u_2,\cdots,u_n\}$$

对于 $\forall u\in\text{prefix}(y)$,根据前缀的定义,存在 $v\in\Sigma^*$,使得 $uv=y$,注意到 $uva=x$,所以,u 也是 x 的前缀,它对应的 x 的后缀为 va。

再注意到 $x=ya$,所以,一方面,对于 $\forall u\in\text{prefix}(y)$,均有

$$u\neq x$$

从而

$$x\notin\text{prefix}(y)$$

然而,由

$$x\varepsilon = x$$

可知，x 是 x 的一个前缀。另一方面，由 $x=ya$ 知道，如果 u 是 x 的一个前缀，v 是 u 对应的 x 的后缀，则有如下两种情况：

① $|v|\geqslant 1$，此时必有 $u\subset \text{prefix}(y)$。

② $|v|=0$，此时必有 $v=\varepsilon$ 并且 $u=ya=x$。

由此可见，

$$\begin{aligned}\text{prefix}(x)&=\text{prefix}(y)\cup\{x\}\\&=\{u_1,u_2,\cdots,u_n,x\}\end{aligned}$$

由 $x\notin \text{prefix}(y)$ 可知，

$$\begin{aligned}|\text{prefix}(x)|&=|\text{prefix}(y)\cup\{x\}|\\&=|\text{prefix}(y)|+|\{x\}|\\&=|\text{prefix}(y)|+1\end{aligned}$$

再由归纳假设

$$\begin{aligned}|\text{prefix}(x)|&=|\text{prefix}(y)|+1\\&=|y|+1+1\\&=|x|+1\end{aligned}$$

表明结论对 $|x|=n+1$ 成立。由归纳法原理，结论对于任意 $x\in\Sigma^*$ 成立。

22. 设 $\Sigma=\{a,b\}$，求字符串 $aaaaabbbba$ 的所有前缀的集合，后缀的集合，真前缀的集合，真后缀的集合。

解：下面给出结果。

前缀：ε，a，aa，aaa，$aaaa$，$aaaaa$，$aaaaab$，$aaaaabb$，$aaaaabbb$，$aaaaabbbb$，$aaaaabbbba$。

真前缀：ε，a，aa，aaa，$aaaa$，$aaaaa$，$aaaaab$，$aaaaabb$，$aaaaabbb$，$aaaaabbbb$。

后缀：ε，a，ba，bba，$bbba$，$bbbba$，$abbbba$，$aabbbba$，$aaabbbba$，$aaaabbbba$，$aaaaabbbba$。

真后缀：ε，a，ba，bba，$bbba$，$bbbba$，$abbbba$，$aabbbba$，$aaabbbba$，$aaaabbbba$。

表 1-1 将给出更多的信息。

表 1-1　习题 22 的集合

前缀长	前缀	是真前缀	对应后缀	是真后缀
0	ε	√	$aaaaabbbba$	
1	a	√	$aaaabbbba$	√
2	aa	√	$aaabbbba$	√
3	aaa	√	$aabbbba$	√
4	$aaaa$	√	$abbbba$	√
5	$aaaaa$	√	$bbbba$	√
6	$aaaaab$	√	$bbba$	√
7	$aaaaabb$	√	bba	√
8	$aaaaabbb$	√	ba	√
9	$aaaaabbbb$	√	a	√
10	$aaaaabbbba$		ε	√

从表 1-1 中可以看出，按照前缀与后缀对应构成原来的字符串的对应关系，前缀和后缀是一一对应的，但是，按照这种对应关系，真前缀和真后缀不是一一对应的。不过，若将真后缀和真前缀中的空串 ε 去掉，则这种一一对应关系仍然是存在的。另外，从对这一问题的讨论知道，并不是所有的字符串都有真前缀和真后缀的。

29. 设 L_1,L_2,L_3,L_4 分别是 $\Sigma_1,\Sigma_2,\Sigma_3,\Sigma_4$ 上的语言，能否说 L_1,L_2,L_3,L_4 是某个字母表 Σ 上的语言？如果能，请问这个字母表 Σ 是什么样的？

解：可以说 L_1,L_2,L_3,L_4 是同一个字母表 Σ 上的语言。这里

$$\Sigma=\Sigma_1\cup\Sigma_2\cup\Sigma_3\cup\Sigma_4$$

30. 设 L_1,L_2,L_3,L_4 分别是 $\Sigma_1,\Sigma_2,\Sigma_3,\Sigma_4$ 上的语言，证明下列等式成立。

(11) $(L_1\cup L_2\cup L_3\cup L_4)^*=(L_1^*L_2^*L_3^*L_4^*)^*$。

证明：考虑到语言就是一系列符号串的集合，所以，证明两个语言相等，实际上就是证明相应的两个集合相等。因此，为证明

$$(L_1\cup L_2\cup L_3\cup L_4)^*=(L_1^*L_2^*L_3^*L_4^*)^*$$

只需证明

$$(L_1\cup L_2\cup L_3\cup L_4)^*\subseteq(L_1^*L_2^*L_3^*L_4^*)^*$$

并且

$$(L_1\cup L_2\cup L_3\cup L_4)^*\supseteq(L_1^*L_2^*L_3^*L_4^*)^*$$

首先证明 $(L_1\cup L_2\cup L_3\cup L_4)^*\subseteq(L_1^*L_2^*L_3^*L_4^*)^*$。为此，设

$$x\in(L_1\cup L_2\cup L_3\cup L_4)^*$$

从而存在非负整数 n 和 $x_1,x_2,\cdots,x_n$，$\{x_1,x_2,\cdots,x_n\}\subseteq(L_1\cup L_2\cup L_3\cup L_4)$，使得

$$x=x_1x_2\cdots x_n$$

注意到 $\{x_1,x_2,\cdots,x_n\}\subseteq(L_1\cup L_2\cup L_3\cup L_4)$，所以，对于 $1\leqslant j\leqslant n$

$$x_j\in L_1,x_j\in L_2,x_j\in L_3,x_j\in L_4$$

中至少有一个成立，这表明

$$x_j\in L_1^*,x_j\in L_2^*,x_j\in L_3^*,x_j\in L_4^*$$

中至少有一个成立，再注意到

$$\varepsilon\in L_1^*,\varepsilon\in L_2^*,\varepsilon\in L_3^*,\varepsilon\in L_4^*$$

并且

$$L_1\subseteq L_1^*,L_2\subseteq L_2^*,L_3\subseteq L_3^*,L_4\subseteq L_4^*$$

使得

$$L_1\subseteq L_1^*L_2^*L_3^*L_4^*,L_2\subseteq L_1^*L_2^*L_3^*L_4^*,L_3\subseteq L_1^*L_2^*L_3^*L_4^*,L_4\subseteq L_1^*L_2^*L_3^*L_4^*$$

从而

$$x_j\in L_1^*L_2^*L_3^*L_4^*$$

故

$$x=x_1x_2\cdots x_n\in(L_1^*L_2^*L_3^*L_4^*)^n$$

亦即

$$x=x_1x_2\cdots x_n\in(L_1^*L_2^*L_3^*L_4^*)^*$$

所以

$$(L_1\cup L_2\cup L_3\cup L_4)^*\subseteq(L_1^*L_2^*L_3^*L_4^*)^*$$

类似易证

$$(L_1^* L_2^* L_3^* L_4^*)^* \subseteq (L_1 \cup L_2 \cup L_3 \cup L_4)^*$$

综上所述，$(L_1^* L_2^* L_3^* L_4^*)^* = (L_1 \cup L_2 \cup L_3 \cup L_4)^*$。

31. 设 L_1, L_2, L_3, L_4 分别是 $\Sigma_1, \Sigma_2, \Sigma_3, \Sigma_4$ 上的语言，证明下列等式成立否。

(6) $L_2(L_1 L_2 \cup L_2)^* L_1 = L_1 L_1^* L_2 (L_1 L_1^* L_2)^*$。

证明：此式不成立。只用举一个反例即可完成证明。

令 $L_1 = \{a\}, L_2 = \{b\}$，此时，

$$L_2(L_1 L_2 \cup L_2)^* L_1 = \{b\}(\{a\}\{b\} \cup \{b\})^* \{a\} = \{b\}\{ab, b\}^* \{a\}$$

它含的串都是以 b 开头，以 a 结尾的串。

$$L_1 L_1^* L_2 (L_1 L_1^* L_2)^* = \{a\}\{a\}^* \{b\}(\{a\}\{a\}^* \{b\})^*$$

它含的串都是以 a 开头的串。所以，此式不成立。

32. 设 $\Sigma = \{0,1\}$，请给出 Σ 上的下列语言的尽可能形式化的表示。

(6) 所有长度为偶数的串。

解：

第一种表示为$(\{0,1\}\{0,1\})^*$。

第二种表示为$(\{00,01,10,11\})^*$。

第三种表示为$\{00,01,10,11\} \cup (\{0,1\}\{0,1\})^*$。

(9) 所有含有 3 个连续 0 的串。

解：$\{0,1\}^* 000 \{0,1\}^*$。

(12) 所有的倒数第 10 个字符是 0 的串。

解：$\{0,1\}^* 0 \{0,1\}\{0,1\}\{0,1\}\{0,1\}\{0,1\}\{0,1\}\{0,1\}\{0,1\}\{0,1\}$。

第 2 章 文法

$L \subseteq \Sigma^*$ 称为是字母表 Σ 上的语言。如何根据语言的结构特征给出 L 的有穷描述，是一个非常重要的问题。本章讨论语言的文法描述。这种描述方法是从语言产生的角度来刻画语言。主要内容包括：文法的直观意义与形式定义，推导，归约，文法产生的语言、句子、句型；乔姆斯基体系，左线性文法和右线性文法，文法的推导与归约，空语句，文法的构造。

文法、推导、归约、模型的等价性证明是本章讨论的重点内容，一旦掌握了这些内容，就有了学习和掌握其他内容的基础。其中，文法、归约、推导属于最基本的概念，模型的等价性证明既包含等价性构造，又包含相应的构造方法的正确性证明。值得注意的是，当读者首次接触这种等价性证明时，需要有一个适应过程。与以往的证明不同，这里要完成的是代表一类问题(求解)的模型的等价性构造及其构造"方法"的正确性证明。其证明基础是相应的模型。这种构造、证明在后续的内容中将是比较基础的"工作"。所以，应该作为重点掌握的内容。实际上，这也是在引导学生走上抽象、形式化、自动化的问题求解之路，使学生树立一种观念，即计算机系统是实现对一类问题求解的系统，不能仅围绕着一个具体的问题设计和实现，而是需要考虑"一类问题"的求解。因此，遇到问题时，要先熟悉问题，抽取问题的主要方面，用恰当的数据模型表示它，对问题的求解系统进行分级设计，最后才进行实现。

形式化的概念是本章的难点之一，其难度主要出现在文法的四元组(V,T,P,S)描述"形式"如何能对应到一个语言。另外一个难点是文法的构造。因为一个给定语言的文法的构造既要深入地体会语法变量、产生式与语言的关系，又要能够比较清晰地看出语言的结构特征。而这两方面的问题，对初学者来说都是非常困难的。首先，用文法描述语言主要难在它是语言的一种新的刻画形式，而且由于这种形式太抽象，学生很难体会到它的"妙处"，这导致了学生开始时不容易理解和掌握如何使用它。构造一个给定语言的文法具有很大的难度，而且这一难度在很大程度上依赖于经验，而经验正是初学者最为欠缺的。为了对此有所补充，主教材中给出了一些典型语言的文法，提供了一些构造经验。值得注意的是，这些都是最基本的，更多的内容需要读者自己去体会。所以，首次构造文法时，学生很可能出现不知道从何下手、如何考虑问题的情况。例如，此时让学生写出最熟悉的"简单算术表达式"的文法都是非常困难的。因为学生此时并不一定能够想到按照"表达式""项""因子""初等量""标识符""常量"等去描述对象，更不要说通过提取"函数名""参数表"等去描述相应的对象了。

实际上,等价模型的构造对初学者来说是更难的,也必须作为难点之一进行突破。当然,如果只要求知道怎么做,无论是看书还是听讲,都是容易做到的。但是,要想知道为什么要这样做,人们怎样会想到这样做,就比较困难了。而这些正是值得我们努力去追求的“理解”。在本书的内容中,很多通过看书和听人解释还是容易懂的,但是要自己去做就比较困难了。其主要原因就是未能掌握其中的“真谛”。作者的老师曾经对这种现象有一个比较直观的描述:就是把书背下来,有的习题也不一定会做。但是只要努力,这些问题都能得到解决。

2.1 启　　示

1. 知识点

文法的四要素的提取。

2. 主要内容解读

本节最主要的问题是如何选取一个合适的例子,既简洁又能准确地抽象出文法的四要素。主教材中所给的例子看起来比较繁杂,它却表达了尽可能多的相关内容。由于课堂的时间和板书空间的限制,用这个例子讲解不一定很方便。但是,对读者自学来说却是比较有利的,只要读者能够静下心去读,就会感觉到非常容易弄懂。如果教师的教学经验比较丰富,在课堂上可以使用更简洁的例子,只要能说明这几方面的问题就可以了。

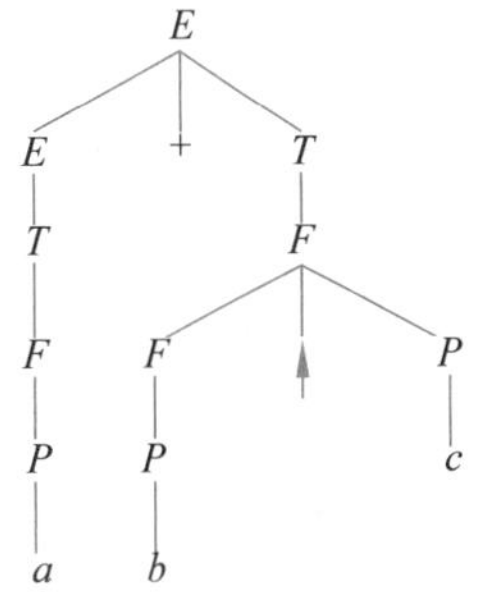

图 2-1　根据给定式子变换出 $a+b\uparrow c$ 的过程图解

主教材图 2-1 表示的给定句子“$a+b\uparrow c$”的图解,实际上就是该句子的语法树。但是在这里还不能定义语法树,而将它看成句子结构的图解更为有利。这对初学者体会文法是如何表示语言的句子结构,进而如何表示语言是有帮助的,只不过这种帮助需要教师明确地告诉学生,以便引起学生的关注。

对抽取文法的 4 种“东西”,分别要强调它们在文法中的地位及其作用。

(1) 表示集合的“符号”。这种“符号”对相应语言结构中某个位置上可以出现的一些内容的抽象表示。每个“符号”表示一个集合,在该语言的一个具体句子中,表明相应的位置上能且仅能出现相应集合中的某个元素。按照语言表示的说法,这种“符号”代表的是一个语法范畴。

另外,按照推导,也就是句子的产生过程来说,这些“符号”在形成一个句子的过程中逐渐地被替换掉,而不在最终的句子中出现。所以,这些“符号”又称为语法变量或者非终极符号,简称为变量。

(2) <算术表达式>(E)作为一个“符号”,具有特殊的意义。语言中的所有句子都是从这个“符号”出发经过推导得到的。这表明,第一,今后将从这个“符号”开始推导语言的所有句子;第二,该“符号”对应的集合应该就是文法定义的语言;第三,E 对应的“产生式”表达出来的将是所定义的语言的“最高层次”的结构特征。按照这一说法,其他变量对应的产生式则表达出了这个变量对应的语法范畴的结构特征。因此,可以说,文法只不过是在以一种新的规定形式分层次地表达语言的结构特征。所以,在设计文法时,自顶向下的方法和自底向上的方法都是可以用的。

(3) 终极符号。表示最终在句子中出现的符号。它们由所给定的语言直接得到,不用进行更多的设计。

(4) 呈 $\alpha \to \beta$ 的形式的"式子"。第一,它们表现出来的是一些替换规则;第二,它描述了 α 的结构特征,并且这个结构特征相对于 α 来说,也是"最高层次"的结构特征。

2.2 形式定义

1. 知识点

(1) 文法的定义。

(2) 推导、派生、归约。

(3) 文法产生的语言、句子、句型。

(4) 用文法表达语言。

(5) 重要符号: $\to$, $\underset{G}{\Rightarrow}$, $\overset{+}{\underset{G}{\Rightarrow}}$, $\overset{*}{\underset{G}{\Rightarrow}}$, $\overset{n}{\underset{G}{\Rightarrow}}$, $\Rightarrow$, $\overset{+}{\Rightarrow}$, $\overset{*}{\Rightarrow}$, $\overset{n}{\Rightarrow}$。

2. 主要内容解读

定义 2-1 文法(grammar)G 是一个四元组:

$$G=(V,T,P,S)$$

其中,

V——为变量(variable)的非空有穷集。$\forall A \in V$,A 称为一个语法变量(syntactic variable),简称为变量,也可称为**非终极符号**(nonterminal)。它表示一个语法范畴(syntactic category)。

T——为**终极符**(terminal)的非空有穷集。$\forall a \in T$,a 称为终极符。由于 V 中变量表示语法范畴,T 中的字符是语言的句子中出现的字符,所以,$V \cap T=\varnothing$。

P——为**产生式**(production)的非空有穷集合。P 中的元素均具有形式 $\alpha \to \beta$,被称为产生式,读作:α 定义为 β。其中,$\alpha \in (V \cup T)^+$,且 α 中至少有 V 中元素的一个出现。$\beta \in (V \cup T)^*$。α 称为产生式 $\alpha \to \beta$ 的**左部**,β 称为产生式 $\alpha \to \beta$ 的**右部**。产生式又称为定义式或者语法规则。

S——$S \in V$,为文法 G 的**开始符号**(start symbol)。

这个定义在给出时,要与上节的例子中抽取出来的4个要素相对应,而且到目前为止,只要将这个对应弄清楚就可以了。通过这个例子,可以使学生看到如何根据一个目标,从语言的这个如此之复杂的"对象"中抽取了如此规范的东西,并且能满足今后研究的大多数需要——先承认这个结论。

随后的例子用来加深对定义的认识。另外,如下的两个约定也不能忽略,而且它们是从例子中得到的,不是"硬生生"给出来的,这也对培养学生注意寻找对模型系统简单明了的表达形式提供支持。

这两个约定如下：

（1）对一组有相同左部的产生式

$$\alpha\to\beta_1,\alpha\to\beta_2,\cdots,\alpha\to\beta_n$$

可以简单地记为：

$$\alpha\to\beta_1|\beta_2|\cdots|\beta_n$$

读作：α 定义为 β_1，或者 β_2，…，或者 β_n。并且称它们为 α 产生式。$\beta_1,\beta_2,\cdots,\beta_n$ 称为候选式(candidate)。

（2）一般地，按如下方式使用符号：

英文字母表较为前面的大写字母，如 $A,B,C,\cdots$ 表示语法变量；

英文字母表较为前面的小写字母，如 $a,b,c,\cdots$ 表示终极符号；

英文字母表较为后面的大写字母，如 $X,Y,Z,\cdots$ 表示该符号是语法变量或者终极符号；

英文字母表较为后面的小写字母，如 $x,y,z,\cdots$ 表示由终极符号组成的行；

希腊字母 $\alpha,\beta,\gamma\cdots$ 表示由语法变量和终极符号组成的行。

例 2-3 是用来引导读者如何注意定义的严格性，如何注意定义的细节。另外，通过这个例子，也使读者对文法的定义有更深入的理解。在这个例子中，通过对给定的四元组进行 4 种修改，得到的四元组都满足文法要求。实际上，读者也可以考虑是否还能够找出其他的修改方法。由于该例子通过不同的处理方法达到指出文法定义的细节的目的，这同时也告诉读者这样一个道理：对于一个问题，求解的方法可以是不同的，有时，不同的方法可以得出相同的结果。但是，有时不同的方法得出的结果可能是不同的，但是这些结果却可能都是合理的。计算机软硬件系统可以有不同的实现，但是它们都能得到合理的结果。在这些合理的结果中，有的是理想中的，有的可能不是理想中的。不是理想中的东西可能正是系统必须设法避免的，它们也可能会提供一些新的东西。所以，要对问题进行尽可能全面的分析，尽量减少漏洞。

定义 2-2 设 $G=(V,T,P,S)$ 是一个文法，如果 $\alpha\to\beta\in P$，$\gamma,\delta\in(V\cup T)^*$，则称 $\gamma\alpha\delta$ 在 G 中直接推导出 $\gamma\beta\delta$，记作 $\gamma\alpha\delta\underset{G}{\Rightarrow}\gamma\beta\delta$。读作 $\gamma\alpha\delta$ 在文法 G 中直接推导出 $\gamma\beta\delta$。

在不特别强调推导的直接性时，"直接推导"可以简称为推导(derivation)，有时也称推导为派生。

与之相对应，也可以称 $\gamma\beta\delta$ 在文法 G 中直接归约成 $\gamma\alpha\delta$。在不特别强调归约的直接性时，"直接归约"可以简称为归约(reduction)。还可以称根据 $\alpha\to\beta$ 将 $\gamma\beta\delta$ 中的 β（直接）归约成 α。

对此定义，要强调如下几方面：

（1）推导与归约表达的意思的异同。

（2）推导与归约和产生式不一样。所以，$\underset{G}{\Rightarrow}$ 和 $\to$ 所表达的意思不一样。

（3）推导与归约是一一对应的。

（4）推导与归约的作用。

在讨论上述问题时，可适当思考一下，在句子分析中会是什么样的情况。

（5）把 $\underset{G}{\Rightarrow}$，$\overset{+}{\underset{G}{\Rightarrow}}$，$\overset{*}{\underset{G}{\Rightarrow}}$ 当成 $(V\cup T)^*$ 上的二元关系来理解，结合推导与归约本身的意义讲清以下几点。

① $\alpha \overset{n}{\underset{G}{\Rightarrow}} \beta$:表示 α 在 G 中经过 n 步推导出 β;β 在 G 中经过 n 步归约成 α。即,存在 α_1,α_2,…,$\alpha_{n-1} \in (V \cup T)^*$,使得 $\alpha \underset{G}{\Rightarrow} \alpha_1$,$\alpha_1 \underset{G}{\Rightarrow} \alpha_2$,…,$\alpha_{n-1} \underset{G}{\Rightarrow} \beta$。

当 $n=0$ 时,有 $\alpha=\beta$。即 $\alpha \overset{0}{\underset{G}{\Rightarrow}} \alpha$。

② $\alpha \overset{+}{\underset{G}{\Rightarrow}} \beta$:表示 α 在 G 中经过至少一步推导出 β;β 在 G 中经过至少一步归约成 α。

③ $\alpha \overset{*}{\underset{G}{\Rightarrow}} \beta$:表示 α 在 G 中经过若干步推导出 β;β 在 G 中经过若干步归约成 α。

(6) 最后指出,将符号 $\underset{G}{\Rightarrow}$,$\overset{+}{\underset{G}{\Rightarrow}}$,$\overset{*}{\underset{G}{\Rightarrow}}$,$\overset{n}{\underset{G}{\Rightarrow}}$ 中的 G 省去,分别用 $\Rightarrow$,$\overset{+}{\Rightarrow}$,$\overset{*}{\Rightarrow}$,$\overset{n}{\Rightarrow}$ 代替,也是为了简洁起见。

例 2-4~例 2-6 说明对于一个具体的文法,推导是如何进行的。特别是通过例 2-5 和例 2-6,讨论一个具体文法的语法范畴所代表的内容,是值得仔细讨论的,这不仅对后续的定义 2-3 的理解有好处,而且对今后讨论文法的构造也是非常有用的,适当地提前做一些准备是非常有必要的。因为这样可以使读者从现在起,联想起建立文法的概念时讲到的用文法去表达语言的结构特征的"想法",达到逐渐"渗透"的目的。

为了后面进行给定语言的文法的构造,注意自然地总结出如下 3 组产生式。

(1) 对任意的 $x \in \Sigma^+$,要使语法范畴 D 代表的集合为 $\{x^n \mid n \geqslant 0\}$,可用产生式组 $\{D \to \varepsilon \mid xD\}$ 来实现。

(2) 对任意的 $x, y \in \Sigma^+$,要使语法范畴 D 代表的集合为 $\{x^n y^n \mid n \geqslant 1\}$,可用产生式组 $\{D \to xy \mid xDy\}$ 来实现。

(3) 对任意的 $x, y \in \Sigma^+$,要使语法范畴 D 代表的集合为 $\{x^n y^n \mid n \geqslant 0\}$,可用产生式组 $\{D \to \varepsilon \mid xDy\}$ 来实现。

定义 2-3 设文法 $G=(V,T,P,S)$,则称

$$L(G)=\{w \mid w \in T^* \text{ 且 } S \overset{*}{\Rightarrow} w\}$$

为文法 G 产生的语言(language)。$\forall w \in L(G)$,w 称为 G 产生的一个句子(sentence)。

定义 2-4 设文法 $G=(V,T,P,S)$,对于 $\forall \alpha \in (V \cup T)^*$,如果 $S \overset{*}{\Rightarrow} \alpha$,则称 α 是 G 产生的一个句型(sentential form)。

关于定义 2-3 和定义 2-4,读者需要注意如下几方面的问题。

(1) 这两个定义最好是连在一起考虑,甚至可以用一个定义的形式给出。例如,可以给成:设文法 $G=(V,T,P,S)$,对于 $\forall \alpha \in (V \cup T)^*$,如果 $S \overset{*}{\Rightarrow} \alpha$,则称 α 是 G 产生的一个句型。如果 $w \in T^*$,则称 w 为 G 产生的一个句子。G 产生的所有句子构成 G 产生的语言

$$L(G)=\{w \mid w \in T^* \text{ 且 } S \overset{*}{\Rightarrow} w\}$$

(2) 强调句子和句型的区别。

句子 w 是从 S 开始,在 G 中可以推导出来的终极符号行,它不含语法变量;

句型 α 是从 S 开始,在 G 中可以推导出来的符号行,它可能含有语法变量。

所以,句子一定是句型,但句型不一定是句子。

(3) 回顾文法的定义,以便明白为什么如此定义语言、句子和句型,以便找出这些概念定义的一致性。

例 2-7 给定文法 $G=(\{S,A,B,C,D\},\{a,b,c,d,\#\},\{S \to ABCD \mid abc\#, A \to$

aaA，$AB \rightarrow aabbB$，$BC \rightarrow bbccC$，$cC \rightarrow cccC$，$CD \rightarrow ccd\#$，$CD \rightarrow d\#$，$CD \rightarrow \#d\}$，S)，求句型 $aaaaaabbbbcccc\#d$ 和 $aaaaaaaaAbbccccd\#$ 的推导。

这个例子的作用在于以下几方面：

① 与定义 2-3 和定义 2-4 相结合，作为句型和句子的推导示例。

② 上下文有关文法和上下文有关文法中的推导。

③ 读者可以找出相应句子和句型的其他的不同推导。

④ 考虑这个文法究竟能推导出什么样的句子，推导不出什么样的句子，进而弄清楚该文法产生的语言是什么样的。

例 2-8 构造产生标识符的文法。

利用人们所熟悉的标识符文法的构造，向读者展示如何用文法描述一个给定的语言。为了使初学者理解方便，将大家熟悉的标识符的通常定义改为递归定义，这实际上也是告诉读者，递归定义是描述无穷语言的一种重要方式。

(1) 大写英语字母表中的任意一个字母，是一个标识符；小写英文字母表中的任意一个字母是一个标识符。

(2) 如果 α 是一个标识符，则在 α 后接一个大写英文字母，或者一个小写英文字母，或者一个阿拉伯数字后仍然是一个标识符。

(3) 只有满足(1)和(2)的才是标识符。

这样一来，文法产生式的定义在一定的意义上变成了对上述递归定义的"翻译"。根据叙述"如果 α 是一个标识符，则在 α 后接一个大写英文字母，或者一个小写英文字母，或者一个阿拉伯数字后仍然是一个标识符。"得到产生式组

$<$标识符$>\rightarrow<$标识符$><$大写字母$>|<$标识符$><$小写字母$>|<$标识符$><$阿拉伯数字$>$

从而自然地将递归(直接的左递归)引入到文法的定义中。这也使得读者"具体地体验"文法如何使用形式化的方式表达"自然语言"描述的对象。显然，这种表示更简洁。

另外，有些东西在定义中虽然没有给出，但它们是常识。根据需要，这些常识可以用产生式表达，也可以作为基本对象。例如，根据"A，B，…，Z 是大写英文字母"，"a，b，…，z 是小写英文字母"这些常识，得到产生式组

$<$大写字母$>\rightarrow A|B|C|D|E|F|G|H|I|J|K|L|M|N|O|P|Q|R|S|T|U|V|W|X|Y|Z$

$<$小写字母$>\rightarrow a|b|c|d|e|f|g|h|i|j|k|l|m|n|o|p|q|r|s|t|u|v|w|x|y|z$

当我们认为大写字母、小写字母、阿拉伯数字等不用展开，也就是作为语言的基本成分在"本层次"不加区分时，也可以考虑用一个符号直接表示。例如，用 b 表示大写字母，用 a 表示小写字母，用 d 表示数字，则可得到如下文法。不过，在本例中最好只讲一种文法，否则有可能使学生更难弄明白。

$$G''=(\{<\text{标识符}>\},\{b,a,d\},P,<\text{标识符}>)$$

$$P=\{<\text{标识符}>\rightarrow b\,|\,a\,|<\text{标识符}>b\,|<\text{标识符}>a\,|<\text{标识符}>d\}$$

即

$G''=(\{<$标识符$>\},\{b,a,d\},\{<$标识符$>\rightarrow b\,|\,a\,|<$标识符$>b\,|<$标识符$>a\,|<$标识符$>d\},<$标识符$>)$

进一步地，如果用 L 表示<标识符>，则可得到

$$G''' = (\{L\},\{b,a,d\},\{L\to b\mid a\mid Lb\mid La\mid Ld\},L)$$

于是，G' 也将被简化为

$$G'''' = (\{L,H,T\},\{b,a,d\},\{L\to HT, H\to b\mid a, T\to \varepsilon\mid bT\mid aT\mid dT\},L)$$

这样看起来要简洁多了。所以，如果不强调使用<标识符>、<大写字母>、<小写字母>、<阿拉伯数字>等中文符号，在课堂上，用 G''' 和 G'''' 进行讲解会更好一些。只是在讲解的过程中，要临时加一些关于符号的说明。

2.3 文法的构造

文法的构造是一个对经验依赖较强的工作，本节只给出了几个典型的、简单的语言的文法的构造。希望通过这些例子，给出有限的几种构造方法和思路。

1. 知识点

(1) 文法的等价。

(2) 在文法中，无论是变量还是终结符号，都有可能是在任何句子的推导中用不到的，这些符号应该是无用的。

(3) 文法的简单写法约定。

(4) 几种典型文法的构造思路。

(5) 几种典型文法。

G_1：$S\to 0\mid 1\mid 00\mid 11$

G_2：$S\to A\mid B\mid AA\mid BB, A\to 0, B\to 1$

G_3：$S\to 0\mid 1\mid 0A\mid 1B, A\to 0, B\to 1$

G_4：$S\to A\mid B\mid AA\mid BB, A\to 0, B\to 1$

G_5：$S\to A\mid B\mid BB, A\to 0, B\to 1, CACS\to 21, C\to 11, C\to 2$

G_6：$S\to 0\mid 0S$

G_7：$S\to \varepsilon\mid 0S$

G_8：$S\to \varepsilon\mid 00S111$

G_9：$S\to A\mid AS$

$A\to a\mid b\mid c\mid d\mid e\mid f\mid g\mid h\mid i\mid j\mid k\mid l\mid m\mid n\mid o\mid p\mid q\mid r\mid s\mid t\mid u\mid v\mid w\mid x\mid y\mid z$

G_{10}：$S\to 00\mid 11\mid 22\mid 33\mid 0S0\mid 1S1\mid 2S2\mid 3S3$

G_{11}：$S\to 0\mid 1\mid 2\mid 3\mid 0S0\mid 1S1\mid 2S2\mid 3S3$

G_{12}：$S\to R\mid +R\mid -R$

$R\to N\mid B$

$B\to N.D$

$N\to 0\mid AM$

$D\to 0\mid MA$

$M\to \varepsilon\mid 0M\mid 1M\mid 2M\mid 3M\mid 4M\mid 5M\mid 6M\mid 7M\mid 8M\mid 9M$

$A\to 1\mid 2\mid 3\mid 4\mid 5\mid 6\mid 7\mid 8\mid 9$

G_{13}：$E \to id \mid c \mid +E \mid -E \mid E+E \mid E-E \mid E*E \mid E/E \mid E\uparrow E \mid Fun(E)$

G_{14}：$S \to aBC \mid aSBC$，

$CB \to BC$

$aB \to ab$

$bB \to bb$

$bC \to bc$

$cC \to cc$

G_{14}'：$S \to abc \mid aSBc$，

$bB \to bb$

$cB \to Bc$

2. 主要内容解读

例 2-9 构造文法 G，使 $L(G)=\{0,1,00,11\}$。

(1) 有穷语言文法的构造。

(2) 即使是简单的有穷语言，也会有不同的文法产生它。

(3) 首次提到文法的"规范性"问题。

(4) 对文法定义的进一步理解。

(5) 文法中可能、也可以出现没有用的符号。之所以说它们是"没有用的"，是因为它们不会出现在任何句子的推导中，所以不会影响该文法产生的语言。

定义 2-5 设有两个文法 G_1 和 G_2，如果 $L(G_1)=L(G_2)$，则称 G_1 与 G_2 等价(equivalence)。

根据有用的符号必定出现在产生式中，约定：对一个文法，只列出该文法的所有产生式，且所列的第一个产生式的左部是该文法的开始符号。按照这个约定，G_2 和 G_4 变成了形式上也完全一样的文法了。

例 2-10 中给出的语言虽然简单，但却是非常典型的。事实上，这些语言的文法的构造将会给更复杂语言的文法构造提供重要经验。其中，

$\{0^n \mid n\geqslant 1\}$实际上是$\{0\}^+$，对应文法为 $G_6: S\to 0 \mid 0S$

$\{0^n \mid n\geqslant 0\}$实际上是$\{0\}^*$，对应文法为 $G_7: S\to \varepsilon \mid 0S$

它们分别提供了字母表的正闭包和克林闭包的文法的最基本形式。而文法 $G_8: S\to\varepsilon \mid 00S111$ 所描述的语言$\{0^{2n}1^{3n} \mid n\geqslant 0\}$，是另一类语言的典型代表。读者应该注意，这个语言与语言$\{0^{2n}1^{3m} \mid n\geqslant 0, m\geqslant 0\}$有着本质的区别，$\{0^{2n}1^{3m} \mid n\geqslant 0, m\geqslant 0\}$对应文法为

$$S\to AB, A\to\varepsilon \mid 00A, B\to\varepsilon \mid 111B$$

或者

$$S\to\varepsilon \mid 00S \mid 111B, B\to\varepsilon \mid 111B$$

这两个文法与 G_6 和 G_7 有共同的特征，但是与 G_8 却完全不同。进一步地分析会发现，

$$\{0^{2n}1^{3m} \mid n\geqslant 0, m\geqslant 0\}\text{实际上是}\{00\}^*\{111\}^*$$

然而，$\{0^{2n}1^{3n} \mid n\geqslant 0\}$却是不能表示成类似形式的。

例 2-11 构造文法 G_9，使 $L(G_9)=\{w \mid w\in\{a,b,\cdots,z\}^+\}$。

本例所要求的文法可以依据 G_6 来完成构造。对于任意字母表 Σ，当要产生语言 Σ^+

时,只要在文法中对 Σ 中的每一个符号 a 安排如下的产生式组就可以了。

$$S \to a \mid aS$$

通过这个例子,读者还必须注意到,语言 $\{0,1,2\}^+$ 的文法

$$S \to 0 \mid 0S \mid 1 \mid 1S \mid 2 \mid 2S$$

不是语言 $\{0^n1^m2^p \mid n\geqslant 1, m\geqslant 1, p\geqslant 1\}=\{0\}^+\{1\}^+\{2\}^+$ 的文法。语言 $\{0\}^+\{1\}^+\{2\}^+$ 的文法可以是

$$S \to 0S \mid 0A, A \to 1A \mid 1B, B \to 2 \mid 2B$$

而且这两个文法都不是语言 $\{0^n1^n2^n \mid n\geqslant 1\}$ 的文法。读者应该弄清楚其中的原因,否则,在一些文法的构造中会出现类似的错误,而这种错误是初学者最容易犯的错误。为了更好地解决此问题,在例 2-12 的文法的构造中,首先设计了一个错误的文法,然后再进行更正。读者可以将这两个文法对照起来看,以便加深体会。如果读者只看这两个文法就能发现其中的奥妙,就不用再细读例 2-12 给出的推导示例。如果读者对其中的奥妙还不十分清楚,通过阅读例 2-12 给出的推导示例就会很清楚了。

例 2-13 构造文法 G_{12},使 $L(G_{12})=\{w \mid w$ 是十进制有理数$\}$。

在该例的求解中,读者重点应该了解如何提取语言的句子的结构特征,如何利用公共的语言特征来表达相应的语言。对所要描述的对象进行适当的分类是一种非常好的方法,这种方法将在许多地方用到,包括后面将介绍的 FA 及其构造,在那里,这种方法将会表现得更加明显。

例 2-14 构造产生算术表达式的文法。

根据作者的经验,让一个初学者构造简单算术表达式的文法实际上是非常困难的,在掌握适当的方法之前,学生虽然对算术表达式非常熟悉,但却不知如何用文法进行描述。实际上是没有注意利用简单算术表达式的结构特征,或者说是没用将自己头脑中实际上早已存在的这一并不复杂的结构特征和要求求解的问题结合起来。当然,这一结合并不是一下子就能做到的,因为"结合"正是走向这个问题求解的"理性化"道路的关键。

为了引导读者完成这一"理性化"的关键步骤,回顾第 1 章中给出的算术表达式的递归定义成为关键。

(1) 基础:常数是算术表达式,变量是算术表达式。

(2) 归纳:如果 E_1 和 E_2 是表达式,则 $+E_1$, $-E_1$, E_1+E_2, E_1-E_2, $E_1 * E_2$, E_1/E_2, $E_1 \uparrow E_2$ 和 $\mathrm{Fun}(E_1)$ 是算术表达式。其中 Fun 为函数名。

(3) 只有满足(1)和(2)的才是算术表达式。

例 2-15 构造产生语言 $\{a^nb^nc^n \mid n\geqslant 1\}$ 的文法。

这是关于非上下文无关语言的文法的构造,相应的语言正是前文提到的语言 $\{0^n1^n2^n \mid n\geqslant 1\}$ 的一种变形。该语言和 $\{0^n1^n2^n \mid n\geqslant 1\}$ 的结构特征是完全一样的。而语言 $\{0^n1^n2^n \mid n\geqslant 1\}$ 和 $\{0^n1^m2^p \mid n\geqslant 1, m\geqslant 1, p\geqslant 1\}$ 虽然只是符号 0,1 和 2 的指数的符号不同,但是它们却是两个在结构上具有重大差别的语言。因为 n,m,p 的取值互相之间没有制约,因此,文法就省去了对这些因素的描述。实际上,这两种语言属于不同的两个语言类——$\{0^n1^n2^n \mid n\geqslant 1\}$ 是 CSL 但不是 CFL,而 $\{0^n1^m2^p \mid n\geqslant 1, m\geqslant 1, p\geqslant 1\}$ 却是 CFL。

在文法

$$G_{14}: S\to aBC \mid aSBC,$$
$$CB\to BC$$
$$aB\to ab$$
$$bB\to bb$$
$$bC\to bc$$
$$cC\to cc$$

中,用产生式组

$$G: S\to aBC \mid aSBC$$

能够产生如下句型:

$$aa\cdots aBCBC\cdots BC$$

当需要交换 B 和 C 的位置时,使用产生式

$$CB\to BC$$

要想将 B 变成 b 和将 C 变成 c,必须要求 B 和 C 处于适当的位置,也就是,B 跟在 a 或者 b 之后,C 跟在 b 或者 c 之后。这些由产生式组

$$aB\to ab$$
$$bB\to bb$$
$$bC\to bc$$
$$cC\to cc$$

完成。这些产生式的使用,给出了一类语言的文法的构造思路。

2.4　文法的乔姆斯基体系

1. 知识点

(1) 文法的乔姆斯基(Chomsky)体系。在该体系中,文法被分成 4 种类型:PSG,CSG,CFG,RG;对应地,语言也被分成 4 类,它们依次为 PSL(r.e.集),CSL,CFL,RL。

(2) 线性文法、左线性文法、右线性文法、线性语言、左线性语言、右线性语言。

(3) 左线性文法的产生式可以转化为形如 $A\to a$ 和 $A\to aB$ 的产生式;右线性文法的产生式可以转化为形如 $A\to a$ 和 $A\to Ba$ 的产生式。这是一种既便于处理,又简单、规范的产生式。其中,a 为终极符号,A 和 B 为变量。

(4) 左、右线性文法等价。

(5) 左、右线性文法的产生式混合使用可以表示非 RL。所以,线性文法表示的语言不一定是 RL。

(6) 归约对应于左线性文法,推导是和右线性文法对应的,这样理解便于后面学习与有穷状态自动机的关系。

2. 主要内容解读

定义 2-6　设文法 $G=(V,T,P,S)$,则

(1) G 称为 **0 型文法**(type 0 grammar),也称为**短语结构文法**(phrase structure grammar,PSG)。对应地,$L(G)$称为 **0 型语言**,也可以称为**短语结构语言**(PSL)、递归可枚

举集(recursively enumerable set,r.e.)。

(2) 如果对于 $\forall\alpha\to\beta\in P$,均有 $|\beta|\geqslant|\alpha|$ 成立,则称 G 为 **1 型文法**(type 1 grammar),或**上下文有关文法**(context sensitive grammar,CSG),对应地,$L(G)$ 称为 **1 型语言**(type 1 language)或者**上下文有关语言**(context sensitive language,CSL)。

(3) 如果对于 $\forall\alpha\to\beta\in P$,均有 $|\beta|\geqslant|\alpha|$,并且 $\alpha\in V$ 成立,则称 G 为 **2 型文法**(type 2 grammar),或**上下文无关文法**(context free grammar,CFG),对应地,$L(G)$ 称为 **2 型语言**(type 2 language)或者**上下文无关语言**(context free language,CFL)。

(4) 如果对于 $\forall\alpha\to\beta\in P$,$\alpha\to\beta$ 均具有形式

$$A\to w$$

$$A\to wB$$

其中,$A,B\in V$,$w\in T^{+}$,则称 G 为 **3 型文法**(type 3 grammar),也可称为**正则文法**(regular grammar,RG)或者**正规文法**。对应地,$L(G)$ 称为 **3 型语言**(type 3 language),也可称为**正则语言**或者**正规语言**(regular language,RL)。

如果用 PSG,CSG,CFG,RG 分别代表相应的文法组成的集合,用 PSL,CSL,CFL,RL 分别代表相应的语言组成的集合,则下列关系成立。

$$\text{PSG}\supseteq\text{CSG}\supseteq\text{CFG}\supseteq\text{RG}$$

$$\text{PSL}\supseteq\text{CSL}\supseteq\text{CFL}\supseteq\text{RL}$$

定义 2-6 叙述中并没有明确地指出 4 类文法和语言的包含关系,但是通过分析,读者不难得到此结论。

实际上,下列关系也是成立的。

$$\text{PSG}\supset\text{CSG}\supset\text{CFG}\supset\text{RG}$$

$$\text{PSL}\supset\text{CSL}\supset\text{CFL}\supset\text{RL}$$

在这里,不用追究它们为什么成立,只要根据乔姆斯基的分类定义承认这个结果,或者能够“感觉”出来这一结果就可以了。

虽然有这些结论,但是通常提到某文法是某类文法时,一般就是考虑它作为这类文法,而不考虑它作为更大类的文法。除非特别指出,否则,也不会过多地考虑它是更小类的文法的特例情况。

读者应该仔细地阅读和理解该定义后所列出的关于语言和文法分类的 9 条结论。如果能够分别给出一些实际例子,那就更好了。比如例 2-16 又重新列出的产生语言{0,1,00,11}的文法 G_1 和 G_2 是不同类型的文法。实际上读者还可以构造出这个语言不是 CFG 的 CSG 和不是 CSG 的 PSG 来。

定理 2-1 L 是 RL 的充要条件是存在一个文法,该文法产生语言 L,并且它的产生式要么是形如 $A\to a$ 的产生式,要么是形如 $A\to aB$ 的产生式,其中 A,B 为语法变量,a 为终极符号。

证明要点:

该定理可以简单地叙述为“L 是 RL 的充要条件是它有一个仅含形如 $A\to aB$ 和 $A\to a$ 的产生式的文法”。它的意义在于给出了 RG 的最简单形式。证明分两步,首先是构造等价的文法;其次是证明构造的正确性。

读者需要注意,这里进行的是根据一个模型(基本定义)构造另一个等价模型的工作,所

能依据的只是模型的原始定义，这与对一个实例进行等价变化是不同的。它需要考虑的是模型的转换，而模型是代表一类对象的。所以，使用的方法(处理过程)必须具有一般性，能够解决这类对象转换中的所有情况。

定理的证明花费了较大的篇幅，关键是表明源产生式 $A\rightarrow a_1a_2\cdots a_n$ 的作用可以由产生式组

$$
\begin{aligned}
&A\rightarrow a_1A_1\\
&A_1\rightarrow a_2A_2\\
&\quad\vdots\\
&A_{n-1}\rightarrow a_n
\end{aligned}
$$

等价，源产生式 $A\rightarrow a_1a_2\cdots a_nB$ 的作用可以由产生式组

$$
\begin{aligned}
&A\rightarrow a_1A_1\\
&A_1\rightarrow a_2A_2\\
&\quad\vdots\\
&A_{n-1}\rightarrow a_nB
\end{aligned}
$$

等价。这种等价性虽然看起来是非常明显的，但是证明却需要严格、仔细地叙述。要注意的是，对文法中的每个源产生式，每次变换时引入的变量必须是“新的”，否则会导致整个转换的不等价。读者也可以用一个实例，实现该变换过程。最好找一个因为每次引入的变量并不都是“新的”而造成文法不等价的变化示例，以真正体验这中间蕴含的“奥妙”，为后续的等价变换打下较好的基础，并且加深对上节讨论的文法构造的理解。

此外，应该仔细阅读证明后所附的4点注意事项。

定义 2-7　设 $G=(V,T,P,S)$。如果对于 $\forall\alpha\rightarrow\beta\in P$，$\alpha\rightarrow\beta$ 均具有如下形式：

$$
\begin{aligned}
&A\rightarrow w\\
&A\rightarrow wBx
\end{aligned}
$$

其中，$A,B\in V$，$w,x\in T^*$，则称 G 为**线性文法**(liner grammar)。对应地，$L(G)$称为**线性语言**(liner language)。

这里的关键是可能存在 w 和 x 同时不空，有的产生式中 w 不空，而有的产生式中 x 不空的现象。这种现象使得线性文法不一定是RG。

定义 2-8　设 $G=(V,T,P,S)$。如果对于 $\forall\alpha\rightarrow\beta\in P$，$\alpha\rightarrow\beta$ 均具有如下形式：

$$
\begin{aligned}
&A\rightarrow w\\
&A\rightarrow wB
\end{aligned}
$$

其中，$A,B\in V$，$w\in T^+$，则称 G 为**右线性文法**(right liner grammar)。对应地，$L(G)$称为**右线性语言**(right liner language)。

定理 2-2　L 是一个左线性语言的充要条件是存在文法 G，G 中的产生式要么是形如 $A\rightarrow a$ 的产生式，要么是形如 $A\rightarrow Ba$ 的产生式，且 $L(G)=L$。其中 A,B 为语法变量，a 为终极符号。

该定理可以简述为“L 是左线性语言的充要条件是它有一个只含形如 $A\rightarrow Ba$ 和$A\rightarrow a$的产生式的文法”。它的意义在于给出了左线性文法的最简单形式，同时也为在后续的章节中讨论左线性文法与FA的等价性打下了基础。

定理 2-3 左线性文法与右线性文法等价。

该定理表明可以用左线性文法或者右线性文法去表示 RL。注意,这并不是说线性文法表示的语言是 RL。

书中没有给出该定理的具体证明,只是用例 2-17 表现出左右线性文法之间的等价转换的基本思想。这就是推导与归约之间的模拟。从一定的意义上讲,右线性文法对应推导比较"顺理成章",左线性文法对应归约比较易于理解。

由于例 2-17 的目的是要在当前掌握知识的程度下解释左右线性文法之间等价转换的基本思想,而且还不想直接简单地总结出来,以免造成理解上的困难,所以用的篇幅较大,但读起来还是很容易理解的。这实际上也给读者展示了在用计算机进行问题求解时,往往会采用这样一种办法:从一个具体的实例出发,找出规律,最终解决一般的问题。这和用一个实际数据为输入,遍历一个程序或者算法,以理解或验证它是否能正确运行是相似的。

在作者见到的形式语言与自动机理论的书中,一般对"归约"的概念都讨论得很少,但是从语言的计算机处理来看,"归约"却是一个非常重要的概念。例 2-17 通过一个简明的实例,将表示归约的符号和表示推导的符号对应起来,一方面给出了使用这个概念的机会,使读者再一次接触"归约",以加深对这个概念的印象。另一方面,也有利于读者建立起"推导"和"归约"这两个基本概念相互之间的关系的感性认识,以便在研究与 FA 的等价性时不会有太大的障碍。

定理 2-4 左线性文法的产生式与右线性文法的产生式混用所得到的文法不是 RG。

这个定理只是提醒读者不要遗漏了相应的细节,目前读者还不具备证明这个结论的知识。

2.5 空 语 句

1. 知识点

(1) ε 产生式。

(2) 可以使开始符号不出现在文法的任何产生式的右部。

(3) 允许在 RG,CFG,CSG 中含有 ε 产生式,从而 CSL,CFL,RL 可以包含空语句 ε。

2. 主要内容解读

本节的内容可以不作为重点,如果学时不允许,只要承认相关的一些结果即可。本节是为了说明,对于任意文法 $G=(V,T,P,S)$,G 中的任意变量 A,形如 $A\to\varepsilon$ 的产生式不改变文法产生的语言的类型。所以约定:对于 G 中的任何变量 A,需要时可以出现形如 $A\to\varepsilon$ 的产生式。

定义 2-9 形如 $A\to\varepsilon$ 的产生式称为空产生式,也可称为 ε 产生式。

定理 2-5 设 $G=(V,T,P,S)$ 为一文法,则存在与 G 同类型的文法 $G'=(V',T,P',S')$,使得 $L(G)=L(G')$,但 G' 的开始符号 S' 不出现在 G' 的任何产生式的右部。

这个定理的结果后面要用到。可以用来了解等价变换方法。

定义 2-10 设 $G=(V,T,P,S)$ 是一个文法,如果 S 不出现在 G 的任何产生式的右部,则

(1) 如果 G 是 CSG,则仍然称 $G=(V,T,P\cup\{S\to\varepsilon\},S)$ 为 CSG;G 产生的语言仍然称为 CSL。

(2) 如果 G 是 CFG,则仍然称 $G=(V,T,P\cup\{S\rightarrow\varepsilon\},S)$ 为 CFG;G 产生的语言仍然称为 CFL。

(3) 如果 G 是 RG,则仍然称 $G=(V,T,P\cup\{S\rightarrow\varepsilon\},S)$ 为 RG。G 产生的语言仍然称为 RL。

定理 2-6 下列命题成立。

(1) 如果 L 是 CSL,则 $L\cup\{\varepsilon\}$ 仍然是 CSL。

(2) 如果 L 是 CFL,则 $L\cup\{\varepsilon\}$ 仍然是 CFL。

(3) 如果 L 是 RL,则 $L\cup\{\varepsilon\}$ 仍然是 RL。

定理 2-7 下列命题成立。

(1) 如果 L 是 CSL,则 $L-\{\varepsilon\}$ 仍然是 CSL。

(2) 如果 L 是 CFL,则 $L-\{\varepsilon\}$ 仍然是 CFL。

(3) 如果 L 是 RL,则 $L-\{\varepsilon\}$ 仍然是 RL。

这两个定理表明,空句子 ε 不会改变语言的类型。

2.6 小 结

本章讨论了语言的文法描述。首先介绍了文法的基本定义和推导,归约,文法定义的语言、句子、句型,等价文法等重要概念。讨论了如何根据语言的特点和通过用语法变量去表示适当的集合(语法范畴)的方法进行文法构造,并按照乔姆斯基体系,将文法划分成 PSG,CSG,CFG,RG 4 类。在这些文法中,线性文法是一类重要的文法。

(1) 文法 $G=(V,T,P,S)$。任意 $A\in V$ 表示集合 $L(A)=\{w\mid w\in T^*$ 且 $A\overset{*}{\Rightarrow}w\}$。

(2) 推导与归约。文法中的推导是根据文法的产生式进行的。如果 $\alpha\rightarrow\beta\in P$,$\gamma,\delta\in(V\cup T)^*$,则称 $\gamma\alpha\delta$ 在 G 中直接推导出 $\gamma\beta\delta$:$\gamma\alpha\delta\underset{G}{\Rightarrow}\gamma\beta\delta$;也称 $\gamma\beta\delta$ 在文法 G 中直接归约成 $\gamma\alpha\delta$。

(3) 语言、句子和句型。文法 G 产生的语言 $L(G)=\{w\mid w\in T^*$ 且 $S\overset{*}{\Rightarrow}w\}$,$w\in L(G)$ 为句子。$L(G)=L(S)$。一般地,由开始符号推出来的任意符号行称为 G 的句型。

(4) 一个语言可以被多个文法产生,产生相同语言的文法被称为是等价的。

(5) 右线性文法的产生式都可以是形如 $A\rightarrow a$ 和 $A\rightarrow aB$ 的产生式。左线性文法的产生式都可以是形如 $A\rightarrow a$ 和 $A\rightarrow Ba$ 的产生式。左线性文法与右线性文法是等价的。然而,左线性文法的产生式与右线性文法的产生式混用所得到的文法不是正则文法。

2.7 典型习题解析

2. 设 $L=\{0^n\mid n\geqslant1\}$,试构造满足要求的文法 G。

(1) G 是 RG。

解:
$$S\rightarrow0\mid0S$$

(2) G 是 CFG,但不是 RG。

解:
$$S\rightarrow0\mid0S\mid SS$$

在这里增加了产生式 $S\rightarrow SS$，这个产生式的增加并没有改变文法 $S\rightarrow 0|0S$ 所产生的语言，但却违反了 RG 的要求。

(3) G 是 CSG，但不是 CFG。

解：

$$S\rightarrow 0|0S|AS$$
$$AS\rightarrow SA$$
$$AS\rightarrow 0A$$
$$0A\rightarrow S0$$
$$0AS\rightarrow 000$$

(4) G 是短语结构文法，但不是 CSG。

解：

$$S\rightarrow 0|0S|AS$$
$$AS\rightarrow SA|ABB$$
$$ABB\rightarrow AS$$
$$AB\rightarrow A|\varepsilon$$

3. 设文法 G 的产生式集如下，试给出句子 $id+id*id$ 的两个不同的推导和两个不同的归约。

$E\rightarrow id|c|+E|-E|E+E|E-E|E*E|E/E|E\uparrow E|Fun(E)$

解：

推导 1：

$\underline{E}\Rightarrow \underline{E}+E$	使用产生式 $E\rightarrow E+E$，
$\Rightarrow id+\underline{E}$	使用产生式 $E\rightarrow id$，
$\Rightarrow id+\underline{E}*E$	使用产生式 $E\rightarrow E*E$，
$\Rightarrow id+id*\underline{E}$	使用产生式 $E\rightarrow id$，
$\Rightarrow id+id*id$	使用产生式 $E\rightarrow id$。

推导 2：

$\underline{E}\Rightarrow \underline{E}*E$	使用产生式 $E\rightarrow E*E$，
$\Rightarrow \underline{E}+E*E$	使用产生式 $E\rightarrow E+E$，
$\Rightarrow id+\underline{E}*E$	使用产生式 $E\rightarrow id$，
$\Rightarrow id*id*\underline{E}$	使用产生式 $E\rightarrow id$，
$\Rightarrow id+id*id$	使用产生式 $E\rightarrow id$。

与推导 1 对应的归约：

$id+id*\underline{id}\Leftarrow id+\underline{id}*E$	使用产生式 $E\rightarrow id$，
$\Leftarrow id+\underline{E*E}$	使用产生式 $E\rightarrow id$，
$\Leftarrow \underline{id}+E$	使用产生式 $E\rightarrow E*E$，
$\Leftarrow \underline{E+E}$	使用产生式 $E\rightarrow id$，
$\Leftarrow E$	使用产生式 $E\rightarrow E+E$。

与推导 2 对应的归约：

$id+id*\underline{id}\Leftarrow id+\underline{id}*E$	使用产生式 $E\rightarrow id$，
$\Leftarrow \underline{id}+E*E$	使用产生式 $E\rightarrow id$，
$\Leftarrow \underline{E+E}*E$	使用产生式 $E\rightarrow id$，

$\Leftarrow \underline{E*E}$　　　　使用产生式 $E\rightarrow E+E$，

$\Leftarrow E$　　　　使用产生式 $E\rightarrow E*E$。

4. 文法 G 的产生式集如下，试给出句子 $aaabbbccc$ 至少两个不同的推导和至少两个不同的归约。

$$S\rightarrow aBC \mid aSBC$$
$$aB\rightarrow ab$$
$$bB\rightarrow bb$$
$$CB\rightarrow BC$$
$$bC\rightarrow bc$$
$$cC\rightarrow cc$$

解：

推导 1：

$\underline{S}\Rightarrow a\underline{S}BC$　　　　使用产生式 $S\rightarrow aSBC$，

$\Rightarrow aa\underline{S}BCBC$　　　　使用产生式 $S\rightarrow aSBC$，

$\Rightarrow aa\underline{aB}CBCBC$　　　　使用产生式 $S\rightarrow aBC$，

$\Rightarrow aaab\underline{CB}CBC$　　　　使用产生式 $aB\rightarrow ab$，

$\Rightarrow aaa\underline{bB}CCBC$　　　　使用产生式 $CB\rightarrow BC$，

$\Rightarrow aaabbC\underline{CB}C$　　　　使用产生式 $bB\rightarrow bb$，

$\Rightarrow aaabb\underline{CB}CC$　　　　使用产生式 $CB\rightarrow BC$，

$\Rightarrow aaab\underline{bB}CCC$　　　　使用产生式 $CB\rightarrow BC$，

$\Rightarrow aaabb\underline{bC}CC$　　　　使用产生式 $bB\rightarrow bb$，

$\Rightarrow aaabbb\underline{cC}C$　　　　使用产生式 $bC\rightarrow bc$，

$\Rightarrow aaabbbc\underline{cC}$　　　　使用产生式 $cC\rightarrow cc$，

$\Rightarrow aaabbbccc$　　　　使用产生式 $cC\rightarrow cc$。

推导 2：

$\underline{S}\Rightarrow a\underline{S}BC$　　　　使用产生式 $S\rightarrow aSBC$，

$\Rightarrow aa\underline{S}BCBC$　　　　使用产生式 $S\rightarrow aSBC$，

$\Rightarrow aa\underline{aB}CBCBC$　　　　使用产生式 $S\rightarrow aBC$，

$\Rightarrow aaab\underline{CB}CBC$　　　　使用产生式 $aB\rightarrow ab$，

$\Rightarrow aaabBC\underline{CB}C$　　　　使用产生式 $CB\rightarrow BC$，

$\Rightarrow aaabB\underline{CB}CC$　　　　使用产生式 $CB\rightarrow BC$，

$\Rightarrow aaa\underline{bB}BCCC$　　　　使用产生式 $CB\rightarrow BC$，

$\Rightarrow aaab\underline{bB}CCC$　　　　使用产生式 $bB\rightarrow bb$，

$\Rightarrow aaabb\underline{bC}CC$　　　　使用产生式 $bB\rightarrow bb$，

$\Rightarrow aaabbb\underline{cC}C$　　　　使用产生式 $bC\rightarrow bc$，

$\Rightarrow aaabbbc\underline{cC}$　　　　使用产生式 $cC\rightarrow cc$，

$\Rightarrow aaabbbccc$　　　　使用产生式 $cC\rightarrow cc$。

推导 1 与推导 2 是不同的，它们在第 6 步之前都是一样对应的，但是到了第 6 步，推导 1 是使用产生式 $bB\rightarrow bb$ 进行推导的：

$$aaa\underline{bB}CCBC \Rightarrow aaabbCCBC$$

而推导2是使用产生式 $CB \to BC$ 进行推导的：

$$aaabBC\underline{CB}C \Rightarrow aaabBCBCC$$

所以，它们是不一样的。

与上题的解法类似，容易找出推导1和推导2各自对应的归约。

6. 设文法 G 的产生式集如下，请给出 G 的每个语法范畴代表的集合。

$$S \to aSa \mid aaSaa \mid aAa$$
$$A \to bA \mid bbbA \mid bB$$
$$B \to cB \mid cC$$
$$C \to ccC \mid DD$$
$$D \to dD \mid d$$

解：注意到 D 产生式只有 $D \to dD \mid d$，表示从 D 出发，可以产生任意多个 d，且 d 的个数至少为1。所以

$$L(D)=\{d\}^+$$

C 产生式有两个，一个为 $C \to ccC$，另一个为 $C \to DD$。注意到产生式 $C \to ccC$ 无法使变量 C 消失，但是，它能够产生符号串

$$c^{2n}C \quad n \geqslant 1$$

所以，要想使符号 C 消失，必须使用产生式 $C \to DD$。再看产生式 $C \to DD$，由于 $L(D)=\{d\}^+$，所以根据产生式 $C \to DD$ 可以得到

$$L(D)L(D)=\{d\}^+\{d\}^+=\{d\}\{d\}^+$$

这是 C 能够推出来的一部分字符串的集合，即它们是 $L(C)$ 的一部分元素：$\{d\}\{d\}^+ \subseteq L(C)$。$C \to ccC$ 告诉我们，$\{d\}\{d\}^+$ 的前面还可以有前缀 $c^{2n}(n \geqslant 1)$，故

$$L(C)=\{c\}^{2n}\{d\}\{d\}^+ \quad n \geqslant 0$$

类似地，容易得到

$$L(B)=\{c\}^+\{d\}\{d\}^+$$
$$L(A)=\{b\}^+L(B)=\{b\}^+\{c\}^+\{d\}\{d\}^+$$
$$L(S)=\{a^nb^mc^hd^ka^n \mid n \geqslant 1, m \geqslant 1, h \geqslant 1, k \geqslant 2\}$$

注意：

$$L(S) \neq \{a\}^+\{b\}^+\{c\}^+\{d\}\{d\}^+\{a\}^+$$

8. 设 $\Sigma=\{0,1\}$，请给出 Σ 上的下列语言的文法。

(1) 所有以0开头的串。

解1：

$$S \to 0 \mid S0 \mid S1$$

S 先生成任意的0,1串，最后在这个0,1串之前生成一个0，从而保证生成的串是以0开头的串。

解2：

$$S \to 0A \mid 0$$
$$A \to 0 \mid 1 \mid 0A \mid 1A$$

S 先生成 $0A$，然后“将任务交给变量 A”，由 A 生成0后面的任意0,1符号串。

(2) 所有以 0 开头,以 1 结尾的串。

解 1:

$$S \to 0A1$$
$$A \to \varepsilon \mid 0A \mid 1A$$

先由 S 生成以 0 开头以 1 结尾的句型,然后由 0,1 之间的 A 生成中间部分。由于 01 本身也是满足要求的串,所以 A 可以产生 ε。

解 2:

$$S \to 0A$$
$$A \to 1 \mid 0A \mid 1A$$

用产生式 $S \to 0A$ 保证产生的字符串是以 0 开头的,产生式 $A \to 0A \mid 1A$ 被用来生成开头字符 0 之后,结尾字符 1 之前的所有 0,1 子串,产生式 $A \to 1$ 是使除了 S 之外的所有其他句型中的唯一变量 A 变成终极符号的唯一产生式,该产生式保证了在句型的尾部生成一个 1——句子是以 1 结尾的。

(3) 所有以 11 开头,以 11 结尾的串。

解: 本题的解法与上一题类似,只不过是用 11 分别代替了字符串的首字符 0 和字符串的尾字符 1,其他位置的字符不变。另外,它还有两个特殊的句子 11 和 111,这是由开头的 11 与结尾的 11 一样所决定的,这里将它们作为特例处理。因此,相应的文法如下。对比本题的解法与上题的解法,读者可以进一步理解文法是经过对语言的结构的描述来定义语言的。所以,要构造一个给定语言的文法,最重要的是找出该语言的结构特征。

解 1:

$$S \to 11A11 \mid 111 \mid 11$$
$$A \to \varepsilon \mid 0A \mid 1A$$

解 2:

$$S \to 11A \mid 111 \mid 11$$
$$A \to 11 \mid 0A \mid 1A$$

(4) 所有最多有一对连续的 0 或者最多有一对连续的 1 的串。

解: 根据题意,语言中的句子 x 可以有如下几种情况:

① x 中既没有成对的 0,也没有成对的 1。

② x 恰有一对连续的 0。

③ x 恰有一对连续的 1。

④ x 恰有一对连续的 0 且恰有一对连续的 1。

对以上 4 类句子,可以依次分别用 A、B、C、D 表示:

$$S \to A \mid B \mid C \mid D$$
$$A \to \varepsilon \mid A' \mid A''$$
$$A' \to 0 \mid 01 \mid 01A'$$
$$A'' \to 1 \mid 10 \mid 10A''$$
$$B \to B'00B''$$
$$B' \to 1 \mid 01 \mid 1B' \mid 01B'$$
$$B'' \to 1 \mid 10 \mid 1B'' \mid 10B''$$

$$C \to C'11C''$$
$$C' \to 0 \mid 10 \mid 0C' \mid 10C'$$
$$C'' \to 0 \mid 01 \mid 0C'' \mid 01C''$$
$$D \to E00F11H \mid I11G00K$$
$$E \to 1 \mid 1E' \mid E'$$
$$E' \to 01E' \mid 01$$
$$H \to 0 \mid H'0 \mid H'$$
$$H' \to 01 \mid 01H'$$
$$I \to 0 \mid 0I' \mid I'$$
$$I' \to 10I' \mid 10$$
$$K \to 1 \mid K'1 \mid K'$$
$$K' \to 10 \mid 10K'$$

进一步分析不难发现,由 D 定义的串,也就是第④类串中的一部分含在 B 定义的串中,另一部分含在 C 定义的串中,所以,这些相关定义可以省略。

(5) 所有最多有一对连续的 0 并且最多有一对连续的 1 的串。

解 1:首先要弄清楚 L 包含的串,然后再设计文法。实际上,L 中的串有如下几种形式:

① 既不含成对的 0,也不含成对的 1。

② 只含唯一的一对 0。

③ 只含唯一的一对 1。

④ 含有一对 0 和一对 1,这一对 0 在这一对 1 的前面。

⑤ 含有一对 0 和一对 1,这一对 0 在这一对 1 的后面。

所以,可以将 L 写出如下形式:

$L=\{x \mid x$ 中不含连续的 0,也不含连续的 1$\}$

$\cup\{x00y \mid x,y$ 是不含连续的 0 也不含连续的 1 的串,并且 x 不以 0 结尾,y 不以 0 开头$\}$

$\cup\{x11y \mid x,y$ 是不含连续的 0 也不含连续的 1 的串,并且 x 不以 1 结尾,y 不以 1 开头$\}$

$\cup\{x00y11z \mid x,y,z$ 是不含连续的 0 也不含连续的 1 的串,并且 x 不以 0 结尾,y 不以 0 开头,y 不以 1 结尾,z 不以 1 开头$\}$

$\cup\{x11y00z \mid x,y,z$ 是不含连续的 0 也不含连续的 1 的串,并且 x 不以 1 结尾,y 不以 1 开头,y 不以 0 结尾,z 不以 0 开头$\}$。

根据上述几种模式,进行文法设计。

$$S \to 00 \mid 11 \mid 0011 \mid 1100 \mid E \mid A00B \mid D11C \mid A00F11C \mid D11G00B$$
$$E \to \varepsilon \mid E' \mid E''$$
$$E' \to 0 \mid 01 \mid 01E'$$
$$E'' \to 1 \mid 10 \mid 10E''$$
$$A \to 1 \mid 1A' \mid A'$$
$$A' \to 01A' \mid 01$$
$$B \to 1 \mid B'1 \mid B'$$

$B' \to 10 \mid 10B'$

$D \to 0 \mid 0D' \mid D'$

$D' \to 10D' \mid 10$

$C \to 0 \mid C'0 \mid C'$

$C' \to 01 \mid 01C'$

$F \to 10 \mid 10F$

$G \to 01 \mid 01G$

解 2：也可以根据上述分析，得出以下正则文法(RG)。

$$
\begin{aligned}
&S \to \varepsilon \mid 0 \mid 1 \mid 0A \mid 1B\\
&A \to 0 \mid 1 \mid 0C \mid 1B\\
&B \to 0 \mid 1 \mid 0A \mid 1G\\
&C \to 1 \mid 1D\\
&D \to 0 \mid 1 \mid 0C \mid 1E\\
&E \to 0 \mid 0F\\
&F \to 1 \mid 1E\\
&G \to 0 \mid 0H\\
&H \to 0 \mid 1 \mid 0I \mid 1G\\
&I \to 1 \mid 1J\\
&J \to 0 \mid 0I
\end{aligned}
$$

(6) 所有长度为偶数的串。

解 1：用两个变量 A 和 B 交替，以保证长度为偶数。

$$
\begin{aligned}
&S \to \varepsilon \mid 0A \mid 1A\\
&A \to 0 \mid 1 \mid 0B \mid 1B\\
&B \to 0A \mid 1A
\end{aligned}
$$

解 2：按照偶数长的字符串可以被切分成若干长度为 2 的子串的特性进行构造，让文法每次长出两个终极符号，这两个终极符号可以是 00，01，10，11。

$$S \to \varepsilon \mid 00S \mid 01S \mid 10S \mid 11S$$

(7) 所有包含子串 01011 的串。

解：

$$
\begin{aligned}
&S \to A01011A\\
&A \to \varepsilon \mid 0A \mid 1A
\end{aligned}
$$

(8) 所有含有 3 个连续 0 的串。

解 1：

$$
\begin{aligned}
&S \to 0A \mid 1S\\
&A \to 0B \mid 1S\\
&B \to 0 \mid 0C \mid 1S\\
&C \to 0 \mid 1 \mid 0C \mid 1C
\end{aligned}
$$

解 2：

$$S \to A000A$$

$$A \to 0A \mid 1A \mid \varepsilon$$

9. 设 $\Sigma=\{a,b,c\}$,构造下列语言的文法。

(1) $L_1=\{a^nb^n \mid n\geqslant 0\}$。

解:

$$S \to ab \mid aSb$$

(2) $L_2=\{a^nb^m \mid n,m\geqslant 1\}$。

解 1:

$$S \to aS \mid aA$$
$$A \to b \mid bA$$

解 2:

$$S \to AB$$
$$A \to a \mid aA$$
$$B \to b \mid bB$$

(3) $L_3=\{a^nb^na^n \mid n\geqslant 1\}$。

解:参考例 2-15 题,可以得到如下文法:

$$S \to abC \mid aSBC$$
$$CB \to BC$$
$$bB \to bb$$
$$bC \to ba$$
$$aC \to aa$$

根据此文法,可以做进一步的优化,优化后可得

$$S \to aba \mid aSBa$$
$$bB \to bb$$
$$aB \to Ba$$

(4) $L_4=\{a^nb^ma^k \mid n,m,k\geqslant 1\}$。

解 1:

$$S \to aS \mid aA$$
$$A \to bB \mid bA$$
$$B \to a \mid aB$$

解 2:

$$S \to ABA$$
$$A \to a \mid aA$$
$$B \to b \mid bB$$

(5) $L_5=\{awa \mid a\in\Sigma, w\in\Sigma^+\}$。

解 1:

$$S \to aAa$$
$$A \to a \mid b \mid c \mid aA \mid bA \mid cA$$

解 2:构造成正则文法(RG):

$$S \to aA$$
$$A \to aB \mid bB \mid cB$$
$$B \to a \mid aB \mid bB \mid cB$$

(6) $L_6=\{xwx^T \mid x, w\in\Sigma^+\}$。

解1:

$$S\to aAa \mid bAb \mid cAc \mid aSa \mid bSb \mid cSc$$
$$A\to a \mid b \mid c \mid aA \mid bA \mid cA$$

解2:

$$S\to aA \mid bB \mid cC$$
$$A\to aA' \mid bA' \mid cA'$$
$$A'\to bA' \mid cA' \mid aA'' \mid a$$
$$A''\to a \mid aA'' \mid bA' \mid cA'$$
$$B\to aB' \mid bB' \mid cB'$$
$$B'\to aB' \mid cB' \mid bB'' \mid b$$
$$B''\to b \mid bB'' \mid aB' \mid cB'$$
$$C\to aC' \mid bC' \mid cC'$$
$$C'\to aC' \mid bC' \mid cC'' \mid c$$
$$C''\to c \mid cC'' \mid aC' \mid bC'$$

解3:

$$S\to aA \mid bB \mid cC$$
$$A\to aA' \mid bA' \mid cA'$$
$$A'\to a \mid aA' \mid bA' \mid cA'$$
$$B\to aB' \mid bB' \mid cB'$$
$$B'\to b \mid aB' \mid bB' \mid cB'$$
$$C\to aC' \mid bC \mid cC'$$
$$C'\to c \mid aC' \mid bC' \mid cC'$$

(7) $L_7=\{w \mid w=w^T, w\in\Sigma^+\}$。

解:

$$S\to a \mid b \mid c \mid aa \mid bb \mid cc \mid aSa \mid bSb \mid cSc$$

(8) $L_8=\{xx^Tw \mid x, w\in\Sigma^+\}$。

解:

$$S\to DT$$
$$D\to aa \mid bb \mid cc \mid aDa \mid bDb \mid cDc$$
$$T\to a \mid b \mid c \mid aD \mid bD \mid cD$$

(9) $L_9=\{xx \mid x\in\Sigma^+\}$。

解:

$$S\to aAS \mid bBS \mid cCS \mid aAE \mid bBE \mid cCE$$
$$Aa\to aA$$
$$Ab\to bA$$
$$Ac\to cA$$
$$Ba\to aB$$
$$Bb\to bB$$

$Bc \to cB$

$Ca \to aC$

$Cb \to bC$

$Cc \to cC$

$AE \to Ea \mid a$

$BE \to Eb \mid b$

$CE \to Ec \mid c$

10. 给定文法

$$G_1=(V_1, T_1, P_1, S_1)$$
$$G_2=(V_2, T_2, P_2, S_2)$$

试分别构造满足下列要求的文法 G,并证明你的结论。

(2) $L(G)=L(G_1)\cup L(G_2)$。

解:不妨假设 $V_1\cap V_2=\varnothing$,并且 $S\notin V_1\cup V_2$,令

$$G=(\{S\}\cup V_1\cup V_2, T_1\cup T_2, P_1\cup P_2\cup\{S\to S_1 \mid S_2\}, S)$$

下面证明 $L(G)=L(G_1)\cup L(G_2)$。

先证 $L(G)\subseteq L(G_1)\cup L(G_2)$。

设 $x\in L(G)$,由 G 的定义,存在 n,使得

$$S\underset{G}{\Rightarrow}S_1\overset{n}{\underset{G}{\Rightarrow}}x$$

或者

$$S\underset{G}{\Rightarrow}S_2\overset{n}{\underset{G}{\Rightarrow}}x$$

当 $S\underset{G}{\Rightarrow}S_1\overset{n}{\underset{G}{\Rightarrow}}x$ 时,注意到 G 中的变量 S 只在推导的第一步出现,而后续的 n 步推导是从 S_1 开始的,由于 $V_1\cap V_2=\varnothing$,所以,在这 n 步推导中,出现的变量都必定是 V_1 中的变量,而且用的产生式也都是 P_1 中的产生式,因而这 n 步推导在 G_1 中也成立。所以,

$$S_1\overset{n}{\underset{G_1}{\Rightarrow}}x$$

即

$$x\in L(G_1)\subseteq L(G_1)\cup L(G_2)$$

通过类似的讨论可知,当 $S\underset{G}{\Rightarrow}S_2\overset{n}{\underset{G}{\Rightarrow}}x$ 时,有

$$x\in L(G_2)\subseteq L(G_1)\cup L(G_2)$$

这表明

$$L(G)\subseteq L(G_1)\cup L(G_2)$$

再证 $L(G_1)\cup L(G_2)\subseteq L(G)$。

设 $x\in L(G_1)\cup L(G_2)$。则 $x\in L(G_1)$或者 $x\in L(G_2)$。如果 $x\in L(G_1)$,则

$$S_1\overset{n}{\underset{G_1}{\Rightarrow}}x$$

注意到 $P_1\subseteq P_1\cup P_2\cup\{S\to S_1 \mid S_2\}$,所以

$$S_1\overset{n}{\underset{G}{\Rightarrow}}x$$

加上,$S\to S_1\in P_1\cup P_2\cup\{S\to S_1 \mid S_2\}$,从而有

$$S \underset{G}{\Rightarrow} S_1 \overset{n}{\underset{G}{\Rightarrow}} x$$

即

$$x \in L(G)$$

同理可以证明 $x \in L(G_2)$ 时,也有 $x \in L(G)$ 成立。故

$$L(G_1) \cup L(G_2) \subseteq L(G)$$

综上所述,$L(G)=L(G_1) \cup L(G_2)$。

(3) $L(G)=L(G_1)\{a,b\}L(G_2)$,其中 a,b 是两个不同的终极符号。

解:不妨假设 $V_1 \cap V_2=\varnothing$,并且 $S \notin V_1 \cup V_2$,令

$$G=(\{S\} \cup V_1 \cup V_2, T_1 \cup T_2 \cup \{a,b\}, P_1 \cup P_2 \cup \{S \to S_1 a S_2 \mid S_1 b S_2\}, S)$$

证明类似。

(4) $L(G)=L(G_1)^*$。

解:不妨假设 $S \notin V_1$,取

$$G=(\{S\} \cup V_1, T_1, P_1 \cup \{S \to S_1 S \mid \varepsilon\}, S)$$

证明类似。

(5) $L(G)=L(G_1)^+$。

解:不妨假设 $S \notin V_1$,取

$$G=(\{S\} \cup V_1, T_1, P_1 \cup \{S \to S_1 S \mid S_1\}, S)$$

证明类似。

11. 给定 RG

$$G_1=(V_1, T_1, P_1, S_1)$$
$$G_2=(V_2, T_2, P_2, S_2)$$

试分别构造满足下列要求的 RG G,并证明你的结论。

(2) $L(G)=L(G_1) \cup L(G_2)$。

解:与上题相比,这里要求构造的文法仍然是正则文法(RG),所以,不能像上题那样,直接将产生式组 $S \to S_1 | S_2$ 加进去,为了使文法仍然具有类似的功能,必须进行相应的处理。用 P_3 表示相应的处理结果。

不妨假设 $V_1 \cap V_2=\varnothing$,并且 $S \notin V_1 \cup V_2$,令

$$G=(\{S\} \cup V_1 \cup V_2, T_1 \cup T_2, P_1 \cup P_2 \cup P_3, S)$$

其中,

$$P_3=\{S \to \alpha \mid S_1 \to \alpha \in P_1, \text{或者 } S_2 \to \alpha \in P_2\}$$

等价证明略。

(3) $L(G)=L(G_1)\{a,b\}L(G_2)$,其中 a,b 是两个不同的终极符号。

解:$L(G)$的句子可以分成 3 个相继的子串:它们分别属于 $L(G_1)$,$\{a,b\}$ 和 $L(G_2)$。也就是说,对于任意的 $x \in L(G_1)\{a,b\}L(G_2)$,存在 x_1, x_2, x_3,使得

$$x=x_1 x_2 x_3, \quad \text{且 } x_1 \in L(G_1), x_2 \in \{a,b\}, x_3 \in L(G_2)$$

因此,这里的关键是表达出 x_1、x_2、x_3 等 3 段的依次产生。所以,需要对 P_1 中的产生式进行改造。不妨假设 $V_1 \cap V_2=\varnothing$,并且 $A \notin V_1 \cup V_2$,令

$$G=(\{A\} \cup V_1 \cup V_2, T_1 \cup T_2 \cup \{a,b\}, P, S_1)$$

其中，

$$P=\{B\to cC \mid B\to cC\in P_1\}$$ 用来实现 $x_1=y_1c$ 中 y_1 的产生

$$\cup\{B\to cA \mid B\to c\in P_1\}$$ 用来实现 $x_1=y_1c$ 中 c 的产生并准备产生 x_2x_3

$$\cup\{A\to aS_2 \mid bS_2\}$$ 用来实现 x_2 的产生并准备产生 x_3

$$\cup P_2$$ 用来实现 x_3 的产生

产生式中的 c 是 T_1 中的终极符号。

等价证明略。

(4) $L(G)=L(G_1)^*$。

解：不妨假设 $S\notin V_1$，取

$$G=(\{S\}\cup V_1, T_1, P, S)$$

其中，

$$\begin{aligned}P=P_1 &\cup\{S\to\alpha \mid S_1\to\alpha\in P_1\}\\ &\cup\{S\to\varepsilon\}\\ &\cup\{A\to aS \mid A\to a\in P_1\}\end{aligned}$$

证明略。

(5) $L(G)=L(G_1)^+$。

解：不妨假设 $S\notin V_1$，取

$$G=(\{S\}\cup V_1, T_1, P, S)$$

其中，

$$\begin{aligned}P=P_1 &\cup\{S\to\alpha \mid S_1\to\alpha\in P_1\}\\ &\cup\{A\to aS \mid A\to a\in P_1\}\end{aligned}$$

证明略。

第3章 有穷状态自动机

第2章从文法的角度,也就是从语言生成的角度研究语言。除了文法之外,也可以用不同的识别模型,从识别的角度研究语言。本章讨论的是正则语言的识别模型——有穷状态自动机(FA)。主要内容有确定的有穷状态自动机(DFA),不确定的有穷状态自动机(NFA),带空移动的有穷状态自动机(ε-NFA),带输出的有穷状态自动机,以及双向有穷状态自动机。

关于DFA,介绍如何从实际问题抽象出DFA,DFA的直观物理模型。按照这种抽象,给出DFA的形式定义,它接受的句子、语言状态转移图等重要概念。如何构造识别给定语言的DFA是本章难点之一。本章通过例子介绍DFA的构造。

NFA是DFA的一种变形。为了构造方便,从基本定义上对DFA进行了扩充。但是在扩充之后,它仍然与DFA等价。

ε-NFA是对NFA的进一步扩充。扩充后得到的ε-NFA与DFA也是等价的。

DFA,NFA,ε-NFA是FA的3种等价形式,它们是正则语言的识别器。在3.5节中,专门讨论正则文法(RG)与FA的等价性及其相互转换方法。

带输出的FA和双向FA是FA的另一些变形。其中,带输出的FA可以根据状态或者移动输出信息,而双向FA既允许FA的读头向右移动,又允许读头向左移动。

由于和FA相关的内容都是以DFA的概念为基础的,而且让初学者把一个模型——形式化模型当成一个自动机去理解,在心理上会遇到较大的障碍,所以,在上述所列的内容中,DFA的概念不仅是重点,而且还是难点。对DFA概念的突破,是对其他内容理解的重要基础。本章的第二个重点内容为DFA,NFA,ε-NFA,RG之间的等价转换思路与方法。这些内容,不仅再次讨论了形式模型之间的等价转换问题,而且体现了对这些形式模型更深层的理解,甚至能使读者体验到这些形式模型之间等价变换思想的闪光,并且体验大师们当初发现这些等价转换方法尤其是FA与RG的等价转换方法所获得的乐趣。

除了对DFA概念的理解之外,DFA和RG的构造方法、RG与FA的等价性证明等也是比较难以掌握的。

3.1 语言的识别

知识点

(1) 推导和归约中的回溯问题将对系统的效率产生极大的影响。

(2) 作为语言的识别模型,需要5个要素,该模型的每个移动由3个节拍组成:读入它正注视的字符,根据当前状态和读入的字符改变有穷控制器的状态,将读头向右移动一格。

(3) 相应的物理模型为:一个右端无穷的输入带,一个有穷状态控制器,一个读头。

3.2 有穷状态自动机

1. 知识点

(1) FA是一个五元组 $M=(Q,\Sigma,\delta,q_0,F)$;由于对任意的 $(q,a)\in Q\times\Sigma$,Q 中有唯一的状态 p 与 $\delta(q,a)$ 对应,所以称之为DFA。

(2) 虽然 δ 的定义域 $Q\times\Sigma$ 是 $\hat{\delta}$ 的定义域 $Q\times\Sigma^*$ 的真子集,但对于任意的 $(q,a)\in Q\times\Sigma$,$\hat{\delta}$ 和 δ 有相同的值,所以不用区分这两个符号。

(3) $L(M)=\{x\mid x\in\Sigma^*$ 且 $\delta(q,x)\in F\}$ 为 M 接受(识别)的语言。

(4) FA的状态转移图。

(5) DFA的等价。

(6) DFA的ID及ID之间的关系 $\vdash_M$。

(7) DFA的状态只具有有穷记忆能力。

(8) DFA的每个状态记忆集合 $set(q)=\{x\mid x\in\Sigma^*,\delta(q_0,x)=q\}$,这使得DFA $M=(Q,\Sigma,\delta,q_0,F)$ 自然地对应于等价关系 R_M,该等价关系将 Σ^* 分成有穷多个等价类,对于每一个可达状态 q,$set(q)$ 就是 q 对应的等价类。

(9) 陷阱状态。

(10) 将要记忆的内容用作状态的标识,有利于一类DFA的表示和构造。

2. 主要内容解读

定义3-1 有穷状态自动机(finite automaton,FA) M 是一个五元组:

$$M=(Q,\Sigma,\delta,q_0,F)$$

其中,

Q——状态的非空有穷集合。$\forall q\in Q$,q 称为 M 的一个状态(state)。

Σ——输入字母表(input alphabet)。输入字符串都是 Σ 上的字符串。

δ——状态转移函数(transition function),有时又称为状态转换函数或者移动函数。$\delta:Q\times\Sigma\to Q$,对 $\forall(q,a)\in Q\times\Sigma$,$\delta(q,a)=p$ 表示 M 在状态 q 读入字符 a,将状态变成 p,并将读头向右移动一个带方格而指向输入字符串的下一个字符。

q_0——M 的**开始状态**(initial state),也可称为初始状态或者启动状态,$q_0 \in Q$。

F——M 的**终止状态**(final state)集合,$F \subseteq Q$。$\forall q \in F$,q 称为 M 的**终止状态**。终止状态又称为**接受状态**(accept state)。

对此定义的理解,需要注意以下几方面:

(1) 要求状态集 Q 是非空有穷的,这和要求一个字母表是非空有穷的原因是类似的。实际上,希望 FA 描述的是一个语言的处理系统,而每个系统至少要有一个状态。当然,如果该系统具有无穷多个状态,它就不是当代计算机系统可以"模拟"的了。因此,Q 必须是有穷的。

(2) 状态转移函数 $\delta: Q \times \Sigma \to Q$,表明对任意 $(q,a) \in Q \times \Sigma$,$Q$ 中有唯一的状态 p 与 (q,a) 对应,所以,为了和后面定义的其他类型的 FA 相区别,才称这里定义的 FA 为 DFA(deterministic finite automaton)。初学者最容易忽略的问题之一是当检查用状态转移图表示的 FA 是否为 DFA 时,有可能忽略掉 $\delta(q,a)$ 不对应任何状态这一不满足要求的情况。尤其是在后面讲过 NFA 后,更容易错误地认为,只要不存在 $(q,a) \in Q \times \Sigma$,使得 $|\delta(q,a)|>1$,相应的 FA 就是 DFA 了。

(3) 开始状态就是 FA 在正常情况下,开始处理一个输入串的状态。在实际系统的实现中,当需要此 FA 再处理另外一个输入串时,它必须重新从这个状态启动,而不管它在处理完上一个串后处于哪个状态。

(4) 虽然 F 中的状态称为终止状态,并不是说 M 一旦进入这种状态就终止了,而是说,一旦 M 在处理完输入字符串时到达这种状态,M 就接受当前处理的字符串。在 FA 处理一个输入串的过程中,它可能"经过"某些终止状态,但是,如果它在处理完这个输入串后未停在终止状态,则此串不被 FA"认可"。也就是说,FA 在决定是否"认可"一个输入串时,并不考虑它是否曾经在中途经过某一个终止状态,而是根据它处理完该字符串时的当前状态决定的。据此,将这类状态称为接受状态也许更恰当。

例 3-1 给出了两个 FA,一方面用来作为两个实例,另一方面是给出 FA 的状态转移函数的表达方式。由于现在还没有定义什么是 FA 接受的语言,所以,现在还不能讨论这两个 FA 能识别什么语言。但是,如果在给出 FA 接受的语言的定义后再行举例,新的概念就显得在一起堆积得太多,不利于学习。

由于语言是由句子,也就是满足一定条件的串组成的,所以,为了定义 FA 识别的语言,必须先将 δ 的定义域从 $Q \times \Sigma$ 扩充到 $Q \times \Sigma^*$ 上,以便于讨论 FA 是如何处理字符串的。然后,考虑如何表示组成语言的句子所需要满足的条件就容易了。对此扩展,读者需要弄明白为什么不在一开始就直接用 δ 表示扩展的状态转移函数,而是要在证明了对于任意的 $(q,a) \in Q \times \Sigma$,$\hat{\delta}$ 和 δ 有相同的值后方可以用同一个符号表示。

将 δ 扩充为 $\hat{\delta}: Q \times \Sigma^* \to Q$ 使用的是递归定义,这也是与 FA 处理字符串的过程一致的,从而也给今后研究 FA 处理字符串做了一定的准备。这个定义为:对任意 $q \in Q$,$w \in \Sigma^*$,$a \in \Sigma$:

(1) $\hat{\delta}(q,\varepsilon)=q$。

(2) $\hat{\delta}(q,wa)=\delta(\hat{\delta}(q,w),a)$。

其中,第一条是基础,表示 FA 在不读入任何字符时将保持在原来的状态不变;第二条表示

对一个串 wa,FA 必须处理完 w 后再处理 a,而且处理 a 时所处的状态是处理完 w 后所处的状态。进一步对 w 展开这个式子,它表示 FA 是从左到右处理输入串中的字符,该 FA 从状态 q 开始,首先在状态 q 下处理第一个字符,然后进入一个新状态,再在这个新状态处理下一个字符,如此下去,直到串中所有字符都被处理完。设 $x=a_1a_2\cdots a_n$,以此形式,这个过程可以表示为

$$
\begin{aligned}
&\delta(q,a_1a_2\cdots a_n)\\
&=\delta(\delta(q,a_1a_2\cdots a_{n-1}),a_n)\\
&=\delta(\delta(\delta(q,a_1a_2\cdots),a_{n-1}),a_n)\\
&\vdots\\
&=\delta(\delta(\delta(\delta(\delta(q,a_1),a_2),\cdots),a_{n-1}),a_n)
\end{aligned}
$$

不妨设

$$\delta(q,a_1)=q_1,\delta(q_1,a_2)=q_2,\cdots,\delta(q_{n-2},a_{n-1})=q_{n-1},\delta(q_{n-1},a_n)=q_n$$

则

$$
\begin{aligned}
&\delta(q,a_1a_2\cdots a_n)\\
&=\delta(q_1,a_2\cdots a_n)\\
&=\delta(q_2,a_3\cdots a_n)\\
&\vdots\\
&=\delta(q_{n-2},a_{n-1}a_n)\\
&=\delta(q_{n-1},a_n)\\
&=q_n
\end{aligned}
$$

如果按照 ID 的表示方法,这个过程可以表示为

$$qa_1a_2\cdots a_n \vdash a_1q_1a_2\cdots a_n \vdash a_1a_2\,q_2a_3\cdots a_n \vdash\cdots\vdash a_1a_2\cdots q_{n-2}a_{n-1}a_n \vdash a_1a_2\cdots a_{n-1}\,q_{n-1}a_n \vdash a_1a_2\cdots a_n\,q_n$$

实际上,q_i 左侧的字符串是不会再被扫描的,所以,它们是可以不在 ID 中反映的。另外,被 FA 处理过的 $a_1a_2\cdots a_n$ 的前缀 $a_1a_2\cdots a_i$ 的对应后缀 $a_{i+1}\cdots a_n$ 正好是 FA 从状态 q_i 开始待处理的内容。

定义 3-2 设 $M=(Q,\Sigma,\delta,q_0,F)$是一个 FA。对于 $\forall x\in\Sigma^*$,如果 $\delta(q,w)\in F$,则称 x 被 M 接受,如果 $\delta(q,w)\notin F$,则称 M 不接受 x。

$$L(M)=\{x\mid x\in\Sigma^* \text{ 且 } \delta(q,w)\in F\}$$

称为由 M 接受(识别)的语言。

这个定义也可以叙述为:能引导 FA 从启动状态出发,最终到达终止状态的字符串是 FA 识别的语言的句子。所有这样的字符串组成的集合为 FA M 接受的语言,记作 $L(M)$。

定义 3-3 设 M_1,M_2 为 FA。如果 $L(M_1)=L(M_2)$,则称 M_1 与 M_2 等价。

这个定义说明,判定两个 FA 是否等价的标准是它们接受的语言是否相同。这和判定两个文法是否等价一样。另外,表示一个语言的文法可以有多个,识别一个语言的 FA 也可以有多个:如果有一个 FA 能识别语言 L,那么也可能存在"许许多多"的识别 L 的 FA。

例 3-2 是真正按照规定的语言构造的第一个 DFA,这个 DFA 的构造虽然比较简单,但是却表现出构造 DFA 的一个非常重要的方法,这就是 DFA 的每一个状态表达不同的意思。当 DFA 到达不同的状态时,表明 DFA 当前扫描过的字符串的前缀已经具有语言要求

的句子的某种结构。由于 DFA 只有有穷个状态，所以，DFA 的状态只具有有穷记忆能力。这就预示着，如果一个语言的结构特征中只有有穷多种需要记忆的信息，则能构造出接受它的 DFA 来。

状态转移图是 DFA 的一个非常直观的表示，当熟悉这种表示时，通过画出接受一个语言的 DFA 的状态转移图来完成这个 DFA 的构造是最为方便的。由于状态转移图具有直观性，而这种直观性非常便于人们对其表达内容的理解，所以，对人们来说，使用这种表示方法进行“规模”不是特别大的 DFA 的构造是最为方便和有效的。所以，往往只画出 DFA 的状态转移图就可以了。FA 的状态转移图的定义如下。

定义 3-4 设 $M=(Q,\Sigma,\delta,q_0,F)$ 为一个 FA，满足如下条件的有向图被称为 M 的状态转移图(transition diagram)：

(1) $q\in Q \Leftrightarrow q$ 是该有向图中的一个顶点。

(2) $\delta(q,a)=p \Leftrightarrow$ 图中有一条从顶点 q 到顶点 p 的标记为 a 的弧。

(3) $q\in F \Leftrightarrow$ 标记为 q 的顶点被用双层圈标出。

(4) 用标有 S 的箭头指出 M 的开始状态。

状态转移图又可以称为状态转换图。有时，状态转移图中会存在一些并行的弧：它们从同一顶点出发，到达同一个顶点。对这样的并行弧，可以用一条有多个标记的弧表示。

通过例 3-3 DFA 的构造，总结出以下几点注意事项：

(1) 定义 FA 时，只给出 FA 相应的状态转移图就可以了。

(2) 对于 DFA 来说，并行的弧按其上标记字符的个数计算，对于每个顶点来说，它的出度恰好等于输入字母表中所含字符的个数。这一点提醒读者，第一，当完成一个 DFA 的构造后，至少需要检查一下，看每个顶点的出度是否正确；第二，在构造 DFA——画 DFA 的状态转移图时，需要逐个状态地考虑该状态对应字母表中的每个字母的转移方向，这在许多时候会给构造提供启发。

(3) 字符串 x 被 FA M 接受的充分必要条件是在 M 的状态转移图中存在一条从开始状态到某一个终止状态的有向路，该有向路上从第一条边到最后一条边的标记依次并置而构成的字符串 x。此路的标记简称为 x。

(4) 一个 FA 可以有多个终止状态。实际上，每个终止状态代表语言中句子的不同分类。例如，主教材图 3-5 的终止状态 q_3 和 q_4 分别代表语言 $\{x000 \mid x\in\{0,1\}^*\}\cup\{x001 \mid x\in\{0,1\}^*\}$ 的以 000 结尾的句子组成的类和以 001 结尾的句子组成的类。

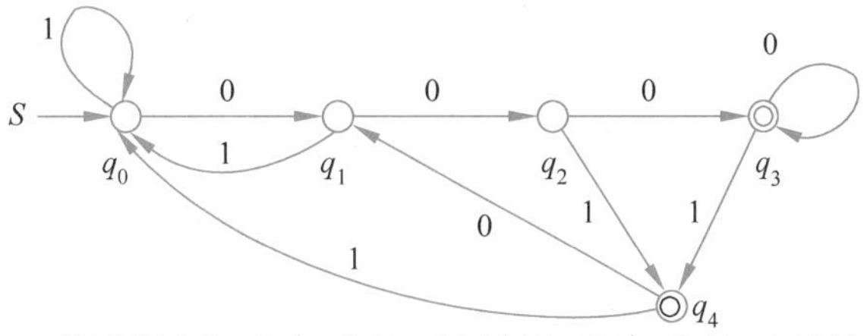

图 3-5 接受语言 $\{x000 \mid x\in\{0,1\}^*\}\cup\{x001 \mid x\in\{0,1\}^*\}$ 的 DFA

FA 的即时描述及其相互之间的关系 $\vdash$ 提供了描述 FA 识别一个输入串的更为方便的过程，其定义如下。

定义 3-5 设 $M=(Q,\Sigma,\delta,q_0,F)$ 为一个 FA，$x,y\in\Sigma^*$，$\delta(q_0,x)=q$，xqy 称为 M 的一个**即时描述**(instantaneous description，ID)。它表示 xy 是 M 正在处理的一个字符串，x 引导 M 从 q_0 启动并到达状态 q，M 当前正指向 y 的首字符。

如果 $xqay$ 是 M 的一个即时描述，且 $\delta(q,a)=p$，则

$$xqay \vdash_M xapy$$

表示 M 在状态 q 时已经处理完 x 并且正指向输入字符 a，此时它读入 a 并转入状态 p，将读头向右移动一格指向 y 的首字符。

显然，与⇒是文法的变量集和终极符号集的并集的克林闭包上的与产生式相关的二元关系类似，$\vdash_M$ 为 M 的所有 ID 集上的二元关系，它与 M 定义的移动有关，而且可用 $\vdash_M^n$，$\vdash_M^*$，$\vdash_M^+$ 分别表示 $\left(\vdash_M\right)^n$，$\left(\vdash_M\right)^*$，$\left(\vdash_M\right)^+$，当意义明确时，也可以直接用 $\vdash$，$\vdash^n$，$\vdash^*$，$\vdash^+$ 表示 $\left(\vdash_M\right)^n$，$\left(\vdash_M\right)^*$，$\left(\vdash_M\right)^+$。

$\alpha \vdash_M^n \beta$：表示 M 从 ID α 经过 n 次移动到达 ID β，即 M 存在 ID 序列 $\alpha_1,\alpha_2,\cdots,\alpha_{n-1}$，使得 $\alpha \vdash_M \alpha_1$，$\alpha_1 \vdash_M \alpha_2$，$\cdots$，$\alpha_{n-1} \vdash_M \beta$。

当 $n=0$ 时，有 $\alpha=\beta$。即 $\alpha \vdash_M^0 \alpha$。

$\alpha \vdash_M^+ \beta$：表示 M 的 ID 从 α 经过至少一次移动变成 β。

$\alpha \vdash_M^* \beta$：表示 M 的 ID 从 α 经过若干步移动变成 β。

需要注意，在第 9 章图灵机中，也定义有类似的 ID，只不过在图灵机中，q_i 左侧的字符串(即 $a_1a_2\cdots a_n$ 的前缀)是有可能被再次扫描的，而在这里它们是不会被再次扫描的。

定义 3-6 设 $M=(Q,\Sigma,\delta,q_0,F)$ 为一个 FA，对 $\forall q\in Q$，能引导 FA 从开始状态到达 q 的字符串的集合为

$$set(q)=\{x \mid x\in\Sigma^*,\delta(q_0,x)=q\}$$

这个定义的引入，是为了明确地将 DFA 的状态和 DFA 所确定的关于 Σ^* 的等价类对应起来，以深入理解 DFA。根据这种对应关系，任意一个 FA $M=(Q,\Sigma,\delta,q_0,F)$ 就自然有了等价关系 R_M。

对 $\forall x,y\in\Sigma^*$，$xR_My \Leftrightarrow \exists q\in Q$，使得 $x\in set(q)$ 和 $y\in set(q)$ 同时成立。

之所以说利用这个关系可以将 Σ^* 划分成不多于 $|Q|$ 个等价类，主要是因为 DFA 中可能有不可达状态。但是，对 NFA，这个结论是不成立的。

例 3-4 给出了一种根据“主体框架”构造 DFA 的思路，同时引入了陷阱状态的概念及其用法。

通过例 3-4 和例 3-5 进一步表明如何利用状态的有穷存储功能构造 DFA，尤其是在例 3-5 中，先分析出可以按照同余类来分等价类这一关键点，然后将等价类(同余类)与状态对应起来，并考虑用 3 所确定的输入串所处的等价类及其等价类之间的变换关系，来确定相应的 DFA 的状态之间应该如何转移。

例 3-6 将要记忆的内容用作对状态的标识，这种方法在表示一类 DFA 及其构造思想时是非常有效的。

$q[\varepsilon]$——M 还未读入任何字符。

q_t——陷阱状态。

$q[a_1a_2\cdots a_i]$——M 记录有 i 个字符，$1\leqslant i\leqslant 5$。其中，$a_1,a_2,\cdots,a_i\in\{0,1\}$。

3.3 不确定的有穷状态自动机

3.3.1 作为对 DFA 的修改

知识点

希望对于所有的 $(q,a)\in\Sigma\times Q$，$\delta(q,a)$ 对应的是 Q 的一个子集。并认为这种扩展了的 FA 在于允许它在任意时刻可以处于有穷多个状态，这样一来，则有

(1) 并不是对于所有的 $(q,a)\in\Sigma\times Q$，$\delta(q,a)$ 都有一个状态与它对应。

(2) 并不是对于所有的 $(q,a)\in\Sigma\times Q$，$\delta(q,a)$ 只对应一个状态。

Q 的有穷性保证了 2^Q 的有穷，使得这种 FA 仍然是具有有穷个状态的。

也可以将这种扩充看成是允许 FA 具有"智能"，该"智能"足以使 FA 在一个状态下，根据当前读入的字符在集合 $\delta(q,a)$ 中选择一个正确的状态。

3.3.2 NFA 的形式定义

1. 知识点

(1) NFA 与 DFA 相比，只是状态转移函数的值域由 Q 变成了 2^Q。

(2) DFA 是 NFA 的特例。

(3) x 被 M 接受，当且仅当 $\delta(q_0,x)\cap F\neq\varnothing$。

2. 主要内容解读

定义 3-7 不确定的有穷状态自动机(non-deterministic finite automaton，NFA)M 是一个五元组：

$$M=(Q,\Sigma,\delta,q_0,F)$$

其中，

Q,Σ,q_0,F 的意义同 DFA。

δ——状态转移函数(transition function)，又称为状态转换函数或者移动函数。$\delta:Q\times\Sigma\to 2^Q$，对 $\forall(q,a)\in Q\times\Sigma$，$\delta(q,a)=\{p_1,p_2,\cdots,p_m\}$ 表示 M 在状态 q 读入字符 a，可以有选择地将状态变成 $p_1,p_2,\cdots$，或者 p_m，并将读头向右移动一个带方格而指向输入字符串的下一个字符。

原来为 DFA 定义的状态转移图、状态对应的等价类、即时描述等对 NFA 都是有效的。

与 DFA 相同，将 δ 扩充为 $\hat{\delta}:Q\times\Sigma^*\to 2^Q$。对任意 $q\in Q,w\in\Sigma^*,a\in\Sigma$：

(1) $\hat{\delta}(q,\varepsilon)=\{q\}$。

(2) $\hat{\delta}(q,wa)=\{p \mid \exists r\in\hat{\delta}(q,w)$,使得 $p\in\delta(r,a)\}$。

而且由于对于任意 $q\in Q,a\in\Sigma$:

$$\hat{\delta}(q,a)=\delta(q,a)$$

所以,可以用 δ 代替 $\hat{\delta}$。

由于对 $\forall(q,w)\in Q\times\Sigma^*$,$\delta(q,w)$是一个集合,因此,为了叙述方便,才进一步扩充 δ 的定义域:$\delta:2^Q\times\Sigma^*\to 2^Q$。对任意 $P\subseteq Q,w\in\Sigma^*$,

$$\delta(P,w)=\bigcup_{q\in P}\delta(q,w)$$

考虑到对 $\forall(q,w)\in Q\times\Sigma^*$:

$$\delta(\{q\},w)=\delta(q,w)$$

所以,可以不区分 δ 的第一个分量是一个状态还是一个状态集合。于是,对任意 $q\in Q,w\in\Sigma^*,a\in\Sigma$,可以得到

$$\delta(q,wa)=\delta(\delta(q,w),a)$$

从而,对输入字符串 $a_1a_2\cdots a_n$ 有

$$\delta(q,a_1a_2\cdots a_n)=\delta((\cdots\delta(\delta(q,a_1),a_2),\cdots),a_n)$$

定义 3-8 设 $M=(Q,\Sigma,\delta,q_0,F)$是一个 NFA。对于 $\forall x\in\Sigma^*$,如果 $\delta(q_0,x)\cap F\neq\varnothing$,则称 x 被 M 接受,如果 $\delta(q_0,x)\cap F=\varnothing$,则称 M 不接受 x。

$$L(M)=\{x\mid x\in\Sigma^* \text{ 且 } \delta(q_0,x)\cap F\neq\varnothing\}$$

称为由 M 接受(识别)的语言。

注意:对于 $\forall x\in\Sigma^*$,$\delta(q_0,x)$ 是一个集合,所以,在判定字符串 x 是否被 M 接受时,要看 $\delta(q_0,x)$ 中是否含有终止状态,即判定 $\delta(q_0,x)\cap F\neq\varnothing$是否成立。按照状态转移图来说,就是要看在 M 的状态转移图中是否存在从 q_0 出发到达某一个终止状态的标记为 x 的路。

3.3.3 NFA 与 DFA 等价

1. 知识点

(1) NFA 与 DFA 等价是指这两种模型识别相同的语言类。

(2) DFA 对 NFA 的模拟的关键是 DFA 用一个状态去对应 NFA 的一组状态:$[p_1,p_2,\cdots,p_m]\Leftrightarrow\{p_1,p_2,\cdots,p_m\}$。

(3) 不可达状态是无意义的。

(4) 根据 NFA 构造等价的 DFA 时,可以只给出 DFA 的所有可达状态,从而可以直接略去关于不可达状态相关的计算。

2. 主要内容解读

定理 3-1 NFA 与 DFA 等价。

证明要点:

(1) 构造。

设 NFA $M_1=(Q,\Sigma,\delta_1,q_0,F_1)$。

取 DFA $M_2=(Q_2,\Sigma,\delta_2,[q_0],F_2)$。

$Q_2=2^Q$，只是暂时将用“{”和“}”把集合的元素汇集成整体的习惯写法改为用“[”和“]”把集合的元素汇集成整体。

$$F_2=\{[p_1,p_2,\cdots,p_m]\mid\{p_1,p_2,\cdots,p_m\}\subseteq Q \text{ 且 } \{p_1,p_2,\cdots,p_m\}\cap F_1\neq\varnothing\}$$

$$\delta_2([q_1,q_2,\cdots,q_n],a)=[p_1,p_2,\cdots,p_m]\Leftrightarrow\delta_1(\{q_1,q_2,\cdots,q_n\},a)=\{p_1,p_2,\cdots,p_m\}$$

这实际上给出了构造给定 NFA 的等价 DFA 的一般方法。显然，这种转换方法是可以“被自动化”的。由于这种构造方法的一般性，所以，在新构造出的 DFA 中，可能存在不可达的状态。例 3-7 给出了相应的实例。

由于不可达状态对语言的识别是无用的，所以，需要将它们删除。最好是直接避免因不可达状态所导致的无用计算。方法是从开始状态$[q_0]$出发，考查 Σ 中的所有符号，逐步地计算出所有可达的状态及其相应的转移。例 3-7 给出的是逐步在表中填写表达状态转移函数值的方法。

(2) 对任意 $x\in\Sigma^*$，施归纳于$|x|$，证明 $\delta_1(q_0,x)=\{p_1,p_2,\cdots,p_m\}\Leftrightarrow\delta_2([q_0],x)=[p_1,p_2,\cdots,p_m]$。

(3) 证明 $L(M_1)=L(M_2)$。

(2)和(3)两步表明了(1)中所给的构造方法的正确性。因此，今后可以直接用此方法构造给定 NFA 的等价 DFA，不用再对构造的结果进行证明。

例 3-7 给出的直接省去不可达状态相关计算的思路，可以用到直接根据 NFA 的状态转移图构造 DFA 的状态转移图中。在这里，所有的与不可达状态相关的顶点和弧，都不用在状态转移图中出现。

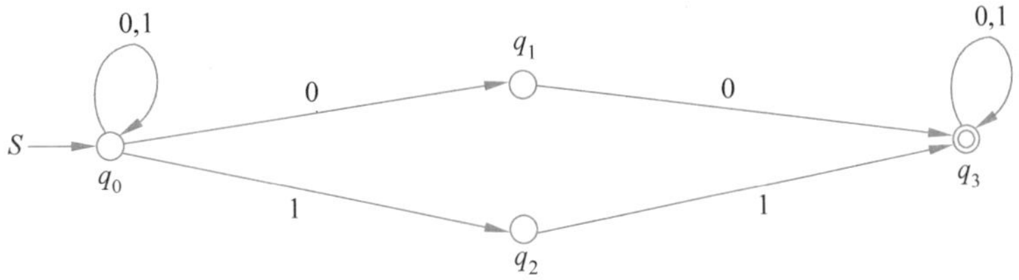

图 3-9　希望是接受$\{x\mid x\in\{0,1\}^*$，且 x 含有子串 00 或 11$\}$的 FA

下面仍然以图 3-9 所示的 NFA 为例，直接画出与其等价的 DFA 的状态转移图。相应的构造过程如下：

(1) 先画出只含开始状态$[q_0]$的图 3-9(a)。

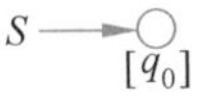

图 3-9(a)　从开始状态$[q_0]$开始

(2) 考查状态$[q_0]$关于 0 和 1 的转移。

因为 $\delta(\{q_0\},0)=\{q_0,q_1\}$，所以，在图中增加标记为$[q_0,q_1]$的顶点，并从标记为$[q_0]$的顶点到标记为$[q_0,q_1]$的顶点画一条标记为 0 的弧。

因为 $\delta(\{q_0\},1)=\{q_0,q_2\}$，所以，在图中增加标记为$[q_0,q_2]$的顶点，并从标记为$[q_0]$的顶点到标记为$[q_0,q_2]$的顶点画一条标记为 1 的弧。此时可得图 3-9(b)。

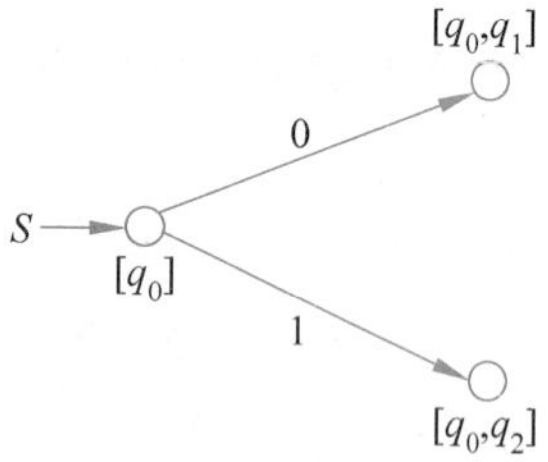

图 3-9(b)　增加在$[q_0]$状态下的移动

(3) 考查状态$[q_0,q_1]$关于 0 和 1 的转移。

因为$\delta(\{q_0,q_1\},0)=\{q_0,q_1,q_3\}$,所以,在图中增加标记为$[q_0,q_1,q_3]$的顶点,并从标记为$[q_0,q_1]$的顶点到标记为$[q_0,q_1,q_3]$的顶点画一条标记为 0 的弧。

因为$\delta(\{q_0,q_1\},1)=\{q_0,q_2\}$,所以,在图中标记为$[q_0,q_1]$的顶点到标记为$[q_0,q_2]$的顶点画一条标记为 1 的弧。此时,可得图 3-9(c)。

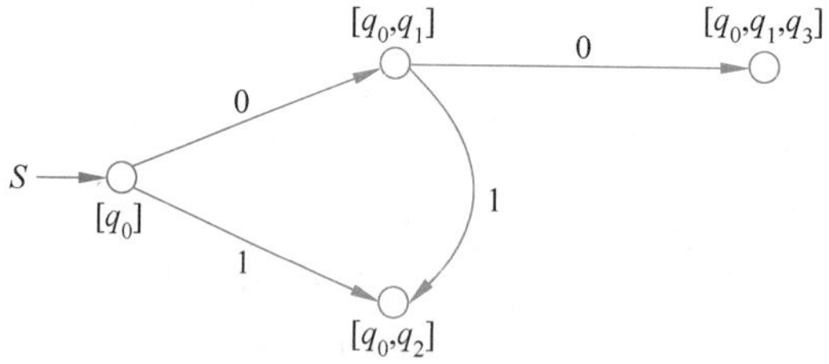

图 3-9(c)　增加在$[q_0,q_1]$状态下的移动

(4) 考查状态$[q_0,q_2]$关于 0 和 1 的转移。

因为$\delta(\{q_0,q_2\},0)=\{q_0,q_1\}$,所以,从标记为$[q_0,q_2]$的顶点到标记为$[q_0,q_1]$的顶点画一条标记为 0 的弧。

因为$\delta(\{q_0,q_2\},1)=\{q_0,q_2,q_3\}$,所以,将标记为$[q_0,q_2,q_3]$的顶点添入图中,并从标记为$[q_0,q_2]$的顶点到标记为$[q_0,q_2,q_3]$的顶点画一条标记为 1 的弧。此时,可得图 3-9(d)。

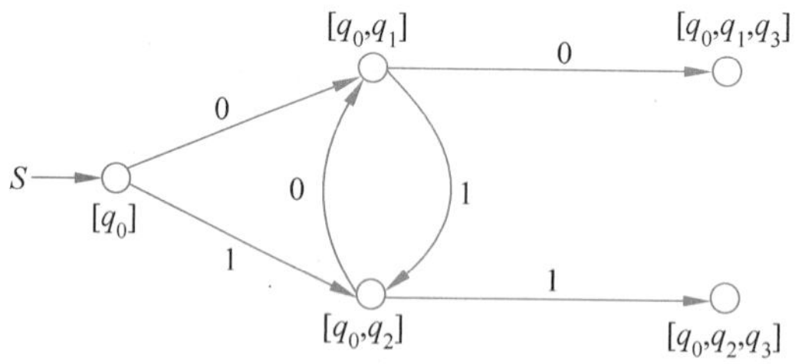

图 3-9(d)　增加在$[q_0,q_2]$状态下的移动

(5) 考查状态$[q_0,q_1,q_3]$关于 0 和 1 的转移。

因为$\delta(\{q_0,q_1,q_3\},0)=\{q_0,q_1,q_3\}$,所以,从标记为$[q_0,q_1,q_3]$的顶点画一条到自身的标记为 0 的弧。

因为$\delta(\{q_0,q_1,q_3\},1)=\{q_0,q_2,q_3\}$,所以,从标记为$[q_0,q_1,q_3]$的顶点到标记为$[q_0,q_2,q_3]$的顶点画一条标记为 1 的弧。此时,可得图 3-9(e)。

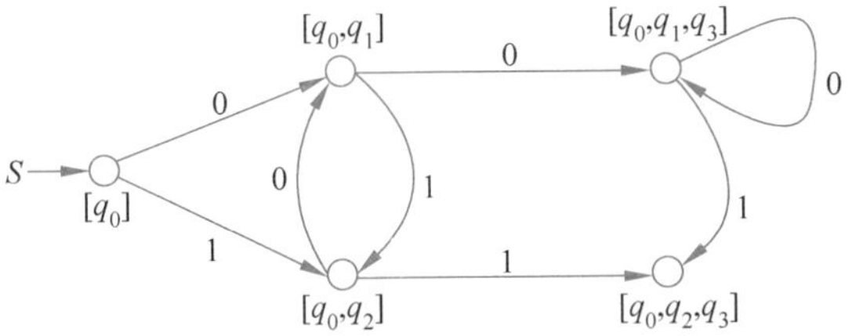

图 3-9(e) 增加在$[q_0,q_1,q_3]$状态下的移动

(6) 考查状态$[q_0,q_2,q_3]$关于 0 和 1 的转移。

因为$\delta(\{q_0,q_2,q_3\},0)=\{q_0,q_1,q_3\}$，所以，从标记为$[q_0,q_2,q_3]$的顶点到标记为$[q_0,q_1,q_3]$的顶点画一条标记为 0 的弧。

因为$\delta(\{q_0,q_2,q_3\},1)=\{q_0,q_2,q_3\}$，所以，从标记为$[q_0,q_2,q_3]$的顶点画一条到自身的标记为 0 的弧。此时，可得图 3-9(f)。

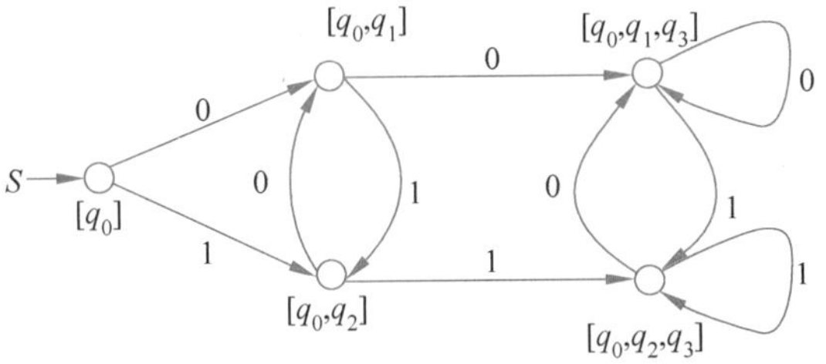

图 3-9(f) 增加在$[q_0,q_2,q_3]$状态下的移动

注意到q_3是图 3-9 所示的 NFA 的终止状态，所以，在图 3-9(f)中，状态$[q_0,q_1,q_3]$和$[q_0,q_2,q_3]$是等价的 DFA 的终止状态。用双圈将它们标出，从而得到图 3-11。

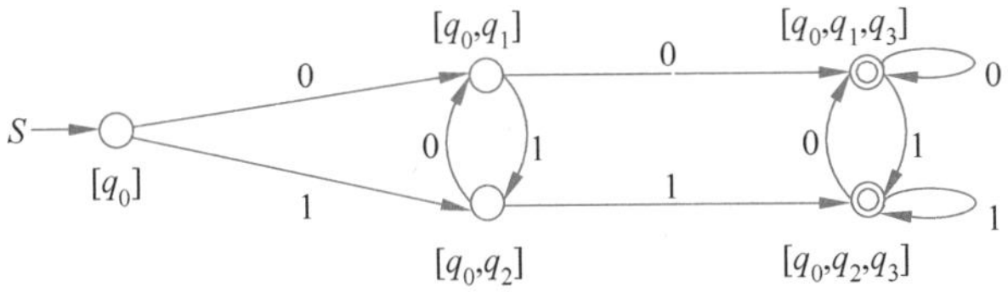

图 3-11 图 3-9 所示 NFA 的等价 DFA

3.4 带空移动的有穷状态自动机

1. 知识点

(1) 允许 ε-NFA 在某一状态下不读入字符——不移动读头，而只改变状态。

(2) 在 ε-NFA 中，$\hat{\delta}(q,\varepsilon)\neq\delta(q,\varepsilon)$，$\hat{\delta}(q,a)\neq\delta(q,a)$。所以，需要严格区分$\hat{\delta}$与$\delta$。

(3) 在 ε-NFA 中，$\hat{\delta}$与δ需要分别进行扩展。

(4) NFA 是 ε-NFA 的特例。

(5) 由于 DFA，NFA，ε-NFA 是等价的，所以，统称它们为 FA。

2. 主要内容解读

定义 3-9 带空移动的不确定的有穷状态自动机(non-deterministic finite automaton with ε-moves,ε-NFA)M 是一个五元组:

$$M=(Q,\Sigma,\delta,q_0,F)$$

其中,

Q,Σ,q_0,F 的意义同 DFA。

δ——状态转移函数,又称为状态转换函数或者移动函数,$\delta: Q\times(\Sigma\cup\{\varepsilon\})\to 2^Q$。

对 $\forall(q,a)\in Q\times\Sigma$,$\delta(q,a)=\{p_1,p_2,\cdots,p_m\}$表示 M 在状态 q 读入字符 a,可以有选择地将状态变成 $p_1,p_2,\cdots$,或者 p_m,并将读头向右移动一个带方格而指向输入字符串的下一个字符。

对 $\forall q\in Q$,$\delta(q,\varepsilon)=\{p_1,p_2,\cdots,p_m\}$表示 M 在状态 q 不读入任何字符,可以有选择地将状态变成 $p_1,p_2,\cdots$,或者 p_m。也可以称为 M 在状态 q 做一个空移动(或者 ε 移动),并且有选择地将状态变成 $p_1,p_2,\cdots$,或者 p_m。

同样地,将 δ 扩充为 $\hat{\delta}: Q\times\Sigma^*\to 2^Q$。对任意 $q\in Q,w\in\Sigma^*,a\in\Sigma$:

(1) ε-CLOSURE(q)=$\{p\mid$从 q 到 p 有一条标记为 ε 的路$\}$。

(2) ε-CLOSURE(P)= $\bigcup_{p\in P}$ ε-CLOSURE(p)。

(3) $\hat{\delta}(q,\varepsilon)$=ε-CLOSURE($q$)。

(4) $\hat{\delta}(q,wa)$=ε-CLOSURE(P)。

$$P=\{p\mid \exists r\in\hat{\delta}(q,w),\text{使得 } p\in\delta(r,a)\}$$
$$=\bigcup_{r\in\hat{\delta}(q,w)}\delta(r,a)$$

进一步扩展 $\delta: 2^Q\times\Sigma\to 2^Q$。对任意$(P,a)\in 2^Q\times\Sigma$:

(5) $\delta(P,a)=\bigcup_{q\in P}(q,a)$。

再进一步扩展 $\hat{\delta}: 2^Q\times\Sigma^*\to 2^Q$。对任意$(P,w)\in 2^Q\times\Sigma^*$:

(6) $\hat{\delta}(P,w)=\bigcup_{q\in P}\hat{\delta}(q,w)$。

定义 3-10 设 $M=(Q,\Sigma,\delta,q_0,F)$是一个 ε-NFA。对于 $\forall x\in\Sigma^*$,如果 $\hat{\delta}(q_0,x)\cap F\neq\varnothing$,则称 x 被 M 接受;如果 $\hat{\delta}(q_0,x)\cap F=\varnothing$,则称 M 不接受 x。

$$L(M)=\{x\mid x\in\Sigma^* \text{ 且 } \hat{\delta}(q_0,x)\cap F\neq\varnothing\}$$

称为由 M 接受(识别)的语言。

定理 3-2 ε-NFA 与 NFA 等价。

证明要点:

(1) 等价构造。

设 ε-NFA $M_1=(Q,\Sigma,\delta_1,q_0,F)$。

取 NFA $M_2=(Q,\Sigma,\delta_2,q_0,F_2)$。其中,

$$F_2=\begin{cases}F\cup\{q_0\} & 如果\ F\cap\varepsilon\text{-CLOSURE}(q_0)\neq\varnothing\\ F & 如果\ F\cap\varepsilon\text{-CLOSURE}(q_0)=\varnothing\end{cases}$$

对 $\forall(q,a)\in Q\times\Sigma$，使 $\delta_2(q,a)=\hat{\delta}_1(q,a)$。

关键点：

① 让 NFA 用非空移动去代替 ε-NFA 的含有一系列移动，其中含若干个空移动和相应的一个非空移动。

② 对 $F\cap\varepsilon\text{-CLOSURE}(q_0)\neq\varnothing$ 的情况，要进行特殊处理。

(2) 对 $\forall x\in\Sigma^+$，施归纳于 $|x|$，证明 $\delta_2(q_0,x)=\hat{\delta}_1(q_0,x)$。

(3) 证明对 $\forall x\in\Sigma^+$，$\delta_2(q_0,x)\cap F_2\neq\varnothing\Leftrightarrow\hat{\delta}_1(q_0,x)\cap F\neq\varnothing$。

(4) 证明 $\varepsilon\in L(M_1)\Leftrightarrow\varepsilon\in L(M_2)$。

3.5 FA 是正则语言的识别器

3.5.1 FA 与右线性文法

1. 知识点

(1) 右线性文法推导句子的过程，实际上可以与一个“适当的”FA 处理该句子的过程相对应。这个对应的关键是右线性文法的语法变量与 FA 状态的对应。

(2) FA 接受的语言是 RL。

(3) 构造与所给的 DFA 等价的右线性文法时，不需要考虑与该 DFA 中的陷阱状态直接相关的产生式。

(4) RL 可以由 FA 接受。

(5) 当构造右线性文法对应的 FA 时，构造出来的一般是 NFA，并且需要增加一个终止状态。

(6) 定理 3-3 给出如何根据 DFA 构造右线性文法。从相应的证明可以知道，这个构造方法对 NFA 也是有效的。定理 3-4 给出了如何根据正则文法构造等价的 NFA。

2. 主要内容解读

定理 3-3 FA 接受的语言是正则语言。

证明要点：

由于曾经将正则语言定义为正则文法产生的语言，所以要证明此定理，只要证明对于任意给定的 DFA，存在等价的正则文法就可以了。

(1) 构造。

构造的基本思想是让正则文法的派生对应 DFA 的移动。

设 DFA $M=(Q,\Sigma,\delta,q_0,F)$。

取右线性文法 $G=(Q,\Sigma,P,q_0)$，其中，$P=\{q\to ap\mid\delta(q,a)=p\}\cup\{q\to a\mid\delta(q,a)=p\in F\}$。满足 $L(G)=L(M)-\{\varepsilon\}$。

这里的关键问题是对 $\{q\to a\mid\delta(q,a)=p\in F\}$ 所表示的产生式的理解，并且在实际的构造过程中不要被忽略掉。

(2) 证明 $L(G)=L(M)-\{\varepsilon\}$。

对于 $a_1a_2\cdots a_{n-1}a_n\in\Sigma^+$,有如下等价关系式:

$q_0\overset{+}{\Rightarrow}a_1a_2\cdots a_{n-1}a_n\Leftrightarrow q_0\to a_1q_1,q_1\to a_2q_2,\cdots,q_{n-2}\to a_{n-1}q_{n-1},q_{n-1}\to a_n\in P$

$\Leftrightarrow\delta(q_0,a_1)=q_1,\delta(q_1,a_2)=q_2,\cdots,\delta(q_{n-2},a_{n-1})=q_{n-1},\delta(q_{n-1},a_n)=q_n$,且 $q_n\in F$

$\Leftrightarrow\delta(q_0,a_1a_2\cdots a_{n-1}a_n)=q_n\in F$

$\Leftrightarrow a_1a_2\cdots a_{n-1}a_n\in L(M)$

(3) 根据定理 2-5 和定理 2-6 考虑 ε 句子的问题。

例 3-9 不仅给出了定理 3-3 中所给出的构造方法的具体应用,而且这个例子还表明,在构造所给的 DFA 的等价 RG 时,不需要考虑与该 DFA 中的陷阱状态直接相关的产生式——因为陷阱状态对应的语法变量是"无用符号"。所以,应该在将 DFA 转换成 RG 之前,先将所有陷阱状态删除。另外,不可达状态对应的变量将不可能出现在相应文法的任何句型中,所以它们对应的产生式也是无用的,因此,也应该事先删除所有的不可达状态。有关"无用符号"将在 6.2 节中具体讨论。

定理 3-4 正则语言可以由 FA 接受。

证明要点:

(1) 构造。

基本思想是让 FA 模拟 RG 的派生。

设右线性文法 $G=(V,T,P,S)$,且 $\varepsilon\notin L(G)$。

取 FA $M=(V\cup\{Z\},T,\delta,S,\{Z\})$,$Z\notin V$。对 $\forall(a,A)\in T\times V$,

$$\delta(A,a)=\begin{cases}\{B\mid A\to aB\in P\}\cup\{Z\} & A\to a\in P\\ \{B\mid A\to aB\in P\} & A\to a\notin P\end{cases}$$

在此用 $B\in\delta(a,A)$ 与产生式 $A\to aB$ 对应,用 $Z\in\delta(a,A)$ 与产生式 $A\to a$ 对应。

(2) 证明 $L(M)=L(G)$。

首先,对于 $a_1a_2\cdots a_{n-1}a_n\in T^+$:

$a_1a_2\cdots a_{n-1}a_n\in L(G)\Leftrightarrow S\overset{+}{\Rightarrow}a_1a_2\cdots a_{n-1}a_n$

$\Leftrightarrow S\Rightarrow a_1A_1\Rightarrow a_1a_2A_2\Rightarrow\cdots\Rightarrow a_1a_2\cdots a_{n-1}A_{n-1}\Rightarrow a_1a_2\cdots a_{n-1}a_n$

$\Leftrightarrow S\to a_1A_1,A_1\to a_2A_2,\cdots,A_{n-2}\to a_{n-1}A_{n-1},A_{n-1}\to a_n\in P$

$\Leftrightarrow A_1\in\delta(S,a_1),A_2\in\delta(A_1,a_2),\cdots,A_{n-1}\in\delta(A_{n-2},a_{n-1}),Z\in\delta(A_{n-1},a_n)$

$\Leftrightarrow Z\in\delta(S,a_1a_2\cdots a_{n-1}a_n)$

$\Leftrightarrow a_1a_2\cdots a_{n-1}a_n\in L(M)$

其次,根据定理 2-6 补充说明 $\varepsilon\in L(G)$的情况。

推论 3-1 FA 与正则文法等价。

这个推论是作为对定理 3-3 和定理 3-4 的总结。

3.5.2 FA 与左线性文法

1. 知识点

(1) 将左线性文法对句子进行归约的过程与 FA 处理该句子的过程相对应。这个对应总体上可以通过语法变量与状态的对应表现出来。

(2) 由于 FA 与左线性文法等价，所以左线性文法也是 RL 的一种描述，故将左线性文法和右线性文法统称为 RG 是合理的。

(3) 在构造与给定的 DFA 等价的左线性文法时，也不需要考虑该 DFA 中的陷阱状态和不可达状态直接相关的产生式。

(4) 根据 DFA 构造左线性文法。

(5) 根据 DFA 构造 RG 的方法也可以用于根据 NFA 构造 RG。

(6) 当构造左线性文法对应的 FA 时，一般构造出来的是 NFA，并且需要增加一个开始状态，文法的开始符号对应的状态为终止状态。

(7) 根据左线性文法构造 FA 的方法。

2. 主要内容解读

定理 3-5 左线性文法与 FA 等价。

证明要点：

(1) 证明文法中的归约与 FA 中的移动可以相互模拟。

(2) 根据 DFA 构造左线性文法的方法。

方法 1：

① 删除 DFA 的陷阱状态和不可达状态(包括与之相关的弧)。

② 在图中加一个识别状态 Z。

③ "复制"一条原来到达终止状态的弧，使它从原来的起点出发，到达新添加的识别状态 Z。

④ 如果 $\delta(A,a)=B$，则有产生式 $B \to Aa$。

⑤ 如果 $\delta(A,a)=B$，且 A 是开始状态，则有产生式 $B \to a$。

⑥ Z 为文法的开始符号。如果开始状态还是终止状态，则有产生式 $Z \to \varepsilon$。

方法 2：

① 删除 DFA 的陷阱状态和不可达状态(包括与之相关的弧)。

② 如果 $\delta(A,a)=B$，则 $B \to Aa$。

③ 如果 $\delta(A,a)=B$，且 A 是开始状态，则有产生式 $B \to a$。

④ 如果 $\delta(A,a)=B$，且 B 是终止状态，则有产生式 $Z \to Aa$。

⑤ 如果 $\delta(A,a)=A$，且 A 既是开始状态又是终止状态，则有产生式 $Z \to a$。

⑥ Z 为文法的开始符号。如果开始状态还是终止状态，则有产生式 $Z \to \varepsilon$。

(3) 根据左线性文法构造 FA 的方法。

① 增加状态 Z 为开始状态。

② 如果 $A \to Ba \in P$，则 $\delta(B,a)=A$。

③ 如果 $A \to a \in P$，则 $\delta(Z,a)=A$，$a \in \Sigma \cup \{\varepsilon\}$。

④ 文法的开始符号对应的状态为 FA 的终止状态。

有了本节的结论以及给出的等价转换方法，对于一个给定的 RL，可以用自己感觉比较方便的方法构造一个描述，然后再将其转换成要求的形式。一般来讲，由于 FA 的状态转移图比较直观，所以，画出接受给定 RL 的 FA 的状态转移图是比较方便的，当画出状态转移图之后，再将其转换成 RG。

3.6 FA的一些变形

本节内容可以只作为了解内容来阅读。

3.6.1 双向有穷状态自动机

1. 知识点

(1) 2DFA允许读头前进、后退、不动。

(2) 一个输入串被2DFA M 接受的充要条件是 M 从启动状态出发,最终到达某个终止状态,并且读头处于输入串的最后一个字符的右侧。

(3) 2DFA是正则语言的识别器。

(4) 2NFA在一个状态下读到一个符号,可以像NFA那样,选择进入某一个状态,并使读头前进、后退、不动。

(5) 2NFA与DFA等价。

2. 主要内容解读

定义 3-11 确定的双向有穷状态自动机(two-way deterministic finite automaton,2DFA)M 是一个五元组:

$$M=(Q,\Sigma,\delta,q_0,F)$$

其中,

Q,Σ,q_0,F 的意义同DFA。

δ——状态转移函数,又称为状态转换函数或者移动函数,$\delta:Q\times\Sigma\rightarrow Q\times\{L,R,S\}$。对 $\forall(q,a)\in Q\times\Sigma$,

① 如果 $\delta(q,a)=\{p,L\}$,表示 M 在状态 q 读入字符 a,将状态变成 p,并将读头向左移动一个带方格而指向输入字符串中的前一个字符;

② 如果 $\delta(q,a)=\{p,R\}$,表示 M 在状态 q 读入字符 a,将状态变成 p,并将读头向右移动一个带方格而指向输入字符串的下一个字符;

③ 如果 $\delta(q,a)=\{p,S\}$,表示 M 在状态 q 读入字符 a,将状态变成 p,读头保持在原位不动。

关于FA的即时描述的定义对2DFA仍然有效。

定义 3-12 设 $M=(Q,\Sigma,\delta,q_0,F)$ 为一个2DFA,M 接受的语言

$$L(M)=\{x \mid q_0x \overset{*}{\vdash} xp \text{ 且 } p\in F\}$$

定理 3-6 2DFA与FA等价。

证明要点:

使用穿越序列。具体参考John E. Hopcroft,Jeffrey D. Ullman撰写的 *Introduction to Automata Theory, Languages, and Computation*,该书由Addison-Wesley Publishing Company于1979年出版。或者参阅John E. Hopcroft,Jeffrey D. Ullman合著,莫绍揆等翻译的《形式语

言及其与自动机的关系》。

定义 3-13 不确定的双向有穷状态自动机(two-way nondeterministic finite automaton, 2NFA)M 是一个五元组：

$$M=(Q,\Sigma,\delta,q_0,F)$$

其中，

Q,Σ,q_0,F 的意义同 DFA。

δ——状态转移函数，又称为状态转换函数或者移动函数，$\delta:Q\times\Sigma\to 2^{Q\times\{L,R,S\}}$。对 $\forall(q,a)\in Q\times\Sigma$，$\delta(q,a)=\{(p_1,D_1),(p_2,D_2),\cdots,(p_m,D_m)\}$表示 M 在状态 q 读入字符 a，可以有选择地将状态变成 p_1，同时按 D_1 实现读头的移动，或者将状态变成 p_2 同时按 D_2 实现读头的移动；……；或者将状态变成 p_m，同时按 D_m 实现读头的移动。其中，$D_1,D_2,\cdots,D_m\in\{L,R,S\}$，表示的意义与定义 3-11 中表示的意义相同。

定理 3-7 2NFA 与 FA 等价。

3.6.2 带输出的 FA

1. 知识点

(1) Moore 机和 Mealy 机为带输出的 FA，与基本 FA 只输出是否接受输入串不同，这两个机器将根据输入串输出更多的内容。

(2) Moore 机对应处理输入串的过程中经过的每个状态，都有一个字符输出。

(3) Mealy 机对应处理输入串的过程中的每一个移动，都有一个字符输出。

(4) 在约定的意义上，Moore 机与 Mealy 机等价。

2. 主要内容解读

定义 3-14 Moore 机是一个六元组：

$$M=(Q,\Sigma,\Delta,\delta,\lambda,q_0)$$

其中，

Q,Σ,q_0,δ 的意义同 DFA。

Δ——输出字母表(output alphabet)。

λ——$\lambda:Q\to\Delta$ 为输出函数。对 $\forall q\in Q$，$\lambda(q)=a$ 表示 M 在状态 q 时输出 a。

显然，对于 $\forall a_1a_2\cdots a_{n-1}a_n\in\Sigma^*$，$M$ 的输出串为

$$\lambda(q_0)\lambda(\delta(q_0,a_1))\lambda(\delta(\delta(q_0,a_1),a_2))\cdots\lambda(\delta((\cdots\delta(\delta(q_0,a_1)a_2)\cdots),a_n))$$

设

$$\delta(q_0,a_1)=q_1,\delta(q_1,a_2)=q_2,\cdots,\delta(q_{n-2},a_{n-1})=q_{n-1},\delta(q_{n-1},a_n)=q_n$$

则 M 的输出可以简单表示为

$$\lambda(q_0)\lambda(q_1)\lambda(q_2)\cdots\lambda(q_n)$$

这是一个长度为 $n+1$ 的串。

定义 3-15 Mealy 机是一个六元组：

$$M=(Q,\Sigma,\Delta,\delta,\lambda,q_0)$$

其中,

Q,Σ,q_0,δ 的意义同 DFA。

Δ——输出字母表。

λ——$\lambda:Q\times\Sigma\to\Delta$ 为输出函数。对 $\forall(q,a)\in Q\times\Sigma,\lambda(q,a)=d$ 表示 M 在状态 q 读入字符 a 时输出 d。

对于 $\forall a_1a_2\cdots a_{n-1}a_n\in\Sigma^*$,$M$ 的输出串为

$$\lambda(q_0,a_1)\lambda(\delta(q_0,a_1),a_2)\cdots\lambda(\delta(\cdots\delta(\delta(q_0,a_1),a_2)\cdots),a_n)$$

设

$$\delta(q_0,a_1)=q_1,\delta(q_1,a_2)=q_2,\cdots,\delta(q_{n-2},a_{n-1})=q_{n-1},\delta(q_{n-1},a_n)=q_n$$

则 M 的输出可表示成长度为 n 的串:

$\lambda(q_0,a_1)\lambda(q_1,a_2)\cdots\lambda(q_{n-1},a_n)$

定义 3-16 设 Moore 机

$$M_1=(Q_1,\Sigma,\Delta,\delta_1,\lambda_1,q_{01})$$

Mealy 机

$$M_2=(Q_2,\Sigma,\Delta,\delta_2,\lambda_2,q_{02})$$

对于 $\forall x\in\Sigma^*$,当下式成立时,称它们是等价的。

$$T_1(x)=\lambda_1(q_0)T_2(x)$$

其中,$T_1(x)$和 $T_2(x)$分别表示 M_1 和 M_2 关于 x 的输出。

定理 3-8 Moore 机与 Mealy 机等价。

证明要点:

Moore 机处理输入 x 时每经过一个状态,就输出一个字符,使得输出字符和状态一一对应。所以,它的输出的长度为$|x|+1$。

Mealy 机处理输入 x 时的每一个移动输出一个字符,使得输出字符和移动一一对应。所以,它的输出长度为$|x|$。

无论是根据 Moore 机构造等价的 Mealy 机,还是根据 Mealy 机构造 Moore 机,可以让它们具有相同的状态和相同的移动函数:$Q_1=Q_2,\delta_1=\delta_2$。对输入串 x,无论是 Moore 机还是 Mealy 机,都将经过$|x|+1$ 个状态,这些状态分别构成两个相同的状态序列,除了它们各自的最后一个状态对应相等之外,其他的状态都对应于相同的转移,所以,忽略 Moore 机在启动时对应于启动状态的输出,令 Moore 机对应的状态的输出等于 Mealy 机做相应的到达此状态的移动对应的输出就可以了。

3.7 小　　结

本章主要讨论正则语言的识别器——FA,包括 DFA,NFA,ε-NFA。讨论 RG 与 FA 的等价性,并且简单介绍带输出的 FA 和双向 FA。

(1) FA M 是一个五元组,$M=(Q,\Sigma,\delta,q_0,F)$,它可以用状态转移图表示。

(2) M 接受的语言为$\{x\mid x\in\Sigma^*$ 且 $\delta(q,x)\in F\}$。如果 $L(M_1)=L(M_2)$,则称 M_1 与 M_2 等价。

(3) FA 的状态具有有穷存储功能。这一特性可以用来构造接受一个给定语言的 FA。

(4) NFA 允许 M 在一个状态下读入一个字符时,有选择地进入某一个状态,对于 $\forall x \in \Sigma^*$,如果 $\delta(q_0,x) \cap F \neq \varnothing$,则称 x 被 M 接受;如果 $\delta(q_0,x) \cap F = \varnothing$,则称 M 不接受 x。M 接受的语言 $L(M)=\{x \mid x \in \Sigma^*$ 且 $\delta(q_0,x) \cap F \neq \varnothing\}$。

(5) ε-NFA 是在 NFA 的基础上,允许直接根据当前状态变换到新的状态而不考虑输入带上的符号。对 $\forall q \in Q, \delta(q,\varepsilon)=\{p_1,p_2,\cdots,p_m\}$表示 M 在状态 q 不读入任何字符,可以有选择地将状态变成 $p_1,p_2,\cdots$,或者 p_m。这称为 M 在状态 q 做一个空移动。

(6) NFA 与 DFA 等价,ε-NFA 与 NFA 等价,统称它们为 FA。

(7) 根据需要,可以在 FA 中设置一种特殊的状态——陷阱状态。但是,不可达状态却应该无条件地删除。

(8) FA 是正则语言的识别模型。分别按照对推导和归约的模拟,可以证明 FA 和右线性文法、左线性文法等价。

(9) 2DFA 是 FA 的又一种变形,它不仅允许读头向前移动,还允许读头向后移动。通过这种扩充,2DFA 仍然与 FA 等价。2DFA 进一步扩展所得 2NFA 也与 FA 等价。

(10) Moore 机和 Mealy 机是两种等价的带输出的 FA。Moore 机根据状态决定输出字符,Mealy 机根据移动决定输出字符。

3.8 典型习题解析

2. 构造识别下列语言的 DFA(给出相应 DFA 的形式描述或者画出它们的状态转移图)。

(2) $\{0,1\}^+$。

解:本题的关键是保证接受的串的长度至少为 1,相应的 DFA 如图 3-18(a)所示。

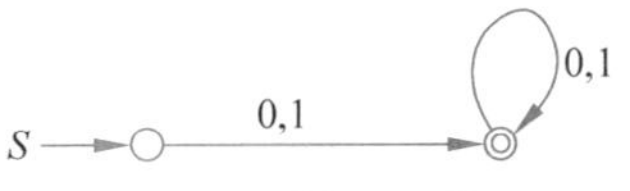

图 3-18(a) 题 2(2)的 DFA

(3) $\{x \mid x \in \{0,1\}^+$ 且 x 中不含形如 00 的子串$\}$。

解:构造要点是,自动机启动并读入一个字符后,就将“精力”集中在考查是否出现 00 子串上,一旦发现子串 00,就进入陷阱状态。构造结果如图 3-18(b)所示。

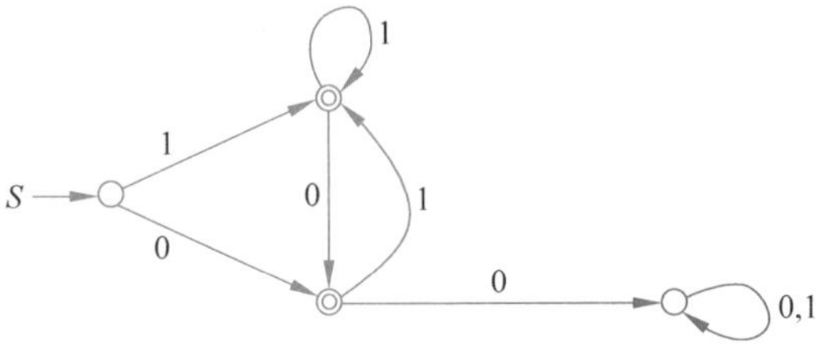

图 3-18(b) 题 2(3)的 DFA

(7) $\{x \mid x \in \{0,1\}^+$ 且当把 x 看成二进制数时,x 模 5 与 3 同余,要求当 x 为 0 时,$|x|=1$,且当 $x \neq 0$ 时,x 的首字符为 1$\}$。

解：构造要点如下。

① 以 0 开头的串都不能被此 DFA 接受，包括字符串 0。所以，如果 DFA 在启动状态读入的符号为 0，则直接进入陷阱状态。

② 该 DFA 共有 7 个状态：开始状态、陷阱状态、终止状态各一个，在相应的状态转移图中，终止状态和其余 4 种状态构成最大的强连通子图。

③ 其余部分请参考主教材例 3-5。

(9) $\{x \mid x\in\{0,1\}^+$ 且 x 以 0 开头以 1 结尾$\}$。

解：构造要点如下。

① 启动时，只要考虑开始符号是否为 0。

② 以 1 开头的字符串都是不可接受的。

③ 在读入一个字符 0 之后，当读到 1 时，可将这个 1 先当成结尾的 1，如果是，就停止并接受；如果不是，就继续向前扫描。

④ 被接受串的长度至少为 2。

构造结果如图 3-18(c)所示。

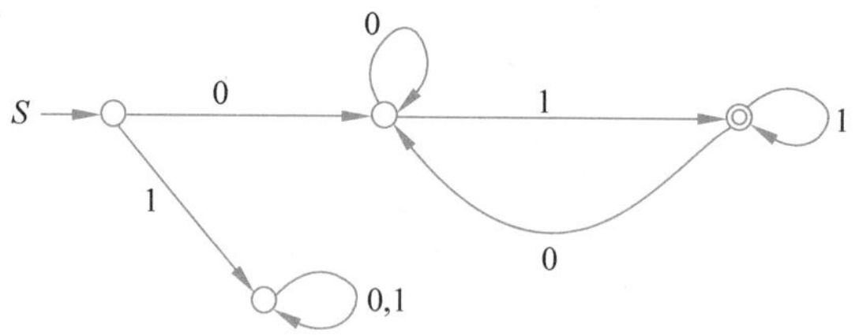

图 3-18(c)　题 2(9)的 DFA

(11) $\{x \mid x\in\{0,1\}^*$ 且如果 x 以 1 结尾，则它的长度为偶数；如果 x 以 0 结尾，则它的长度为奇数$\}$。

解：构造要点如下。

① 语言根据句子长度的奇偶性对句子的结尾符号提出要求，因此，它将$\{0,1\}^+$中的字符串分成 4 个等价类，这 4 个等价类依次为：

[奇 0]——$\{x \mid x\in\{0,1\}^+$ 不仅长度为奇数，而且以 0 结尾$\}$。

[奇 1]——$\{x \mid x\in\{0,1\}^+$ 不仅长度为奇数，而且以 1 结尾$\}$。

[偶 0]——$\{x \mid x\in\{0,1\}^+$ 不仅长度为偶数，而且以 0 结尾$\}$。

[偶 1]——$\{x \mid x\in\{0,1\}^+$ 不仅长度为偶数，而且以 1 结尾$\}$。

这里直接用[奇 0]、[奇 1]、[偶 0]、[偶 1]分别标示这 4 个等价类对应的状态，这样理解起来就比较方便。显然，[奇 0]、[偶 1]对应的状态为终止状态。

② ε 不属于上述任何一个等价类，所以，它自己独立地构成一个等价类，而且它是语言的句子，该等价类对应的状态为终止状态。可以用[ε]表示此等价类及其对应的状态。

③ $Q=\{[\varepsilon],[奇 0],[奇 1],[偶 0],[偶 1]\},\{0,1\},\delta,[\varepsilon],\{[\varepsilon],[奇 0],[偶 1]\}$，其中 δ 由下面状态转移表表示。

	[ε]	[奇 0]	[奇 1]	[偶 0]	[偶 1]
0	[奇 0]	[偶 0]	[偶 0]	[奇 0]	[奇 0]
1	[奇 1]	[偶 1]	[偶 1]	[奇 1]	[奇 1]

如果将长度0也看成偶数长，从此表可以明显地看出，在读入一个字符时，已处理的输入串的相应前缀长度的奇偶性“交替变化”：奇变偶，偶变奇。而0,1区分正好体现了读进来的符号：是0就是0，是1就是1。

④ 如果认为 ε 不是语言的句子，则只要将 $[\varepsilon]$ 从终止状态集中删除即可。

7. 设 DFA $M=(Q,\Sigma,\delta,q_0,F)$，证明：对于 $\forall x,y\in\Sigma^*,q\in Q$，

$$\delta(q,xy)=\delta(\delta(q,x),y)$$

证明：设 $x,y\in\Sigma^*,q\in Q$，现对 $|y|$ 施归纳。

当 $|y|=0$ 时，$y=\varepsilon$，由于对任意的 $q\in Q$，均有

$$\delta(q,\varepsilon)=q$$

所以

$$\delta(q,x)=\delta(\delta(q,x),\varepsilon)$$

另一方面，$x=x\varepsilon$，使得下式成立

$$\delta(q,x\varepsilon)=\delta(q,x)$$

综合这两个等式得

$$\delta(q,x\varepsilon)=\delta(\delta(q,x),\varepsilon)$$

即结论对 $|y|=0$ 成立。

设结论对 $|y|=n$ 成立，且 $|ya|=n+1$，此时由 δ 的定义

$$\delta(q,xya)=\delta(\delta(q,xy),a)$$

由归纳假设

$$\delta(q,xy)=\delta(\delta(q,x),y)$$

从而

$$\delta(q,xya)=\delta(\delta(q,xy),a)=\delta(\delta(\delta(q,x),y),a)$$

注意到 $\delta(q,x)$ 为一个状态，再由 δ 的定义

$$\delta(\delta(\delta(q,x),y),a)=\delta(\delta(q,x),ya)$$

所以

$$\delta(q,xya)=\delta(\delta(q,x),ya)$$

表明结论对 $|ya|=n+1$ 成立。

由归纳法原理，结论对任意的 $x,y\in\Sigma^*,q\in Q$ 成立。

8. 证明：对于任意的 DFA $M_1=(Q,\Sigma,\delta,q_0,F_1)$，存在 DFA $M_2=(Q,\Sigma,\delta,q_0,F_2)$，使得 $L(M_2)=\Sigma^*-L(M_1)$。

证明：

① 构造 M_2。

设 DFA $M_1=(Q,\Sigma,\delta,q_0,F_1)$。

取 DFA $M_2=(Q,\Sigma,\delta,q_0,Q-F_1)$。

② 证明 $L(M_2)=\Sigma^*-L(M_1)$

对任意 $x\in\Sigma^*$，

$x\in L(M_2)=\Sigma^*-L(M_1)\Leftrightarrow\delta(q_0,x)\in Q-F_1\Leftrightarrow\delta(q_0,x)\in Q$ 并且 $\delta(q_0,x)\notin F_1\Leftrightarrow x\in\Sigma^*$ 并且 $x\notin L(M_1)\Leftrightarrow x\in\Sigma^*-L(M_1)$

9. 对于任意的 DFA $M_1=(Q_1,\Sigma,\delta_1,q_{01},F_1)$，请构造 DFA $M_2=(Q_2,\Sigma,\delta_2,q_{02},F_2)$，使得

$L(M_2)=L(M_1)^T$。其中,$L(M)^T=\{x \mid x^T \in L(M)\}$。

证明:

① 构造 ε-NFA M 使得 $L(M)=L(M_1)$。

设 DFA $M_1=(Q_1,\Sigma,\delta_1,q_{01},F_1)$,先取 ε-NFA $M=(Q,\Sigma,\delta,q_0,\{q_{01}\})$,其中

$$Q=Q_1\cup\{q_0\},q_0\notin Q_1$$

对于任意 $q,p\in Q_1,a\in\Sigma$,

$$q\in\delta(p,a)\Leftrightarrow\delta_1(q,a)=p$$

$$\delta(q_0,\varepsilon)=F_1$$

② 证明 $L(M)=L(M_1)^T$。

对任意 $a_1a_2\cdots a_n\in\Sigma^*$,

$a_1a_2\cdots a_n\in L(M)\Leftrightarrow q_0a_1a_2\cdots a_n \vdash q_fa_1a_2\cdots a_n \vdash a_1\ q_1a_2\cdots a_n \vdash a_1a_2q_2\cdots a_n \vdash\cdots$

$\vdash a_1a_2\cdots q_{n-1}a_n \vdash a_1a_2\cdots a_n\,q_{01}$,并且 $q_f\in F_1$

$\Leftrightarrow q_f\in\delta(q_0,\varepsilon),q_1\in\delta(q_f,a_1),q_2\in\delta(q_1,a_2),\cdots,q_{01}\in\delta(q_{n-1},a_n)$,并且 $q_f\in F_1$

$\Leftrightarrow\delta(q_1,a_1)=q_f,\delta(q_2,a_2)=q_1,\cdots,\delta(q_{01},a_n)=q_{n-1}$,并且 $q_f\in F_1$

$\Leftrightarrow q_{01}\ a_na_{n-1}\cdots a_1 \vdash a_nq_{n-1}\ a_{n-1}\cdots a_1 \vdash\cdots\vdash a_na_{n-1}\cdots q_2a_2a_1 \vdash a_na_{n-1}\cdots a_2q_1a_1$

$\vdash a_na_{n-1}\cdots a_2a_1q_f$

$\Leftrightarrow a_na_{n-1}\cdots a_2a_1\Leftrightarrow x\in L(M_1)$

③ 按照将 ε-NFA 转换成等价的 NFA,再将 NFA 转换成等价的 DFA 的方法,将此 ε-NFA 转换成满足要求的 DFA $M_2=(Q_2,\Sigma,\delta_2,q_{02},F_2)$。

10. 构造识别下列语言的 NFA。

(2) $\{x \mid x\in\{0,1\}^+$ 并且 x 中含形如 10110 的子串$\}$。

解:构造结果如图 3-19(a)所示。

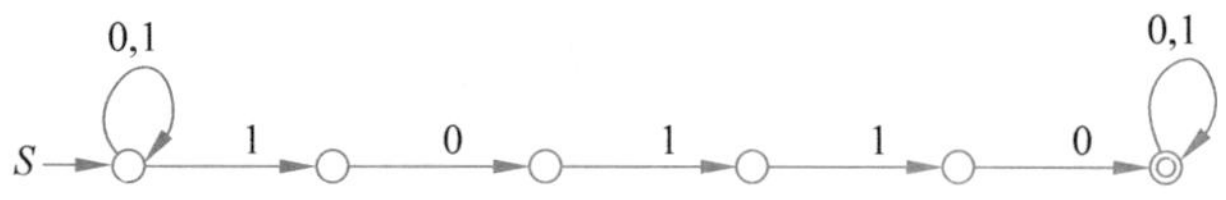

图 3-19(a) 题 10(2)的 NFA

(3) $\{x \mid x\in\{0,1\}^+$ 并且 x 中不含形如 10110 的子串$\}$。

解:构造要点如下。

① 虽然在不考虑空串的前提下,本小题所给的语言为上面的第(2)小题所给语言的补,决不能通过将上题所给出的 NFA 的终止状态和非终止状态互换来构造本题要求的 NFA。也就是说,习题 8 所给的方法对 NFA 来说,是不适应的。

② 需要构造接收相应语言的 DFA——一种特殊的 NFA。具体构造结果如图 3-19(b)所示。

③ 先根据习题 8 和上一小题的结果构造主题框架,然后逐渐补充。

(5) $\{x \mid x\in\{0,1\}^+,x$ 以 0 开头以 1 结尾$\}$。

解:具体构造结果如图 3-19(c)所示。

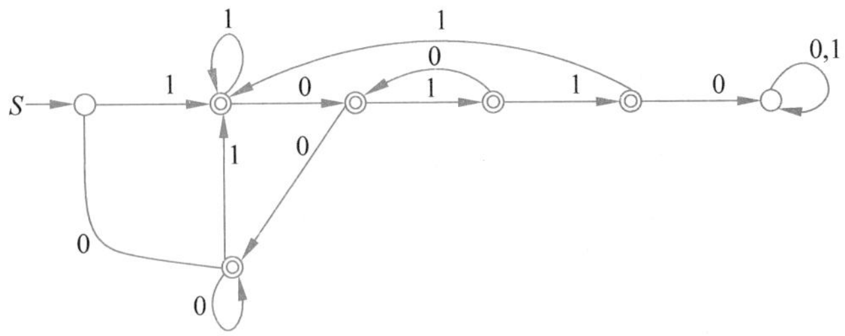

图 3-19(b) 题 10(3)的 NFA

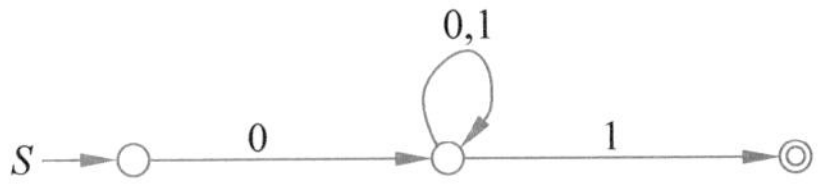

图 3-19(c) 题 10(5)的 NFA

(7) $\{x \mid x \in \{0,1\}^*$,如果 x 以 1 结尾,则它的长度为偶数;如果 x 以 0 结尾,则它的长度为奇数$\}$。

解:具体构造结果如图 3-19(d)所示。

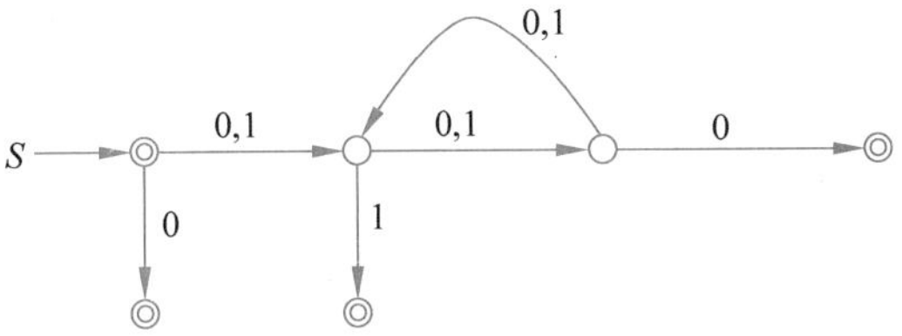

图 3-19(d) 题 10(7)的 NFA

如果认为 ε 不是语言的句子,则相应的 NFA 的状态转移图如图 3-19(e)所示。

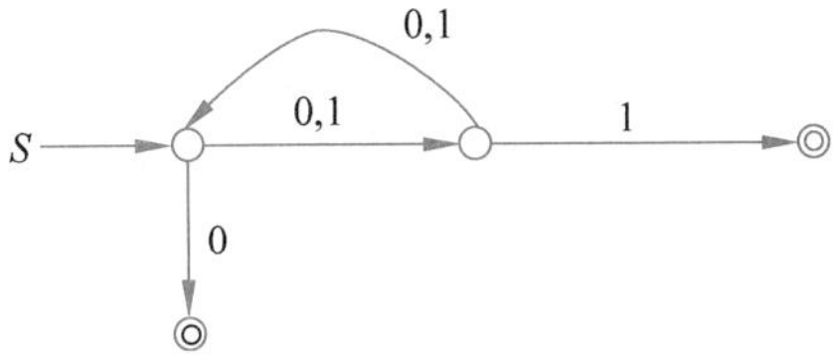

图 3-19(e) 题 10(7)ε 不是语言句子时的 NFA

(8) $\{x \mid x \in \{0,1\}^+$,x 的首字符和尾字符相等$\}$。

解:具体构造结果如图 3-19(f)所示。

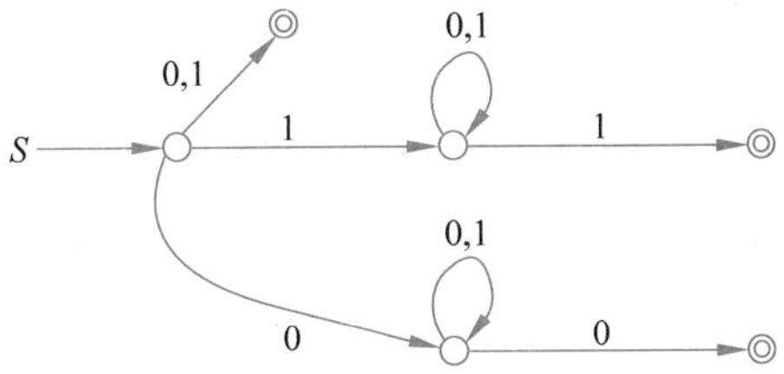

图 3-19(f) 题 10(8)的 NFA

12. 证明：对于任意 NFA，存在与之等价的 NFA，该 NFA 最多只有一个终止状态。

证明提示：

一般地，NFA 会有多个状态，当该 NFA 的可达的终止状态数小于或等于 1 时，删除所有的不可达状态即可；否则，先删除所有的不可达状态，再构造与之等价的只有一个终止状态的 NFA。最简单的办法是对不含不可达状态的 NFA，将原来的终止状态均改为非终止状态，然后新增加一个终止状态，并将原来存在的到达原来终止状态弧进行复制，使之也可以到达新的终止状态。

14. 根据上面相关习题的结果，构造识别下列语言的 ε-NFA。

(5) $\{x \mid x\in\{0,1\}^+$ 且 x 中不含形如 00 的子串$\}\cap\{x \mid x\in\{0,1\}^+$ 且 x 中不含形如 11 的子串$\}$。

解：根据习题 2 的第(4)小题的结果进行改造，将接受以 1 结尾的串的终止状态到自身的标记为 1 的弧引向陷阱状态即可，结果如图 3-19(g)所示。

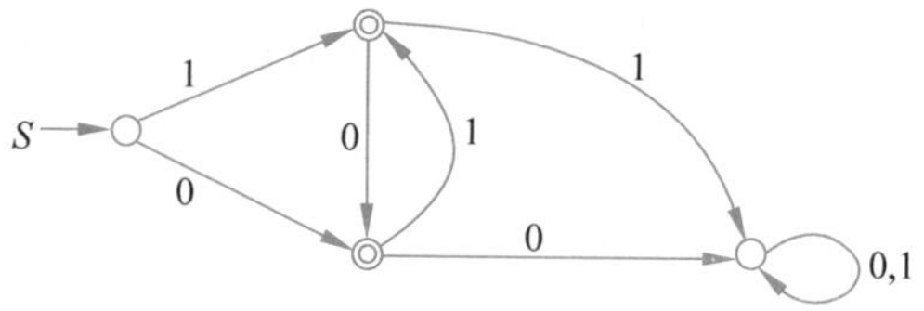

图 3-19(g)　题 14(5)的 ε-NFA

16. 证明：对于任意 FA $M_1=(Q_1,\Sigma_1,\delta_1,q_{01},F_1)$，FA $M_2=(Q_2,\Sigma_2,\delta_2,q_{02},F_2)$，存在 FA M，使得 $L(M)=L(M_1)\cup L(M_2)$。

构造提示：

① 新 FA 的输入字母表是原来两个 FA 的输入字母表的并。

② 保留两个 FA 的所有状态，并且增加一个新的开始状态 q_0。

③ 从新的开始状态做 ε 移动分别到达原来两个 FA 的启动状态：$\delta(q_0,\varepsilon)=\{q_{01},q_{02}\}$。

④ 保留原来两个 FA 的所有移动。

⑤ 新 FA 的终止状态集是原来两个 FA 的终止状态集的并。

17. 证明：对于任意 FA $M_1=(Q_1,\Sigma_1,\delta_1,q_{01},F_1)$，FA $M_2=(Q_2,\Sigma_2,\delta_2,q_{02},F_2)$，存在 FA M，使得 $L(M)=L(M_1)L(M_2)$。

构造提示：

① 新 FA 的输入字母表是原来两个 FA 的输入字母表的并。

② 新 FA 的状态为原来两个 FA 的所有状态。

③ M_1 的开始状态为新 FA M 的启动状态。

④ 保留原来两个 FA 的所有移动，并对 M_1 的所有终止状态 f，增加一个到 M_2 的开始状态 q_{02} 的 ε 移动：$\delta(f,\varepsilon)=\delta_1(f,\varepsilon)\cup\{q_{02}\}$。

⑤ 新 FA 的终止状态集是原来 FA M_2 的终止状态集。

18. 证明：对于任意 FA $M_1=(Q_1,\Sigma_1,\delta_1,q_{01},F_1)$，FA $M_2=(Q_2,\Sigma_2,\delta_2,q_{02},F_2)$，存在 FA M，使得 $L(M)=L(M_1)\cap L(M_2)$。

构造提示：

不妨将这些 FA 均看成 DFA。取

$M=(Q_1\times Q_2,\Sigma_1\cap\Sigma_2,\delta,[q_{01},q_{02}],F_1\times F_2)$
对于任意 $a\in\Sigma_1\cap\Sigma_2,(q,p)\in Q_1\times Q_2$,
$\delta([q,p],a)=[\delta_1(q,a),\delta_2(q,a)]$
20. 图 3-20 所给 DFA 对应的右线性文法。

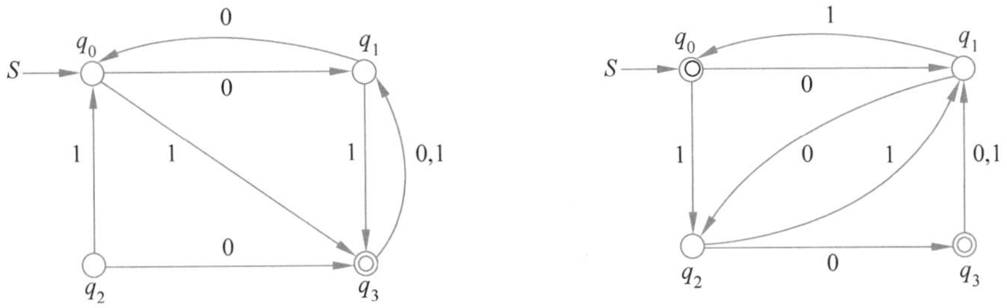

图 3-20　两个不同的 DFA

解：
G_1 对应图 3-20 中左边的 DFA：
删除不可达状态 q_2，让 S 对应于 q_0，A 对应于 q_1，B 对应于 q_3。

$$S\rightarrow 1\mid 0A\mid 1B$$
$$A\rightarrow 1\mid 0S\mid 1B$$
$$B\rightarrow 0A\mid 1A$$

G_2 对应图 3-20 中右边的 DFA：
让 S 对应于 q_0，A 对应于 q_1，B 对应于 q_2，C 对应于 q_3。

$$S\rightarrow \varepsilon\mid 0A\mid 1B$$
$$A\rightarrow 1\mid 1S\mid 0B$$
$$B\rightarrow 0\mid 0C\mid 1A$$
$$C\rightarrow 0A\mid 1A$$

21. 构造图 3-20 所给 DFA 对应的左线性文法。
解：
G_3 对应图 3-20 左边的 DFA：
删除不可达状态 q_2，让 S 对应于 q_0，A 对应于 q_1，B 对应于 q_3。

$$Z\rightarrow 1\mid S1\mid A1$$
$$S\rightarrow A0$$
$$A\rightarrow 0\mid S0\mid B0\mid B1$$
$$B\rightarrow 1\mid A1\mid S1$$

G_4 对应图 3-20 中右边的 DFA：
让 S 对应于 q_0，A 对应于 q_1，B 对应于 q_2，C 对应于 q_3。

$$Z\rightarrow \varepsilon\mid A1\mid B0$$
$$S\rightarrow A1$$
$$A\rightarrow 0\mid S0\mid B1\mid C0\mid C1$$
$$B\rightarrow 1\mid S1\mid A0$$
$$C\rightarrow B0$$

第 4 章 正则表达式

本章讨论正则语言(RL)的另外一种表示——正则表达式(RE)。与正则文法和有穷状态自动机的表达相比,RE 有时更容易使人们理解它所表达的语言。因为这种形式与大家比较习惯的语言的集合表示比较接近。此外,也比较利于直接用计算机语言表示,这也给 RL 的计算机处理带来了方便。这种表示形式是 RL 独有的。之所以这样说,是因为对应 RL 有 RG,CFL 有 CFG,CSL 有 CSG;对应 RL 有 FA,CFL 有 PDA,CSL 有 LBA(第 10 章)。但是,在那里却找不到 RE 的对应。

本章首先以递归形式定义了 RE,然后讨论典型 RE 的构造。通过典型 RE 的构造,不仅使读者进一步熟悉 RE 的概念,而且还使读者通过对典型 RL 的 RE 描述的掌握,能够较好地体会 RE 的语言表达"性能"。

由于 RE 是 RL 的另一种表示,所以,证明它们的等价性是必需的。在关于等价性证明的讨论中,与 RE 等价的 FA 的构造方法、与 DFA 等价的 RE 的构造方法是重要的。这里分别选取了比较容易掌握的递归方法和"图上作业"方法。

最后,对 RL 的 5 种等价描述模型进行总结,给出它们之间的相互转换方法的要点。

纵观本章叙述的内容,作者认为,重点是 RE 的概念、RE 与 DFA 的等价性转换方法及思想。掌握了这些,其他内容就容易理解了。

本章的内容都比较容易,相对而言,其中的 RE 与 DFA 的等价性证明应该是最难掌握的。

用自然语言描述给定 RE 所表示的语言,构造表示给定语言的 RE 也是比较难的内容。之所以不将它们作为难点或者重点进行处理,是考虑到它们涉及的是具体问题的求解,而且其求解又是强烈依赖于"经验"的,不属于基本理论和基本方法的范围。再就是这些问题处理起来可能特别耗费时间。

4.1 启　示

通过计算一个有穷状态自动机的各个状态对应的 $set(q)$,产生使用形如

$$aa^*bb^*cc^*+a^*cc^*(d+e)^*aaa^*$$

的 RE 来表示 RL 的希望。这种"式子"与习惯的算术表达式、逻辑表达式等形式比较接近,所以,用计算机处理时可以利用比较成熟的技术。

4.2 正则表达式的形式定义

1. 知识点

(1) 在字母表上定义相应的 RE。
(2) RE 及其所含运算的优先级。
(3) RE 的等价。
(4) 加运算满足结合律、交换律、幂等律。
(5) $\varnothing$是加运算和乘运算的零元素。
(6) 乘运算满足结合律。
(7) ε 是乘法运算单位元。
(8) 乘对加满足(左、右)分配率。
(9) RE 的幂运算。

2. 主要内容解读

定义 4-1 设 Σ 是一个字母表,
(1) $\varnothing$是 Σ 上的**正则表达式**(regular expression,RE),它表示语言$\varnothing$。
(2) ε 是Σ 上的正则表达式,它表示语言$\{\varepsilon\}$。
(3) 对于$\forall a \in \Sigma$,a 是Σ 上的正则表达式,它表示语言$\{a\}$。
(4) 如果 r 和 s 分别是Σ 上的表示语言 R 和 S 的正则表达式,则
  r 与 s 的"和"$(r+s)$是 Σ 上的正则表达式,$(r+s)$表达的语言为 $R \cup S$。
  r 与 s 的"乘积"(rs)是 Σ 上的正则表达式,(rs)表达的语言为 RS。
  r 的克林闭包(r^*)是 Σ 上的正则表达式,(r^*)表达的语言为 R^*。
(5) 只有满足(1),(2),(3),(4)的才是 Σ 上的正则表达式。

本定义为递归定义,(1),(2),(3)为基础,(4)为归纳,(5)为极小性限定。这里,再次看到递归定义的严格性,后面还会看到它带来的方便。从形式上看,RE 与一般简单算术表达式类似,这里的关键区别是 RE 代表的是一个集合,而一般的简单算术表达式代表的是一个值。其原因是最基本的 RE 代表的是集合,而最基本的简单算术表达式代表的是一个值。

为了便于理解,读者可以对照简单算术表达式的如下定义。

(1) 基础:常数是算术表达式,变量是算术表达式。

(2) 归纳:如果 E_1 和 E_2 是表达式,则 $+E_1$,$-E_1$,E_1+E_2,E_1-E_2,$E_1 * E_2$,E_1/E_2,$E_1 ** E_2$,$Fun(E_1)$是算术表达式。其中 Fun 为函数名。

(3) 只有满足(1)和(2)的才是算术表达式。

实际上,在这个定义中,所定义的函数仅仅是单参数的函数。要想定义多参数的函数,还需要定义函数的参数表。

为了使读者对正则表达式有一个认识,例 4-1 给出了字母表 $\Sigma=\{0,1\}$上的几个正则表达式及其表示的语言,这些表达式中的括号都是按照定义 4-1 的要求写的,要想去掉它们,必须有相应的约定:

(1) 正闭包 r^+：$r^+=(r(r^*))=((r^*)r)$。

(2) 优先级：闭包运算最高，乘运算次之，加运算“+”最低。

(3) r 表示的语言记为 $L(r)$，也可以直接地记为 r。

(4) 加、乘、闭包运算均执行左结合规则。

(5) 在意义明确时，括号可以省略。

定义 4-2 设 r,s 是字母表 Σ 上的一个正则表达式，如果 $L(r)=L(s)$，则 r 称为与 s 相等(equivalence，也称为等价)，记作 $r=s$。

对字母表 Σ 上的正则表达式 r,s,t，下列各式表达了正则表达式运算的基本性质。这些基本性质都可以由集合对应运算的基本性质得到，所以这些内容只作列举，不用进行证明和进一步的讲解。

(1) 结合律：$(rs)t=r(st)$；

$(r+s)+t=r+(s+t)$。

(2) 分配律：$r(s+t)=rs+rt$；

$(s+t)r=sr+tr$。

(3) 交换律：$r+s=s+r$。

(4) 幂等律：$r+r=r$。

(5) 加法运算零元素：$r+\varnothing=r$。

(6) 乘法运算单位元：$r\varepsilon=\varepsilon r=r$。

(7) 乘法运算零元素：$r\varnothing=\varnothing r=\varnothing$。

(8) $L(\varnothing)=\varnothing$。

(9) $L(\varepsilon)=\{\varepsilon\}$。

(10) $L(a)=\{a\}\ (a\in\Sigma)$。

(11) $L(rs)=L(r)L(s)$。

(12) $L(r+s)=L(r)\cup L(s)$。

(13) $L(r^*)=(L(r))^*$。

(14) $L(\varnothing^*)=\{\varepsilon\}$。

(15) $L((r+\varepsilon)^*)=L(r^*)$。

(16) $L((r^*)^*)=L(r^*)$。

(17) $L((r^*s^*)^*)=L((r+s)^*)$。

(18) 如果 $L(r)\subseteq L(s)$，则 $r+s=s$。

定义 4-3 设 r 是字母表 Σ 上的一个正则表达式，r 的 n 次幂定义为：

(1) $r^0=\varepsilon$。

(2) $r^n=r^{n-1}r, n\geqslant 1$。

下列两个式子的证明可以作为思考题，请读者考虑。

(19) $L(r^n)=(L(r))^n$。

(20) $r^nr^m=r^{n+m}$。

一般地，$r+\varepsilon\neq r$，$(rs)^n\neq r^ns^n$，$rs\neq sr$。

例 4-2 给出的是几个比较典型的正则表达式，通过它们，读者可以进一步地学习如何用正则表达式表示给定的语言，如何看出一个给定的正则表达式表示的语言。其中，比较重要的有：至少含某个给定子串的串组成的语言，某个位置为给定子串的串组成的语言，一个给定集合的克林闭包、正闭包及其乘积。

4.3 正则表达式与FA等价

寻找一种比较"机械"的方法，使得计算机系统能够自动完成FA与正则表达式之间的转换。

4.3.1 正则表达式到FA的等价变换

1. 知识点

（1）从基本例子探求基本的"思路"和"方法"。

（2）从模型的基本定义入手，给出基本的构造方法。

（3）正则表达式与FA等价。

（4）可以根据对正则表达式的"理解""直接"构造出一个比较"简单"的FA，"直接"构造出的FA的正确性依赖于构造者的"理解"和表达的正确性。在寻求问题求解的自动化上，我们希望使用"机械"的方法。

2. 主要内容解读

定义 4-4 正则表达式 r 称为与FA M 等价，如果 $L(r)=L(M)$。

重新定义这个等价概念的原因在于它们是两种不同的模型。

定理 4-1 正则表达式表示的语言是正则语言。

证明要点：

对于一个给定的正则表达式，可以构造出一个等价的FA。

(1) 构造。

按照正则表达式的递归定义构造相应的FA。

基础部分比较简单，归纳部分关于加与乘的证明实际上给出了第3章习题16和习题17证明的一种特例形式，只不过读者要注意，这里的FA都只有一个终止状态，而且在该终止状态下没有定义的移动。这一要求使得构造的正确性证明被简化。闭包运算的证明类似。图4-7、图4-8和图4-9清楚地给出了相应的构造。建议：对形式化描述不太熟悉的读者来说，先掌握这3个图表达出来的构造思想，然后再回过头来细读相应的形式定义是有好处的。

令

$$M_1=(Q_1,\Sigma,\delta_1,q_{01},\{f_1\})$$

$$M_2=(Q_2,\Sigma,\delta_2,q_{02},\{f_2\})$$

使得 $L(M_1)=L(r_1)$，$L(M_2)=L(r_2)$，并且 $Q_1\cap Q_2=\varnothing$。

① $r=r_1+r_2$。

取 $q_0,f\notin Q_1\cup Q_2$，令

$$M=(Q_1\cup Q_2\cup\{q_0,f\},\Sigma,\delta,q_0,\{f\})$$

- $\delta(q_0,\varepsilon)=\{q_{01},q_{02}\}$。

- 对 $\forall q\in Q_1-\{f_1\}, a\in\Sigma\cup\{\varepsilon\}, \delta(q,a)=\delta_1(q,a)$；
  对 $\forall q\in Q_2-\{f_2\}, a\in\Sigma\cup\{\varepsilon\}, \delta(q,a)=\delta_2(q,a)$。
- $\delta(f_1,\varepsilon)=\{f\}$。
- $\delta(f_2,\varepsilon)=\{f\}$。

这里构造出的 M 如图 4-7 所示。

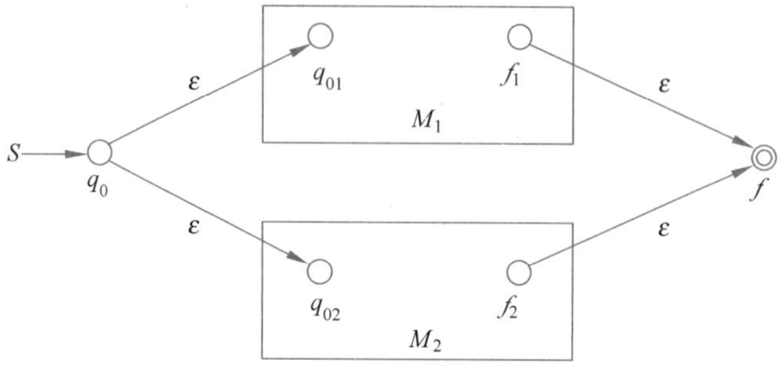

图 4-7 与 r_1+r_2 等价的满足要求的 ε-NFA

② $r=r_1r_2$。取

$$M=(Q_1\cup Q_2,\Sigma,\delta,q_{01},\{f_2\})$$

- 对 $\forall q\in Q_1-\{f_1\}, a\in\Sigma\cup\{\varepsilon\}, \delta(q,a)=\delta_1(q,a)$。
- 对 $\forall q\in Q_2, a\in\Sigma\cup\{\varepsilon\}, \delta(q,a)=\delta_2(q,a)$。
- $\delta(f_1,\varepsilon)=\{q_{02}\}$。

M 的状态转移图如图 4-8 所示。

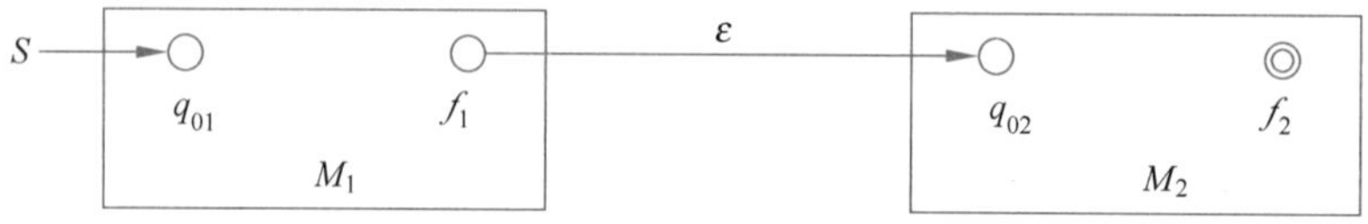

图 4-8 与 r_1r_2 等价的满足要求的 ε-NFA

③ $r=r_1^*$。取

$$M=(Q_1\cup\{q_0,f\},\Sigma,\delta,q_0,\{f\})$$

其中 $q_0,f\notin Q_1$，定义 δ 为

- 对 $\forall q\in Q_1-\{f_1\}, a\in\Sigma, \delta(q,a)=\delta_1(q,a)$。
- $\delta(f_1,\varepsilon)=\{q_{01},f\}$。
- $\delta(q_0,\varepsilon)=\{q_{01},f\}$。

这里构造出的 M 如图 4-9 所示。

(2) 构造出的 ε-NFA 含有许多的空移动。这些空移动在构造过程中最好不要急于删除，以免导致错误。

(3) 等价性证明。

(4) 因为大多是一些推导细节，所以比较占篇幅和阅读时间，读者可以根据自己的实际情况决定是否细读。

(5) 用定理证明中使用的方法，构造出 ε-NFA，然后再转换成等价的 DFA。

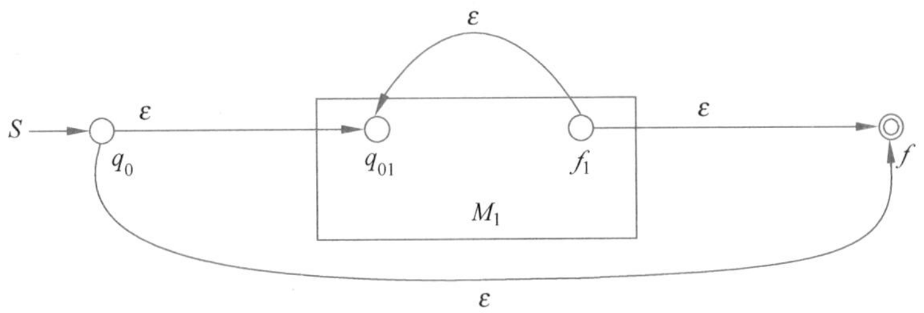

图 4-9 与 r_1^* 等价的满足要求的 ε-NFA

4.3.2 正则语言可以用正则表达式表示

1. 知识点

(1) 计算所有终止状态对应的等价类及其 RE 表示是一个人工可操作的方法，但是有一定的难度。

(2) 求 R_{ij}^k 的方法是可以自动化的，但是读者理解和计算起来比较困难。

(3) "图上作业"法是便于读者理解和操作，并且也可以实现自动化的方法。这种方法主要有并弧和去状态两种操作。

2. 主要内容解读

定理 4-2 正则语言可以用正则表达式表示。

证明要点：

这里主要研究等价转换方法。

(1) 计算等价类的方法。

逐个地计算出 DFA 的状态对应的集合，然后用 RE 表示每个终止状态表示的集合，最后将这些 RE 加起来可以获得 DFA 对应的 RE。这种方法的问题是操作过程中依赖比较多的智力因素，因而容易出错，并且难以自动化。

(2) 计算 R_{ij}^k 的方法。

这种方法是从 FA 的状态转移函数入手，计算 $L(M)=\bigcup_{q_f\in F} R_{1f}^n$，证明计算的正确性，并且在转换过程中充分考虑各个状态对应的集合之间的关系，理解并利用这一关系对完成"等价变换"工作是比较方便的。

设 DFA M，

$$M=(\{q_1,q_2,\cdots,q_n\},\Sigma,\delta,q_1,F)$$

令

$R_{ij}^k=\{x\mid\delta(q_i,x)=q_j$ 且对于 x 的任意前缀 $y(y\neq x,y\neq\varepsilon)$，如果 $\delta(q_i,y)=q_h$，则$h\leqslant k\}$

为了方便计算，可以递归地定义为：

$$R_{ij}^0=\begin{cases}\{a\mid\delta(q_i,a)=q_j\} & i\neq j\\ \{a\mid\delta(q_i,a)=q_j\}\cup\{\varepsilon\} & i=j\end{cases}$$

$$R_{ij}^k=R_{ik}^{k-1}(R_{kk}^{k-1})^*R_{kj}^{k-1}\cup R_{ij}^{k-1}$$

表示所有将 DFA 从给定状态 q_i,引导到状态 q_j,并且“途中”不经过(进入并离开)下标大于 k 的状态的所有字符串。

显然,

$$L(M)=\bigcup_{q_f\in F}R_{1f}^n$$

由于 R_{ij}^k 是递归地计算出来的,所以,可以递归地求出它对应的 RE:当 $R_{ij}^0=\varnothing$ 时,它对应的 RE 为 $\varnothing$,当 $R_{ij}^0=\{a_1,a_2,\cdots,a_g\}\neq\varnothing$ 时,它对应的 RE 为:

$$a_1+a_2+\cdots+a_g$$

仅当 $i=j$ 时,集合 R_{ij}^0 中含有一个 ε,而 R_{ij}^k 的表达式中含的都是定义 RE 使用的运算。所以,容易得到 R_{ij}^k 的 RE。

(3) 图上作业法。

“图上作业”法是通过对 DFA 的状态转移图的处理来获取它相应的 RE 的方法,其主要步骤如下:

① 预处理。

- 去掉所有的不可达状态。
- 用标记为 X 和 Y 的状态将 M“括起来”。

在状态转移图中增加标记为 X 和 Y 的状态,从标记为 X 的状态到标记为 q_0 的状态(M 的开始状态)引一条标记为 ε 的弧;从每个终止状态对应的顶点到标记为 Y 的状态分别引一条标记为 ε 的弧。

② 对通过步骤①处理所得到的状态转移图重复如下操作,直到该图中不再包含除了标记为 X 和 Y 外的其他状态,并且这两个状态之间最多只有一条弧。

- 并弧。

对图中任意两个状态 q 和 p,如果图中包含有从 q 到 p 标记为 $r_1,r_2,\cdots,r_g$ 的并行弧,则用从 q 到 p 且标记为 $r_1+r_2+\cdots+r_g$ 的弧取代这 g 个并行弧。其中,q 和 p 可以是同一个状态。

- 去状态 1。

对图中任意 3 个状态 q,p,t,如果从 q 到 p 有一条标记为 r_1 的弧,从 p 到 t 有一条标记为 r_2 的弧,并且,不存在从状态 p 到状态 p 的弧,在这种情况下,将状态 p 和与之关联的这两条弧去掉,用一条从 q 到 t 的标记为 r_1r_2 的弧代替。

- 去状态 2。

对图中任意 3 个状态 q,p,t,如果从 q 到 p 有一条标记为 r_1 的弧,从 p 到 t 有一条标记为 r_2 的弧,并且,存在一条从状态 p 到状态 p 标记为 r_3 的弧,在这种情况下,将状态 p 和与之关联的这 3 条弧去掉,用一条从 q 到 t 的标记为 $r_1r_3^*r_2$ 的弧代替。

- 去状态 3。

如果图中只有 3 个状态,而且不存在从标记为 X 的状态到达标记为 Y 的状态的路,则将除标记为 X 的状态和标记为 Y 的状态之外的第三个状态及其相关的弧全部删除。

③ 从标记为 X 的状态到标记为 Y 的状态的弧的标记为所求的 RE。如果此弧不存在,则所求的 RE 为 $\varnothing$。

几点值得注意的问题如下:

(1) 如果去状态的顺序不一样,则得到的RE可能在形式上是不一样的,但它们都是等价的。

(2) 并弧操作应该优先执行。

(3) 如果DFA的终止状态都是不可达的,相应的RE为∅。

(4) 在去状态时,不计算该状态上自身到自身的弧,只用考虑经过该状态(不是起点,也不是终点)的长度为2的路的等价替换。

(5) 不计算自身到自身的弧,如果状态 q 的入度为 n,出度为 m,则将状态 q 及其相关的弧去掉之后,需要添加 $n*m$ 条新弧。

这种方法的正确性可以对操作的步数施归纳加以证明。

推论 4-1 正则表达式与FA、正则文法等价,是正则语言的表示模型。

4.4 正则语言等价模型的总结

本节全面地总结了正则语言的5种等价描述之间的转换关系,图4-23是这些转换的比较全面的表示。所叙述的内容实际上是对该图的解释,进一步的对转换方法进行"提精",可以在该图上增加一些弧标记。从而可得到图4-23(a)。

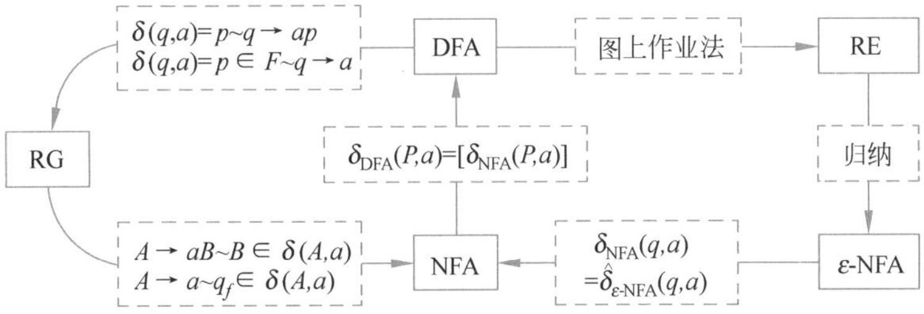

图4-23(a) 正则语言的5种等价描述模型的转换

这5种等价模型之间相互转换方法的关键可以归纳成以下几点。

(1) DFA⇒RG。

右线性文法:

① G 用推导模拟 M 的移动,$P=\{q\to ap\mid\delta(q,a)=p\}\cup\{q\to a\mid\delta(q,a)=p\in F\}$。

② M 的开始状态为 G 的开始符号。

左线性文法:

① G 用归约模拟 M 的移动,

$P=\{p\to qa\mid\delta(q,a)=p\}\cup$	一般情况
$\cup\{Z\to qa\mid\delta(q,a)=p\in F\}$	终止状态
$\cup\{p\to a\mid\delta(q_0,a)=p\}$	q_0 是开始状态
$\cup\{Z\to a\mid\delta(q_0,a)=p\in F\}$	开始状态和终止状态

② 新增加的符号 Z 为 G 的识别符号,也就是开始符号。

(2) RG⇒NFA。

右线性文法:

① M 的移动模拟 G 的推导,

$$\delta(A,a)=\begin{cases}\{B\mid A\to aB\in P\}\cup\{Z\} & A\to a\in P\\ \{B\mid A\to aB\in P\} & A\to a\notin P\end{cases}$$

② G 的开始符号为 M 的开始状态。

③ 新增的状态 Z 为 M 的终止状态。

左线性文法：

① 新增 Z 为 M 的开始状态。

② 对应形如 $A\to a$ 的产生式，定义 $A\in\delta(Z,a)$。

③ 对应形如 $A\to Ba$ 的产生式，定义 $A\in\delta(B,a)$。

④ G 的开始符号为 M 的终止状态。

(3) DFA⇒RE。

图上作业法：

① 预处理：用标记为 X 和 Y 的状态将所给的 DFA“括起来”，删除所有的不可达状态。

② 并弧：用从 q 到 p 的并且标记为 $r_1+r_2+\cdots+r_g$ 的弧，取代从 q 到 p 的标记分别为 $r_1,r_2,\cdots,r_g$ 的并行弧。

③ 去状态：如果不存在从状态 p 到状态 p 的弧，则用一条从 q 到 t 的标记为 r_1r_2 的弧，代替取代 q 到 p 标记为 r_1 的弧和 p 到 t 标记为 r_2 的弧。

如果存在从状态 p 到状态 p 标记为 r_3 的弧，则用一条从 q 到 t 的标记为 $r_1r_3^*r_2$ 的弧代替取代从状态 q 到 p 的标记为 r_1 的弧、状态 p 到 p 的标记为 r_3 的弧和状态 p 到 t 的标记为 r_2 的弧。

如果图中只有 3 个状态，而且不存在从标记为 X 的状态到达标记为 Y 的状态的路，则将除标记为 X 的状态和标记为 Y 的状态之外的第三个状态及其相关的弧全部删除。

(4) RE⇒ε-NFA。

按照 RE 的递归定义和定理 4-1 所给的方法逐步构造。对于简单的 RE，也可以根据理解直接构造。

(5) ε-NFA⇒NFA。

对 $\forall(q,a)\in Q\times\Sigma$，使 $\delta_{\text{NFA}}(q,a)=\hat{\delta}_{\varepsilon\text{-NFA}}(q,a)$。

$$F_{\text{NFA}}=\begin{cases}F_{\varepsilon\text{-NFA}}\cup\{q_0\} & F_{\varepsilon\text{-NFA}}\cap\varepsilon\text{-CLOSURE}(q_0)\neq\varnothing\\ F_{\varepsilon\text{-NFA}} & F_{\varepsilon\text{-NFA}}\cap\varepsilon\text{-CLOSURE}(q_0)=\varnothing\end{cases}$$

(6) NFA⇒DFA。

DFA 用一个状态对应 NFA 的一个状态集：

① $Q_{\text{DFA}}=2^{Q_{\text{NFA}}}$。

② $F_{\text{DFA}}=\{[p_1,p_2,\cdots,p_m]\mid\{p_1,p_2,\cdots,p_m\}\subseteq Q$ 且 $\{p_1,p_2,\cdots,p_m\}\cap F_{\text{NFA}}\neq\varnothing\}$。

③ 对 $\forall\{q_1,q_2,\cdots,q_n\}\subseteq Q_{\text{NFA}},a\in\Sigma,\delta_{\text{DFA}}([q_1,q_2,\cdots,q_n],a)=[p_1,p_2,\cdots,p_m]\Leftrightarrow\delta_{\text{NFA}}(\{q_1,q_2,\cdots,q_n\},a)=\{p_1,p_2,\cdots,p_m\}$。

4.5 小　　结

本章讨论了正则表达式及其与 FA 的等价性。

(1) 字母表 Σ 上的正则表达式用来表示 Σ 上的正则语言。$\varnothing,\varepsilon,a(a\in\Sigma)$，是 Σ 上的最基本的正则表达式，它们分别表示语言 $\varnothing,\{\varepsilon\},\{a\}$，以此为基础，如果 r 和 s 分别是 Σ 上

的表示语言 R 和 S 的正则表达式，则 $r+s$，rs，r^* 分别是 Σ 上的表示语言 $R\cup S$，RS，R^* 的正则表达式。如果 $L(r)=L(s)$，则称 r 与 s 等价。

(2) 正则表达式对乘、加满足结合律；乘对加满足左、右分配律；加满足交换率和幂等率；$\varnothing$ 是加运算和乘运算的零元素；ε 是乘运算的单位元。

(3) 正则表达式是正则语言的一种描述。容易根据正则表达式构造出与它等价的 FA。反过来，可以用图上作业法构造出与给定的 DFA 等价的正则表达式。

(4) 正则语言的 5 种等价描述模型的转换关系可以用图 4-23(a)表示。

4.6 典型习题解析

1. 写出表示下列语言的正则表达式。

(2) $\{0,1\}^+$。

解：$r=(0+1)(0+1)^*$。

(4) $\{x \mid x\in\{0,1\}^*$ 且 x 中不含形如 00 的子串$\}$。

解：

方法 1：分析语言，直接构造正则表达式。

根据题目的要求，在串 x 中，0 是不可以连续出现的，所以，要出现 0，必须伴随有 1，这就是说，具有形式 01 或者 10。但是，$(01+10)^+$ 并不能保证 00 不出现，因为一个 10 后紧跟一个 01 就可以得到子串 1001，它含有子串 00。从而有

$$(1+01)^* \text{ 和 } (1+10)^*$$

其中，$(1+01)^*=\{x \mid x$ 无连续的 0，但以 1 结尾；当以 0 开头时，长度不小于 2$\}$。

$(1+10)^*=\{x \mid x$ 无连续的 0，以 1 开头，但以 0 或者 1 结尾；当以 0 结尾时，长度不小于 2$\}$。

现在以这两个表达式为基础，按照串是以 0 结尾还是以 1 结尾来进行考查，看 $(1+01)^*+(1+10)^*$ 没有表达出哪些合法的句子。

先考查 $(1+01)^*$。将该表达式表示的语言与语言

$$\{x \mid x \text{ 长度至少为 1，且不含连续的 0，并且是以 1 结尾}\}\cup\{\varepsilon\}$$

相比，不难看出，它们是相同的。

再考查 $(1+10)^*$。类似地，将该表达式表示的语言与语言

$$\{x \mid x \text{ 长度至少为 1，且不含连续的 0，并且是 0 结尾的}\}$$

相比。不难发现一是前者多出了那些以 1 结尾的无连续 0 的串，它们已经包含在 $(1+01)^*$ 表达的语言中。二是前者少了以 0 开头无连续 0 的串，它们中的以 1 结尾的串含在 $(1+01)^*$ 表达的语言中，缺少的是以 0 开头，以 0 结尾的，中间无连续 0 的 0，1 串。这些串应该含在

$$(1+01)^*0$$

所表示的语言中。综上分析，所要求的 r 为

$$(1+01)^*+(1+10)^*+(1+01)^*0+0$$

可以将其简化为

$$(1+10)^*+(1+01)^*(\varepsilon+0)$$

另一种思路也是根据$(1+10)^*$和$(1+01)^*$直接补充所缺部分。

用$0(1+10)^*$补上以0开头的满足要求的串：

$$(1+10)^*+0(1+10)^*=(0+\varepsilon)(1+10)^*$$

或者用$(1+01)^*0$补上以0结尾的满足要求的串：

$$(1+01)^*+(1+01)^*0=(1+01)^*(0+\varepsilon)$$

方法2：

根据第3章习题2第(4)小题的结果，按照图上作业法求出相应的正则表达式。

(8) $\{x \mid x\in\{0,1\}^+$ 且 x 的第10个字符是1$\}$。

解：$r=(0+1)^9 1(0+1)^*$。

(10) $\{x \mid x\in\{0,1\}^+$ 并且 x 中至少含两个1$\}$。

解：主要问题是要考虑到这两个1之间可以有任意个0，第一个1之前也可以有任意个0，在第二个1之后0与1可以任意出现，所以，正则表达式为

$$0^*10^*1(0+1)^*$$

另外一种考虑是表现出相应的串只要含两个1就可以了，至于这两个1是哪两个，则不用考虑，这样，可以得到如下正则表达式：

$$(0+1)^*1(0+1)^*1(0+1)^*$$

读者还可以写出其他一些形式的满足要求的正则表达式来。

根据这里的分析，读者不难得到如下几个正则表达式：

$0^*10^*10^*$——表示所有恰含两个1的0,1串构成的语言。

$0^*+0^*10^*+0^*10^*10^*$——表示所有最多只含两个1的0,1串构成的语言。

$0^*(1+\varepsilon)0^*(1+\varepsilon)0^*$——表示所有最多只含两个1的0,1串构成的语言。

2. 理解如下正则表达式，说明它们表示的语言。

说明：这一类题的目的在于使读者能读懂正则表达式，对不同的人，用自然语言描述是不尽相同的，基本要求是说出相应语言的主要特点。例如：

$(00+11)^+$表示的语言的主要特征是0和1都是各自成对出现的。

$(1+01+001)^*(\varepsilon+0+00)$表示的语言的主要特征是不含连续的3个0。

$((0+1)(0+1))^*((0+1)(0+1)(0+1))^*$表示所有长度为$3\times n+2\times m$的0,1串$(n\geqslant 0, m\geqslant 0)$。

3. 证明下列各式。

提示：只要证明两个正则表达式表示的语言相等即可，所以，也就是证明两个集合相等。

4. 下列各式成立吗？请证明你的结论。

提示：对成立的，可用与上题相同的方法进行证明，对不成立的，举一个具体的例子否定相应的等式即是最好的证明。

(1) $(r+rs)^*r=r(sr+r)^*$。

解：成立。

(2) $t(s+t)r=tr+tsr$。

解：不成立。不妨取$r=0, s=1, t=2$，则$t(s+t)r=2(1+2)0=210+220$，但$tr+tsr=20+210$，显然$210+220\neq 20+210$，所以$t(s+t)r\neq tr+tsr$。

(3) $rs=sr$。

解：不成立。不妨取 $r=0,s=1$，显然有 $01\neq 10$，所以 $rs\neq sr$。

(4) $s(rs+s)^*r=rr^*s(rr^*s)^*$。

解：不成立。不妨取 $r=0,s=1$，$s(rs+s)^*r$ 中的串是以 1 开头的，而 $rr^*s(rr*s)^*$中的串是以 0 开头的，所以 $s(rs+s)^*r\neq rr^*s(rr^*s)^*$。

(5) $(r+s)^*=(r^*s^*)^*$。

解：成立。

(6) $(r+s)^*=r^*+s^*$。

解：不成立。不妨取 $r=0,s=1$，则 $01\notin 0^*+1^*$，但 $01\in(0+1)^*$，所以，$(r+s)^*=r^*+s^*$不成立。

5. 构造下列正则表达式的等价 FA。

提示：这里的几个正则表达式都比较简单，所以，既可以按照相应定理证明中所给的方法进行构造，也可以根据自己对正则表达式的理解进行构造，如果使用的是后一种方法，则要注意表达的准确性。

例如：对$((0+1)(0+1))^*+((0+1)(0+1)(0+1))^*$，它表示的是长度为偶数的 0,1 串和长度是 3 的倍数的 0,1 串构成的集合。所以，相应的 FA 如图 4-28 所示。

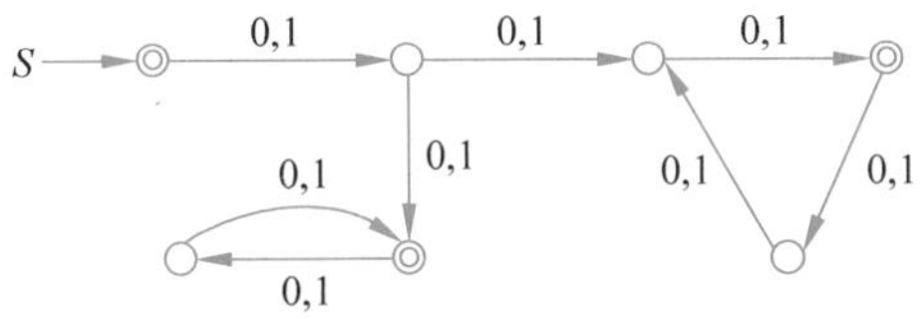

图 4-28　题 5(4)的等价 FA

不能构造成如图 4-29 所示的情形：

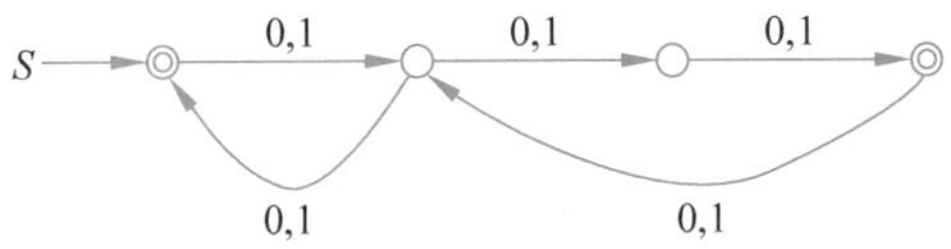

图 4-29　题 5(4)不等价 FA 之一

更不能构造成如图 4-30 所示的情形：

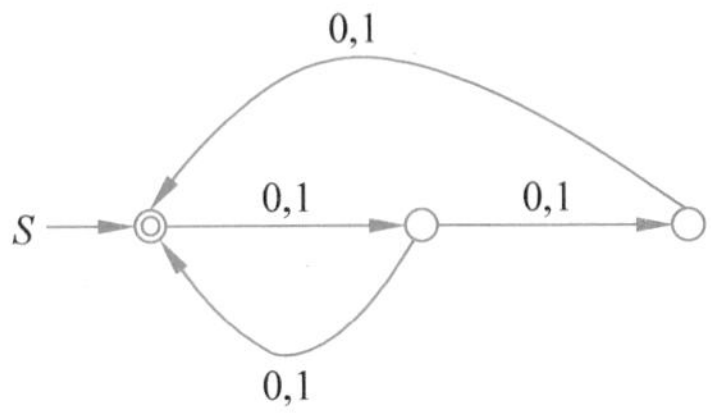

图 4-30　题 5(4)不等价 FA 之二

也不能构造成如图 4-31 所示的情形：

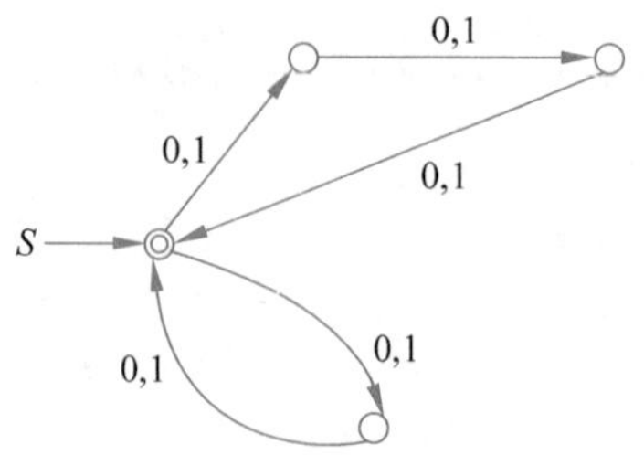

图 4-31　题 5(4)不等价 FA 之三

6. 构造等价于如图 4-24～图 4-27(主教材图)所示 DFA 的正则表达式。

提示：按照图上作业法求解，去状态的顺序、去状态和并弧的顺序不同将会得到不同形式的正则表达式，但它们应该都是等价的。另外，并弧的优先级应该高于取状态的优先级。这样处理的效率会高一些。

第 5 章 正则语言的性质

在讨论正则语言的性质时，一般分两类进行。第一类是由于直接用有穷的形式表达无穷所表现出来的性质，这种性质用正则语言的泵引理表示。除了基本的泵引理外，还有一种形式可以称为扩充的泵引理，其证明与基本泵引理的证明具有相同的思想。除了证明泵引理的正确性外，更重要的是应用泵引理证明给定的语言不是正则语言。这涉及发现特殊串的问题。

正则语言性质的第二类是关于一系列运算的封闭性。包括对并、乘积、闭包、补、交等基本运算的封闭性和对正则代换、同态、逆同态等运算的封闭性。对应不同的运算，其封闭性证明将使用正则语言的不同描述方法。

本章讨论的第二部分内容是通过给定正则语言本身结构的固有特征寻求不同表示的一致性。这种一致性是通过该语言确定的右不变等价关系 R_L 表现出来的。它将相应字母表上的所有字符串分成一些等价类，而这一分法是由语言 L 决定的，所以说它表达的是 L 本身结构的固有特征。由于在一般情况下，等价类的直接划分比较困难，而且这种困难导致了对其进行自动化的困难，所以，人们将其转换为寻求接受该语言的、状态最少的、确定的有穷状态自动机——最小 DFA 的问题。而且在同构意义下，最小 DFA 是唯一的。这里给出的根据 DFA 去构造其相应最小 DFA 的方法是可以由计算机系统自动完成的。这一部分的内容可以分成 Myhill-Nerode 定理与 FA 的极小化。

本章的第三部分内容简要介绍正则语言相关的几个判定问题。包括空否、有穷否、两个 DFA 等价否以及成员关系等。

本章的内容比较多，其中最基本的有：正则语言的泵引理及其应用，正则语言的封闭性。这些是读者应该掌握的，尤其是相关证明的基本思想。所以，这些可以作为本章的重点内容。如果时间和精力允许，还可以将 Myhill-Nerode 定理的理解与应用作为重点。本章中比较难的内容是关于正则代换、同态、逆同态的封闭性证明。主要原因是相关的概念比较生，也比较复杂。另外，Myhill-Nerode 定理及其应用涉及 DFA 以及语言决定的等价关系对语言的结构特征的刻画问题，加上用等价关系进行等价分类也是比较难的问题，所以，这一部分也是比较难的。

5.1 正则语言的泵引理

1. 知识点

(1) 当 DFA 识别的语言 L 是无穷语言时,L 中必定存在一个足够长的句子,使得 DFA 在识别该句子的过程中,肯定要重复地经过某些状态。

(2) 泵引理给出的是正则语言的“必要条件”而不是“充分条件”,它只能用来证明一个语言不是正则语言,不能用来证明一个语言是正则语言。

2. 主要内容解读

引理 5-1(泵引理 pumping lemma) 设 L 为一个正则语言,则存在仅依赖于 L 的正整数 N,对于 $\forall z \in L$,如果 $|z| \geqslant N$,则存在 u,v,w,满足:

(1) $z=uvw$。

(2) $|uv| \leqslant N$。

(3) $|v| \geqslant 1$。

(4) 对于任意整数 $i \geqslant 0$,$uv^iw \in L$。

(5) N 不大于接受 L 的最小 DFA M 的状态数。

证明要点:DFA 在处理一个足够长的句子的过程中,必定会重复地经过某些状态。换句话说,在 DFA 的状态转移图中,必定存在一条含有回路的从启动状态到某个终止状态的路。由于含有回路,所以,DFA 可以根据实际需要沿着这个回路循环运行,相当于这个回路中弧上的标记构成的非空子串可以重复任意次。

值得反复强调的一点是,泵引理给出的是 RL 的必要条件,所以,该引理只能用来证明给定的语言不是 RL。条件 $|uv| \leqslant N$ 表明,可以用来“泵进”和“泵出”的子串 v 在句子 z 的前 N 个字符中是存在的,所以,讨论可以集中在 z 的前 N 个字符上进行。然而,如果在这 N 个字符中找不到引起矛盾的 v,并不能说明给定的语言是 RL,因为其他类型的某个具体语言也是满足这一要求的——泵引理给出的是必要而非充分条件。

另外,从泵引理的证明不难看出,可以在被判定语言的句子 z 的任何位置截取一个子串,只要这个子串足够长,就一定能在这个子串中找到可以用来“泵进”和“泵出”的子串 v。事实上,不妨取 $z=z_1z_2z_3 \in L$,$|z_2|=N$,$z_2=a_1a_2\cdots a_N$,将 DFA 开始扫描到 z_2 的首字符时所处的状态记为 q_0',并且令

$$\delta(q_0', a_1a_2\cdots a_h)=q_h$$

则在状态序列 $q_0', q_1, q_2, \cdots, q_N$ 中就必定有重复的。例如,不妨令最早相等的两个状态为 q_j 和 q_k,$k<j$,则

$$\begin{aligned}
&\delta(q_0, z_1a_1a_2\cdots(a_{k+1}\cdots a_j)^i\cdots a_Nz_3)\\
&=\delta(q_0', a_1a_2\cdots(a_{k+1}\cdots a_j)^i\cdots a_Nz_3)\\
&=\delta(q_k, (a_{k+1}\cdots a_j)^i\cdots a_Nz_3)\\
&=\delta(q_j, (a_{k+1}\cdots a_j)^{i-1}\cdots a_Nz_3)\\
&=\delta(q_j, a_{j+1}\cdots a_Nz_3)\\
&=q_m \in F
\end{aligned}$$

令 $u=a_1a_2\cdots a_k$，$v=a_{k+1}\cdots a_j$，$w=a_{j+1}\cdots a_N$，上式表明，对于 $i\geqslant 0$，$z_1uv^iwz_3\in L$ 恒成立。从而得到如下关于 RL 的扩展泵引理。

设 L 为一个 RL，则存在仅依赖于 L 的正整数 N，对于 $\forall z_1z_2z_3\in L$，如果 $|z_2|=N$，则存在 u,v,w，满足：

(1) $z_2=uvw$。

(2) $|v|\geqslant 1$。

(3) 对于任意整数 $i\geqslant 0$，$z_1uv^iwz_3\in L$。

(4) N 不大于接受 L 的最小 DFA M 的状态数。

主教材总结的关于使用泵引理的 8 条注意事项对扩展的泵引理也是有意义的，对这 8 条注意事项的体会需要在应用中加深。

用泵引理证明一个语言不是 RL 时，最大的难点是寻找适当的 z，其次是对 v 的各种取法进行论证。对部分读者来说，可能存在如何给出良好的叙述，这需要一个锻炼过程。因此，建议读者完成适量的用泵引理证明一个语言不是正则语言的习题。

5.2 正则语言的封闭性

1. 知识点

(1) 封闭性与有效封闭性。

(2) 正则语言在并、乘积、闭包运算下的封闭性证明用正则表达式作为描述工具最方便。

(3) 正则语言在补运算下的封闭性用 DFA 作为描述工具最方便。

(4) 正则语言在交运算下的封闭性的证明也可以用 DFA 作为描述工具。

(5) 代换与正则代换。

(6) 正则语言在正则带换下是封闭的。

(7) 同态映射。

(8) 正则语言的同态像是正则语言。

(9) 正则语言的同态原像是正则语言。

(10) 商运算是非有效封闭的。

2. 主要内容解读

定义 5-1 如果任意的、属于同一语言类的语言在某一特定运算下所得的结果总是该类语言，则称该语言类对此运算是**封闭的**，并称该语言类对此运算具有**封闭性**。

给定一个语言类的若干个语言的描述，如果存在一个算法，它可以构造出这些语言在给定运算下所获得的运算结果的相应形式的描述，则称此语言类对相应的运算是**有效封闭的**，并称此语言类对相应的运算具有**有效封闭性**。

定理 5-1 RL 在并、乘积、闭包运算下是封闭的。

证明要点：利用正则表达式的定义。

定理 5-2 RL 在补运算下是封闭的。

证明要点：根据接受 L 的DFA构造接受 Σ^*-L 的DFA。

如果DFA $M=(Q,\Sigma,\delta,q_0,F)$满足 $L(M)=L$，则DFA $M'=(Q,\Sigma,\delta,q_0,Q-F)$满足 $L(M')=\Sigma^*-L$。

定理 5-3 RL在交运算下封闭。

证明要点：

方法1：由定理5-1、定理5-2和De Morgan定理可得。

方法2：构造相应的DFA。按照第3章习题18的解法进行。图5-3是相应的构造思想的来源描述，弄清楚了这个图，就掌握了相应的构造思想。

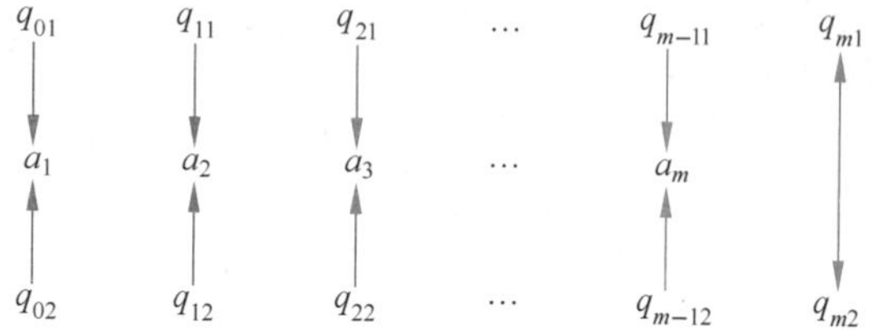

图5-3 M_1 和 M_2 对应于同一个输入串的状态变换过程

定义 5-2 设 Σ,Δ 是两个字母表，映射

$$f:\Sigma\to 2^{\Delta^*}$$

被称为是从 Σ 到 Δ 的**代换**(substitution)。如果对于 $\forall a\in\Sigma$，$f(a)$是 Δ 上的RL，则称 f 为**正则代换**(regular substitution)。

先将 f 的定义域扩展到 Σ^* 上，$f:\Sigma^*\to 2^{\Delta^*}$

(1) $f(\varepsilon)=\{\varepsilon\}$。

(2) $f(xa)=f(x)f(a)$。

再将 f 的定义域扩展到 2^{Σ^*} 上：$f:2^{\Sigma^*}\to 2^{\Delta^*}$。对于 $\forall L\subseteq\Sigma^*$，

$$f(L)=\bigcup_{x\in L}f(x)$$

读者需要注意的是，代换是将一个字母映射成一个语言，对正则代换来说，这个字母所被映射成的语言是正则的。根据(正则)代换定义的扩展，(正则)代换也将一个语言映射成另一个语言。在这个映射过程中，一个句子将对应一个语言，所有句子对应的语言的并就是被代换语言的代换结果。

定义 5-3 设 Σ,Δ 是两个字母表，映射

$$f:\Sigma\to 2^{\Delta^*}$$

为正则代换，则

(1) $f(\varnothing)=\varnothing$。

(2) $f(\varepsilon)=\varepsilon$。

(3) 对于 $\forall a\in\Sigma$，$f(a)$是 Δ 上的正则表达式。

(4) 如果 r,s 是 Σ 上的正则表达式，则

$$f(r+s)=f(r)+f(s)$$
$$f(rs)=f(r)f(s)$$
$$f(r^*)=f(r)^*$$

是 Δ 上的正则表达式。

将正则代换的定义用在正则表达式上是为了叙述方便，也更利于理解。从上述定义可见，对一般的代换来说，由于 $f(a)$不一定是正则表达式，所以，就无法保证第(4)条成立了。有了这个定义之后，当证明下述定理时，对任意正则表达式 r 和正则映射 f，只要证明 $f(r)$表示的是 $f(L(r))$，就可以说明 $f(L(r))$是正则语言了。

定理 5-4 设 L 是 Σ 上的一个 RL，$f:\Sigma\rightarrow 2^{\Delta^*}$ 是正则代换，则 $f(L)$也是 RL。

证明要点：

方法 1： 用 FA 作为 RL 的描述模型。在这里，应该假定接受 L 和 $f(a)$的 FA 都是 DFA，根据此，构造出接受 $f(L)$的 ε-NFA。

令 DFA $M=(Q,\Sigma,\delta,q_0,F)$识别 L。DFA $M_a=(Q_a,\Delta,\delta_a,q_{0a},F_a)$识别 $f(a)$。不妨假设：对 $a,b\in\Sigma$，如果 $a\neq b$，则 $Q_a\cap Q_b=\varnothing$，$Q_a\cap Q=\varnothing$。

取 FA

$$M_{RS}=\left(Q\bigcup_{a\in\Sigma}Q_a,\Delta,\delta_{RS},q_0,F\right)$$

其中，δ_{RS}定义为

① 对任意$(q,a)\in Q\times\Sigma$，如果 $\delta(q,a)=p$，则定义 $q_{0a}\in\delta_{RS}(q,\varepsilon)$，并且对所有的 $r\in F_a$，$\delta_{RS}(r,\varepsilon)=p$。

② 对任意$(q,b)\in Q_a\times\Delta$，$\delta_{RS}(q,b)=\delta_a(q,b)$。

方法 2： 用正则表达式作为 RL 的描述模型。

对正则表达式 r 中运算符的个数 n 施以归纳，证明 $f(r)$是表示 $f(L)$的正则表达式。

关于定理 5-1 作为定理 5-4 的推论的问题，可以按照如下方式进行理解。

令 f 为正则代换，$L_1=f(a)$，$L_2=f(b)$为 RL，

$L=\{a,b\}$是有穷集，所以是 RL，由正则代换的封闭性，$f(\{a,b\})$是 RL，而 $L_1\cup L_2=f(a)\cup f(b)=f(\{a,b\})$，所以，$f(a)\cup f(b)$是 RL；

$L=\{ab\}$是有穷集，所以是 RL，由正则代换的封闭性，$f(\{ab\})$是 RL，而 $L_1L_2=f(a)f(b)=f(\{ab\})$，所以，$f(a)f(b)$是 RL；

$L=a^*$ 是 RL，令 $g(a)=L$，是正则代换，由正则代换的封闭性，$g(a^*)$是 RL，而 $g(a^*)=(g(a))^*=L^*$，所以，L^* 是 RL。

定义 5-4 设 Σ 和 Δ 是两个字母表，$f:\Sigma\rightarrow\Delta^*$ 为映射。如果对于 $\forall x,y\in\Sigma^*$，

$$f(xy)=f(x)f(y)$$

则称 f 为从 Σ 到 Δ^* 的**同态映射**(homomorphism)。

对于 $\forall L\subseteq\Sigma^*$，$L$ 的同态像

$$f(L)=\bigcup_{x\in L}f(x)$$

首先，与(正则)代换不同，同态映射是将一个字符映射成一个字符串。当将这个字符串看成是只将它自身作为唯一的元素的集合时，同态映射就成了(正则)代换的一种特例。因此，(正则)代换所具有的性质对代换都成立。

其次，同态映射是将一个字符映射成一个字符串，同时保持并置运算。一般地，对任意 $a_1,a_2,\cdots,a_n\in\Sigma$，

$$f(a_1a_2\cdots a_n)=f(a_1)f(a_2)\cdots f(a_n)$$

最后,由于 $f(a_i)$ 都是唯一的,所以,$f(a_1)f(a_2)\cdots f(a_n)$ 也是唯一的。但是,对于 $f(a_1)f(a_2)\cdots f(a_n)$,却不一定只有 $a_1a_2\cdots a_n$ 与之对应。因此,

对于 $\forall w\subseteq\Delta^*$,$w$ 的同态原像是一个集合:

$$f^{-1}(w)=\{x\mid f(x)=w \text{ 且 } x\in\Sigma^*\}$$

对于 $\forall L\subseteq\Delta^*$,$L$ 的同态原像是一个集合:

$$f^{-1}(L)=\{x\mid f(x)\in L\}$$

一般地,$f(f^{-1}(L))\neq L$。但是,$f(f^{-1}(L))\subseteq L$。

推论 5-1 RL 的同态像是 RL 。

定理 5-5 RL 的同态原像是 RL 。

证明要点:

(1) 接受 RL 的同态原像的 FA 的构造思想。

① 使用 DFA 作为 RL 的描述。

② 让新构造出的 FA M'用一个移动去模拟 M 处理 $f(a)$所用的一系列移动。

③ 对于 Σ 中的任意字符 a,如果 M 从状态 q 开始处理 $f(a)$,并且当它处理完 $f(a)$时到达状态 p,则让 M'在状态 q 读入 a 时,将状态变成 p。

④ M'具有与 M 相同的状态,并且,在 M'对应的状态转移图中,从状态 q 到状态 p 有一条标记为 a 的弧当且仅当在 M 的状态转移图中,有一条从状态 q 到状态 p 的标记为 $f(a)$的路。

(2) 接受 RL 的同态原像的 FA 的形式描述。

设 DFA $M=(Q,\Delta,\delta,q_0,F)$,$L(M)=L$

取 DFA $M'=(Q,\Sigma,\delta',q_0,F)$,

其中,对 $\forall(q,a)\in Q\times\Sigma$,

$$\delta'(q,a)=\delta(q,f(a))$$

(3) 等价证明。

① 施归纳于$|x|$,证明对于 $\forall x\in\Sigma^*$,

$$\delta'(q_0,x)=\delta(q_0,f(x))$$

② 对于 $\forall x\in\Sigma^*$,

$$\delta'(q_0,x)\in F\Leftrightarrow\delta(q_0,f(x))\in F$$

定义 5-5 设 $L_1,L_2\subseteq\Sigma^*$,L_2 除以 L_1 的商(quotient)定义为

$$L_1/L_2=\{x\mid \exists y\in L_2 \text{ 使得 } xy\in L_1\}$$

计算语言的商主要是考虑语言句子的后缀。只有当 L_1 的句子的后缀在 L_2 中时,其相应的前缀才属于 L_1/L_2。所以,当 $\varepsilon\in L_2$ 时,

$$L_1\subseteq L_1/L_2$$

成立。读者应该注意的是,此时并不一定有 $L_1=L_1/L_2$ 成立,也就是说,有可能是

$$L_1\subset L_1/L_2$$

实际上,取 $L_1=\{000\}$,$L_2=\{\varepsilon\}$,$L_3=\{\varepsilon,0\}$,$L_4=\{\varepsilon,0,00\}$,$L_5=\{\varepsilon,0,00,000\}$,则有如下很值得注意的结果:

$$L_1/L_2=\{000\}=L_1$$
$$L_1/L_3=\{000,00\}$$
$$L_1/L_4=\{000,00,0\}$$
$$L_1/L_5=\{000,00,0,\varepsilon\}$$

可见，与一般的求商运算不同，这里，在充当“被除数”的集合不变的情况下，充当“除数”的集合越“大”，所得的“商”可能越“大”。这种变化趋势在充当“除数”的集合依次使包含关系成立时呈现。

另外，按照“依次使包含关系成立”的要求，随着充当除数的集合变成$\{\varepsilon\}$，商变成充当“被除数”的集合。

定理 5-6 设 $L_1,L_2\subseteq\Sigma^*$，如果 L_1 是 RL，则 L_1/L_2 也是 RL。

证明要点：

设 DFA $M=(Q,\Sigma,\delta,q_0,F)$，$L(M)=L_1$

取 DFA $M'=(Q,\Sigma,\delta,q_0,F')$，

其中，$F'=\{q\mid\exists y\in L_2,\delta(q,y)\in F\}$。

由于 L_2 可以是各种语言，所以，F'的取法并不是一个有效的取法，从而导致这种封闭性并不是有效封闭性。

5.3 Myhill-Nerode 定理与 DFA 的极小化

5.3.1 Myhill-Nerode 定理

1. 知识点

(1) DFA M 确定的Σ^*上的右不变等价关系 R_M。

(2) L 确定的Σ^*上的右不变等价关系 R_L。

(3) $|\Sigma^*/R|$是 R 关于Σ^*的指数。

(4) L 是 RL 的充要条件是 R_L 具有有穷指数，因此，可以通过判定 R_L 是否将Σ^*分成有穷多个等价类来判定 L 是否为 RL。

(5) 如果 L 是Σ^*上的某一个具有有穷指数的右不变等价关系 R 的某些等价类的并，则 L 是 RL，并且 R 一定是 R_L 的加细。

(6) 任意 DFA $M=(Q,\Sigma,\delta,q_0,F)$，则$|\Sigma^*/R_{L(M)}|\leqslant|Q|$。

(7) 在同构意义下，接受 L 的最小 DFA 是唯一的。

2. 主要内容解读

定义 5-6 设 DFA $M=(Q,\Sigma,\delta,q_0,F)$，$M$ 所确定的Σ^*上的关系 R_M 定义为：对于$\forall x,y\in\Sigma^*$，

$$x\,R_M y\Leftrightarrow\delta(q_0,x)=\delta(q_0,y)$$

R_M 为 M 所确定的Σ^*上的关系。

这个定义可以简化成：DFA $M=(Q,\Sigma,\delta,q_0,F)$确定的关系 R_M 为，对于$\forall x,y\in\Sigma^*$，$xR_My\Leftrightarrow\delta(q_0,x)=\delta(q_0,y)$。

读者应该注意,这个等价关系与第3章的定义3-6所定义的集合 $set(q)$ 紧密相关。即

$$x\ R_M\ y \Leftrightarrow \exists q \in Q, x, y \in set(q)$$

事实上,$\{set(q) \mid q \in Q\}$ 是 R_M 关于 Σ^* 的等价划分。显然,对于任意的 DFA $M=(Q, \Sigma, \delta, q_0, F)$,$|\{set(q) \mid q \in Q\}| \leqslant |Q|$,而且等号仅在 Q 中不存在不可达状态时成立。

例5-8给出了依据 R_M 划分等价类的一个例子,由于在第3章中对相应的概念已经有所接触,该例子则是在给出了确切定义之后,让读者对这种等价关系有进一步的认识。

满足关系 R_M 的字符串组成的集合的特征体现了语言的结构特征。这一特征,可以与相应的DFA的状态转移图对应起来进行理解。再与例5-9的讨论联系起来,就会得到更深入的理解。

定义 5-7 设 $L \subseteq \Sigma^*$,L 确定的 Σ^* 上的关系 R_L 定义为:对于 $\forall x, y \in \Sigma^*$,

$$x\ R_L\ y \Leftrightarrow (\text{对} \forall z \in \Sigma^*, xz \in L \Leftrightarrow zy \in L)$$

R_L 为 L 确定的 Σ^* 上的关系。

可以证明,对于任意的 RL L,DFA M 接受 L,则 R_M 是 R_L 的加细。也就是说,对于 $\forall q \in Q, x, y \in set(q)$,必有 $x\ R_L\ y$ 成立,即 $x\ R_{L(M)}\ y$。事实上,因为

$$x, y \in set(q)$$

所以

$$\delta(q_0, x) = \delta(q_0, y) = q$$

从而使得对于 $\forall z \in \Sigma^*$,

$$\begin{aligned}\delta(q_0, xz) &= \delta(\delta(q_0, x), z)\\ &= \delta(q, z)\\ &= \delta(\delta(q_0, y), z)\\ &= \delta(q_0, yz)\end{aligned}$$

这就是说,

$$\delta(q_0, xz) \in F \Leftrightarrow \delta(q_0, yz) \in F$$

即对于 $\forall z \in \Sigma^*$,

$$xz \in L \Leftrightarrow yz \in L$$

表明

$$x\ R_L\ y$$

也就是

$$x\ R_{L(M)}\ y$$

成立。

定义 5-8 设 R 是 Σ^* 上的等价关系,对于 $\forall x, y \in \Sigma^*$,如果 $x\ Ry$,则必有 $xz\ Ryz$ 对于 $\forall z \in \Sigma^*$ 成立,则称 R 是右不变的(right invariant)等价关系。

定义 5-9 设 R 是 Σ^* 上的等价关系,则称 $|\Sigma^*/R|$ 是 R 关于 Σ^* 的指数(index),简称为 R 的指数。Σ^* 的关于 R 的一个等价类,也就是 Σ^*/R 的任意一个元素,简称为 R 的一个等价类。

命题 5-1 对于任意 DFA $M=(Q, \Sigma, \delta, g_0, F)$,$M$ 所确定的 Σ^* 上的关系 R_M 为右不变的等价关系。

证明要点:

(1) 证明 R_M 是等价关系。

通过证明 R_M 具有三歧性来完成。即此关系具有自反性、对称性、传递性。

(2) R_M是右不变的。

证明 R_M是右不变的。

命题 5-2 对于任意 $L\subseteq\Sigma^*$,L 所确定的 Σ^* 上的关系 R_L 为右不变的等价关系。

(1) 证明 R_L 是等价关系。

通过证明 R_L 具有三歧性来完成。

(2) R_L是右不变的。

证明 R_L是右不变的。

上述 4 个定义和 2 个命题都是为证明定理 5-7 服务的。甚至可以看作将 Myhill-Nerode 定理的证明拆分成 4 个定义、2 个命题和 1 个定理来完成。配上相关例题的分析,会使读者理解起来更加容易。其主要目的是为了将难点划分开来,使得读者容易建立比较清晰的思路。

定理 5-7 (Myhill-Nerode 定理) 如下 3 个命题等价:

(1) $L\subseteq\Sigma^*$ 是 RL。

(2) L 是 Σ^* 上的某一个具有有穷指数的右不变等价关系 R 的某些等价类的并。

(3) R_L 具有有穷指数。

证明要点:与一般的多命题等价的证明方法一样,通过循环等价的证明来完成它们相互等价的证明。实际上,主教材所给的只是这种循环证明顺序的一种,在掌握了主教材给出的证明之后,读者很容易给出按照其他顺序进行的证明。

在由(1)推出(2)时,用到的是 DFA $M=(Q,\Sigma,\delta,q_0,F)$所确定的等价关系 R_M 将 Σ^* 分成有穷多个等价类

$$\{set(q)\mid q\in Q \text{ 并且 } q \text{ 是可达的}\}$$

由 Q 的有穷性,得到$\{set(q)\mid q\in Q$ 并且 q 是可达的$\}$的有穷性,也就是 R_M 指数的有穷性。而且

$$L=\bigcup_{q\in F} set(q)$$

由(2)推出(3)时,是基于当 L 是 Σ^* 上的具有有穷指数的右不变等价关系 R 的某些等价类的并时,R 一定是 R_L 的加细这一事实。有 3 点需要注意:一是 R 必须是 Σ^* 上的右不变等价关系,而不是其他集合上的;二是要求 R 具有有穷指数;三是 L 必须是某些等价类的并,否则也不能成立。

由(3)推出(1)时,实际上就是根据 L 所确定的关系 R_L 构造一个 DFA。这个 DFA 实际上就是接受 L 的状态个数最少的 DFA——最小 DFA。难点是对该 DFA 状态的理解。在所给的证明中,状态是用等价类命名的。而且直接地用这种命名表达出 DFA 的状态转移函数

$$\delta'([x],a)=[xa]$$

这可能会使读者感到比较"虚"。实际上,在前面曾经有意识地将等价类与状态对应起来,而且在第 3 章中,特意给出了一些例子,在给出的例子中,没有用类似 q 或 p_i 这样的符号去命名状态,而是用了 $q[00]$,$q[01]$,$q[a_1a_2\cdots a_i]$,A,Z 进行过渡,在本书第 3 章的典型习题解析中,更用了像[ε]、[奇 0]、[偶 1]等形式的状态名。

另一处不易理解的是关于 δ'定义相容性的证明。主要是这一步证明的必要性。那么为什么要证明其相容性呢?主要是因为我们用$[x]$代表 x 所在的等价类,一般地讲,该等价类中可

能含有除 x 以外的其他字符串,如 y。这里要证明的是,无论将这个等价类记作$[x]$还是记作$[y]$,都是一样的,不会产生矛盾。这就是说,如果$[x]=[y]$,对任意的 $a\in\Sigma$,由于 $\delta'([x],a)=[xa]$,$\delta'([y],a)=[ya]$,所以,必须有$[xa]=[ya]$,否则 δ'的定义是无效的。

由于此定理给出的是 RL 的充分必要条件(3 个命题等价),所以,它既可以被用来证明一个语言是 RL,也可以被用来证明一个语言不是 RL。通常是通过证明 R_L 的指数的有穷性来完成相应证明的。如果 R_L 有穷,则 L 为 RL;如果 R_L 无穷,则 L 不是 RL。这样一来,证明 L 是否是 RL 就转换成了根据 R_L 对 Σ^* 划分等价类的问题。例 5-10 是一个既便于理解,又能说明问题的例子,建议读者仔细地阅读。特别要注意的是,在该例子中怎样根据语言的结构特征来完成等价类的划分,从中找到一点启发。

另外,当 L 不是 RL 时,如果是用该定理进行判断,只用看 R_L 是否将 Σ^* 分成了无穷多个等价类,如果是,则 L 不是 RL。这就是说,如果能找到无穷多个等价类,即可说明 L 不是 RL,一般此时都不用找出所有的等价类来,除非是问题要求计算出所有的等价类。下面的例子就说明了这一点。

例 5-10 用定理 5-7 证明$\{0^n1^n \mid n\geqslant 0\}$不是 RL。

该例的关键是,L 的句子具有以下两个主要特点:

(1) 句子中所含的字符 0 的个数与所含的字符 1 的个数相同。

(2) 所有的 0 都在所有的 1 的前面。

根据这两个特点,发现 0 和 00 不在同一个等价类中。进而由此受到启发,得出:如果 $h\neq j$,则 0^h 与 0^j 不在同一个等价类中,从而得到 R_L 的无穷多个等价类。

$[\varepsilon]$——ε 所在的等价类

$[1]$——0 所在的等价类

$[2]$——00 所在的等价类

$[3]$——000 所在的等价类

⋮

$[n]$——0^n 所在的等价类

⋮

所以,R_L 的指数是无穷的。因此,L 不是 RL 。从上述还可以看出,因为只需要说明有无穷多个等价类,所以,并没有给出每个等价类所含的全部具体元素。例如,只指出[3]代表的是 000 所在的等价类。

Myhill-Nerode 定理的如下两个推论说明接受 RL L 的最小 DFA 的存在性和同构意义下的唯一性。

推论 5-2 对于任意 RL L,如果 DFA $M=(Q,\Sigma,\delta,q_0,F)$满足 $L(M)=L$,则$|\Sigma^*/R_{L(M)}|\leqslant|Q|$。

推论 5-3 对于任意 RL L,在同构意义下,接受 L 的最小 DFA 是唯一的。

证明要点:

(1) 先证明接受 L 的最小 DFA $M=(Q,\Sigma,\delta,q_0,F)$的状态数与 R_L 的指数相同,也就是说,这个最小 DFA 的状态数与 Myhill-Nerode 定理证明中构造的 $M'=(\Sigma^*/R_L,\Sigma,\delta',[\varepsilon],\{[x]\mid x\in L\})$的状态数是相同的。

(2) 理解什么叫做两个 DFA 同构。DFA 同构是指这两个 DFA 的状态之间有一个一一对应，而且这个一一对应还保持状态转移也是相应一一对应的。也就是说，如果 q 与 $[w]$ 对应，p 与 $[z]$ 对应，当 $\delta(q,a)=p$ 时，必定有 $\delta([w],a)=[z]$。

(3) 证明这两个 DFA 是同构。为了完成此证明，首先定义映射 f，即

$$f(q)=f(\delta(q_0,x))=\delta'([\varepsilon],x)=[x]\Leftrightarrow\delta(q_0,x)=q$$

(4) 证明 f 为 Q 与 Σ^*/R_L 之间的一一对应。

(5) 证明如果 $\delta(q,a)=p$，$f(q)=[x]$，必须有 $f(p)=[xa]$。

5.3.2 DFA 的极小化

1. 知识点

(1) 求 R_L 等价类的方法含有一些难以形式化的计算，用计算机系统直接完成求解是非常困难的。

(2) 通过合并 R_M 的等价类来求出 R_L 的等价类的方法给我们一定的启示。找出接受 L 的任一个 DFA M 的所有可以合并的状态，并将它们分别合并起来。

(3) 通过进行状态合并而构造出的 DFA 与 M' 同构，所以，它就是接受 L 的最小的 DFA。

(4) 可以分别从 $set(q)$ 和 $set(p)$ 中任取一个串 x,y，通过考查对于任意 $z\in\Sigma^*$，$|z|\leqslant|Q|$，xz 和 yz 是否同时属于 L 或者同时不属于 L 来判定状态 q 和状态 p 是否可以合并。

(5) 从判定不可合并的状态对出发，可以更方便地找出可以合并的状态对。

(6) 不可合并的状态对称为是可区分的，否则是等价的——不可区分的。

2. 主要内容解读

定义 5-10 设 DFA $M=(Q,\Sigma,\delta,q_0,F)$，如果 $\exists z\in\Sigma^*$，使得 Q 中的两个状态 $\delta(q,z)\in F$ 和 $\delta(p,z)\in F$ 有且仅有一个成立，则称 p 和 q 是可以区分的(distinguishable)；否则，称 q 和 p 等价。并记作 $q\equiv p$。

这个定义是合理的。事实上，设 $z\in\Sigma^*$，$\delta(q,z)\in F$ 和 $\delta(p,z)\in F$ 有且仅有一个成立。为了确定起见，不妨假设 $\delta(q,z)\in F$ 和 $\delta(p,z)\notin F$，任取 $x\in set(q)$，$y\in set(p)$，此时

$$\delta(q_0,xz)=\delta(q,z)\in F$$
$$\delta(q_0,yz)=\delta(p,z)\notin F$$

这表明 xR_Ly 不成立，也就是说，$set(q)$ 与 $set(p)$ 不能合并到 Σ^* 关于 R_L 的一个等价类中，所以，状态 q 和状态 p 是不能合并的。

算法 5-1 DFA 的极小化算法。

输入：给定的 DFA。

输出：可区分状态表。

主要数据结构：可区分状态表；状态对关联表。

主要步骤：

(1) **for** $\forall(q,p)\in F\times(Q-F)$ **do**

　　标记可区分状态表中的表项(q,p)；　/* p 和 q 不可合并 */

(2) **for** $\forall(q,p)\in F\times F\cup(Q-F)\times(Q-F)$ 且 $q\neq p$ **do**

(3) **if** $\exists a\in\Sigma$,可区分状态表中的表项($\delta(q,a),\delta(p,a)$)已被标记 **then**

begin

(4) 标记可区分状态表中的表项(q,p);

(5) 递归地标记本次被标记的状态对的关联表上的各个状态对在可区分状态表中的对应表项

end

(6) **else for** $\forall a\in\Sigma$,**do**

(7) **if** $\delta(q,a)\neq\delta(p,a)$ 且(q,p)与($\delta(q,a),\delta(p,a)$)不是同一个状态对 **then** 将(q,p)放在($\delta(q,a),\delta(p,a)$)的关联表上。

在此算法中,如果表项(q,p)被标记,则表示 q 和 p 是可区分的,也就是不可以合并的。为了叙述和理解方便,对于可区分的状态对 q 和 p,不妨定义使 $\delta(q,z)\in F$ 和$\delta(p,z)\in F$ 有且仅有一个成立的串 z 为 q 和 p 的区分串。显然,一般地讲,如果状态 q 和 p 是可区分的,则可能有多个这样的区分串。可以将这些串中的最短的串称为区分 q 和 p 的最小区分串。算法 5-1 实际上是先找出最小区分串是空串的状态对,然后找出最小区分串的长度为 1 的状态对,……,直到找到最小区分串的长度为$|Q|-1$的状态对。算法中使用的关联表使得前面的计算结果在后面仍然有效,也就是用空间换取了时间。另外,这里所说的状态对,是不考虑它们的先后顺序的,即(p,q)与(q,p)是同一个。

定理 5-8 对于任意 DFA $M=(Q,\Sigma,\delta,q_0,F)$,$Q$ 中的两个状态 q 和 p 是可区分的充要条件是(q,p)在 DFA 的极小化算法中被标记。

证明要点:

(1) 根据对算法 5-1 的分析,如果 q 和 p 是可区分的,对 q 和 p 的最小区分串 x 的长度施归纳,证明(q,p)一定被算法标记。这与算法的标记方式是对应的。算法的第(1)行标记的是最小区分串为 ε 的状态对,也就是$|x|=0$ 的情况,这是归纳的基础。算法的第(4)和第(5)行完成的是递归标记,算法的第(7)行是为递归标记做准备。

(2) 显然,算法对可区分状态对的标记是以它们相应的最小区分串的长度从小到大进行的,所以,通过对这些可区分状态的被标记顺序施归纳,可以证明它们分别有自己的可区分串,从而说明相应的状态对是可区分的。

定理 5-9 由算法 5-1 构造的 DFA 在去掉不可达状态后,是最小 DFA。

证明要点:

按照在 Myhill-Nerode 定理中进行的分析和状态对的可区分定义,需要先根据算法构造出一个与原 DFA 等价的 DFA,然后证明新构造的 DFA 是最小的 DFA。所以,本定理的证明需要包括以下几步。

(1) 根据算法 5-1 的输入 DFA $M=(Q,\Sigma,\delta,q_0,F)$和输出的可区分状态表,构造出通过合并状态得出的 DFA $M'=(Q/\equiv,\Sigma,\delta',[q_0],F')$。状态的合并导致了除输入字母表以外的其他部分的变化,这里最关键的是

$$F'=\{[q]\mid q\in F\}$$

和对于 $\forall[q]\in Q/\equiv$,$\forall a\in\Sigma$,

$$\delta'([q],a)=[\delta(q,a)]$$

δ'的相容性证明实际上是要证明δ'不会引起如下冲突：设状态对 q 和 p 是不可区分的，也就是$[q]=[p]$，即这两个状态被合并到一个状态中。如果在 DFA M 中，有$\delta(q,a)=q'$，$\delta(p,a)=p'$，那么，q' 和 p' 也必须被相应地合并到某一个状态中，否则在 DFA M' 中，$\delta'([q],a)$因为 $\delta(q,a)=q'$有一个值，而因为 $\delta(p,a)=p'$有另外一个值，所以，此时必须有 $q'\equiv p'$。

(2) 对 $\forall x\in\Sigma^*$，施归纳于$|x|$，证明 $\delta'([q_0],x)=[\delta(q_0,x)]$。

(3) 证明 $L(M')=L(M)$。

有了 $\delta'([q_0],x)=[\delta(q_0,x)]$的结论以后，只要根据 F'的定义，就可以得到

$$\delta'([q_0],x)=[\delta(q_0,x)]\in F'\Leftrightarrow\delta(q_0,x)\in F$$

(4) 证明所构造的 M'去掉不可达状态后是最小 DFA。这里的关键是要证明在 M'中所有可达状态不能再进一步合并。即，如果$[q]\neq[p]$，则对于 $\forall x\in set([q])$，$\forall y\in set([p])$，$x\ R_L\ y$ 不成立。事实上，如果$[q]\neq[p]$，则存在 $z\in\Sigma^*$，z 区分 q 和 p，有 $\delta(q,z)=q'$和 $\delta(p,z)=p'$ 有且仅有一个是终止状态，这就是说，xz 和 yz 有且仅有一个是 L 的句子。所以，$x\ R_L\ y$ 是不成立的。

5.4 关于正则语言的判定算法

1. 知识点

(1) 一个给定的正则语言是否为空是容易判断的。这只用检查相应的 DFA 是否接受 Σ^* 中的一个长度小于相应 DFA 状态数的串。

(2) 要想判定 $L(M)$是否为无穷语言，只需看 M 是否接受长度从$|Q|$到 $2|Q|-1$ 的字符串就可以了。

(3) 存在判定 DFA M_1 与 M_2 是否等价的算法。

(4) 存在判定一个给定串 x 是否为一个给定 RL 的句子的算法。

2. 主要内容解读

定理 5-10 DFA $M=(Q,\Sigma,\delta,q_0,F)$，$L=L(M)$非空的充分必要条件是存在 $x\in\Sigma^*$，$|x|<|Q|$，$\delta(q_0,x)\in L(M)$。

证明要点：

充分性显然。

必要性：M 的状态转移图中从开始状态 q_0 到某一个终止状态 q_f 的最短路的标记 x 是 $L=L(M)$的长度小于$|Q|$的句子。这条路上不可能存在重复的状态，否则它就不是满足要求的最短路径。

定理 5-11 DFA $M=(Q,\Sigma,\delta,q_0,F)$，$L=L(M)$为无穷的充分必要条件是：存在 $x\in\Sigma^*$，$|Q|\leqslant|x|<2|Q|$，$\delta(q_0,x)\in L(M)$。

证明要点：

该定理的证明是利用 RL 的泵引理完成的。

在证充分性时，利用 $uv^iw\in L(M)$对任意的 i 成立，可以得到 $L(M)$是无穷的结论；

在证必要性时，通过反复地利用 $uv^0w\in L(M)$成立，在 $L(M)$中找到满足条件

$|Q| \leqslant |x| < 2|Q|$的 x 来。

定理 5-12 设 DFA $M_1=(Q_1,\Sigma,\delta_1,q_{01},F_1)$,DFA $M_2=(Q_2,\Sigma,\delta_2,q_{02},F_2)$,则存在判定 M_1 与 M_2 是否等价的算法。

证明要点:

分别求出 M_1 和 M_2 各自的最小 DFA,然后再判定这两个最小 DFA 是否同构。

定理 5-13 L 是字母表 Σ 上的 RL,对任意 $x \in \Sigma^*$,存在判定 x 是不是 L 的句子的算法。

证明要点:

直接用相应的 DFA 完成判定。

5.5 小 结

本章讨论了 RL 的性质。包括 RL 的泵引理,RL 关于并、乘积、闭包、补、交、正则代换、同态、逆同态等运算的封闭性。此外,讨论了 Myhill-Nerode 定理与 FA 的极小化。

(1) 泵引理。泵引理不能用来证明一个语言是 RL,而是采用反证法来证明一个语言不是 RL。

(2) RL 对有关运算的封闭性。RL 在并、乘、闭包、补、交、正则代换、同态映射运算下是有效封闭的。RL 的同态原像是 RL。

(3) 设 $L_1,L_2 \subseteq \Sigma^*$,如果 L_1 是 RL,则 L_1/L_2 也是 RL。

(4) 如果 L 是 RL,则根据 R_L 确定的 Σ^* 的等价类可以构造出接受 L 的最小 DFA。更方便的方法是通过确定给定 DFA 状态的可区分性构造出等价的最小 DFA。

(5) 存在判定 $L(M)$是非空、M_1 与 M_2 是否等价、$L(M)$是否无穷、x 是不是 RL L 的句子的算法。

5.6 典型习题解析

1. 证明关于 RL 的扩充泵引理。

设 L 为一个 RL,则存在仅依赖于 L 的正整数 N,对于 $\forall z_1z_2z_3 \in L$,如果$|z_2|=N$,则存在 u,v,w,满足:

(1) $z_2=uvw$。

(2) $|v| \geqslant 1$。

(3) 对于任意整数 $i \geqslant 0$,$z_1uv^iwz_3 \in L$。

(4) N 不大于接受 L 的最小 DFA M 的状态数。

证明:参考本书中对引理 5-1 的说明。读者需要注意的是,不可以利用引理 5-1 来完成对此题的证明。

2. 下列语言都是字母表 $\Sigma=\{0,1\}$上的语言,它们哪些是 RL,哪些不是 RL?如果不是 RL,请证明你的结论;如果是 RL,请构造出它们的有穷描述(FA,RG 或者 RE)。

(1) $\{0^{2n} | n \geqslant 1\}$。

解:是 RL。

有些初学者可能会错误地认为该语言不是 RL,并且用关于 RL 的泵引理来证明该语言不是 RL。此时就应该仔细地检查，看是在证明的什么地方出了错误，这个错误很可能就是你对泵引理不理解的地方。实际上，很容易给出此语言的 RG，RE，DFA 表示。

RE：$00(00)^*$

RG：$S\to 00|00S$

(2) $\{0^{n^2}|n\geqslant 1\}$。

解：不是 RL。

假设$\{0^{n^2}|n\geqslant 1\}$是 RL，N 是 RL 的泵引理所说的正整数，取 $z=0^{N^2}$，$v=0^k$，$0<k\leqslant N$，此时，

$$uv^iw=0^{N^2-k+ik}=0^{N^2+(i-1)k}$$

取 $i=2$，并注意到 $0<k\leqslant N$，可以得到

$$N^2<N^2+(2-1)k=N^2+k\leqslant N^2+N=N(N+1)<(N+1)^2$$

这表明，$N^2+(2-1)k=N^2+k$ 不是某个整数的平方，所以

$$uv^2w\notin\{0^{n^2}|n\geqslant 1\}$$

因与泵引理矛盾，故$\{0^{n^2}|n\geqslant 1\}$不是 RL。

(8) $\{xwx^T|x,w\in\Sigma^+\}$。

解：是 RL。

分析：这个语言的句子的本质特征是句子的长度大于或等于 3，而且注意到 w 的非空任意性，解题时可将精力集中在$|x|=1$ 的情况，也就是只需将要求归结到句子需要以相同的字符开头和结尾上，这正是本题的关键。所以，很容易得到表示该语言的正则表达式和正则文法。

RE：$0(0+1)(0+1)^*0+1(0+1)^*(0+1)1$

RG：$S\to 0A|1B$

$A\to 0A|1A|00|10$

$B\to 0B|1B|01|11$

(9) $\{xx^Tw|x,w\in\Sigma^+\}$。

解：此语言不是 RL。

这个语言似乎与(8)题所给的语言有一点类似，但它们却属于不同的语言类。实际上该语言为非正则语言的上下文无关语言。可以用关于 RL 的泵引理证明它不是 RL。这里的关键是找到一个供讨论的句子 z。

注意到句子的形式是 xx^Tw，所以，要想在“泵”的过程中找出矛盾，就应该不允许 z 的头两个字符是相同的，而且还要考虑到 z 的长度大于或等于 N，和 x 与 x^T 的对应，所以，可以用

$$z=(01)^N(10)^N1$$

进行相应的讨论。讨论中，取 $v=(01)^k$，当 $i>1$ 时，很容易找出矛盾。但是，如果取 v 为 z 的首字符 0，将不会出现与引理矛盾的现象。

一般地，取

$$z=a_1a_2\cdots a_Na_Na_{N-1}\cdots a_2a_1ax$$

此时，只要令 $v=a_1$，我们就无法找出矛盾来。这表明，关于 RL 的基本泵引理对此语言的证明是无效的。

难道此语言是 RL？在前面反复强调过，泵引理不能用来证明 L 是 RL。实际上，从 z

的形式可以看出,要想识别这类句子,DFA 需要记着目前已经读入了多少个 01,以便后面进行匹配,显然有无穷多种情况需要记忆,这与 DFA 的有穷记忆功能是矛盾的。此分析表明,该语言不可能是 RL。实际上,可以使用第 1 题证明的关于 RL 的扩充泵引理完成相应的证明。

此外,根据对 z 的分析,容易找到 Σ^* 关于 R_L 的无穷多个等价类,R_L 的指数无穷这一事实表明 L 不是 RL。

除了取 $z=(01)^N(10)^N1$ 之外,还可以取其他形式的 z 来完成相应的证明。

3. 用 RL 的扩充泵引理证明语言 $\{0^n1^m0^m \mid n,m\geqslant 1\}$ 不是 RL。

证明:取 $z=0^N1^N0^N$,$z_1=0^N$,$z_2=1^N$,$z_3=0^N$ 容易完成证明。

6. 设字母表 $\{0,1\}$ 上的语言 $L=\{x \mid x$ 中 1 的个数恰好是 0 的个数的 2 倍$\}$,求 R_L 的所有等价类。

解:注意到 L 的句子中 0 和 1 的前后顺序是没有限制的,所以,在进行等价类的计算时,只用考虑符号串中 0 的个数和 1 的个数。这里要注意的问题是不要将 0 的个数比 1 的个数多的串全部都划入同一个等价类中。相应的等价类有

$[0]=\{x \mid x$ 为 0,1 组成的串,且 x 中 0 的个数的 2 倍减去 1 的个数之差为 0$\}$

其中,空串包括在这个等价类中。

$[1]=\{x \mid x$ 为 0,1 组成的串,且 x 中 0 的个数的 2 倍减去 1 的个数之差为 1$\}$

$[-1]=\{x \mid x$ 为 0,1 组成的串,且 x 中 0 的个数的 2 倍减去 1 的个数之差为 $-1\}$

$[2]=\{x \mid x$ 为 0,1 组成的串,且 x 中 0 的个数的 2 倍减去 1 的个数之差为 2$\}$

$[-2]=\{x \mid x$ 为 0,1 组成的串,且 x 中 0 的个数的 2 倍减去 1 的个数之差为 $-2\}$

⋮

$[n]=\{x \mid x$ 为 0,1 组成的串,且 x 中 0 的个数减去 1 的个数之差为 $n\}$

$[-n]=\{x \mid x$ 为 0,1 组成的串,且 x 中 0 的个数减去 1 的个数之差为 $-n\}$

⋮

7. 用 Myhill-Nerode 定理证明第 2 题中各题的结论。

用 Myhill-Nerode 定理证明一个语言是否为 RL,关键是证明 R_L 的指数是有穷还是无穷。也就是说,它将语言所在的字母表的克林闭包是分成有穷多个等价类还是分成无穷多个等价类。当该语言是 RL 时,需要清楚地给出每一个等价类;当一个语言不是 RL 时,我们无须找出所有的等价类,也无须说明每个等价类的全部内容,只要说明有无穷多个等价类就可以了。

(3) $\{0^n1^m2^n \mid n,m\geqslant 1\}$。

解:该语言不是 RL。因为通过 0 和 00 不在同一个等价类,可以推测出 0^n 与 0^m 在 n 和 m 不相等时不会在同一个等价类中。事实上,当 $n\neq m$ 时,

$$0^n12^n\in\{0^n1^m2^n \mid n,m\geqslant 1\}$$

但是

$$0^m12^n\notin\{0^n1^m2^n \mid n,m\geqslant 1\}$$

这表明,R_L 的指数是无穷的。所以,$\{0^n1^m2^n \mid n,m\geqslant 1\}$ 不是 RL。

(8) $\{xwx^{\mathrm{T}} \mid x,w\in\Sigma^+\}$。

解:该语言是 RL,此时需要完整地给出 R_L 所确定的所有等价类。在给出这些等价类

的过程中，注意到该语言的句子的长度都至少为 3 是非常重要的。

R_L 将$\{0,1\}^*$分成如下 7 个等价类：

$[\varepsilon]=\{\varepsilon\}$

$[0]=\{0\}$

$[1]=\{1\}$

$[01]=\{x|x$ 以 0 开头，以 1 结尾，长度至少为 $2\}\cup\{00\}$

$[10]=\{x|x$ 以 1 开头，以 0 结尾，长度至少为 $2\}\cup\{11\}$

$[00]=\{x|x$ 以 0 开头，以 0 结尾，长度至少为 $3\}$

$[11]=\{x|x$ 以 1 开头，以 1 结尾，长度至少为 $3\}$

所以，R_L 的指数是有穷的，由 Myhill-Nerode 定理，$\{xwx^{\mathrm{T}}|x,w\in\Sigma^+\}$是 RL。

8. 判断下列命题，并证明你的结论。

(1) RL 的每一个子集都是 RL。

解：此结论是不对的。

显然，对于任意一个字母表，该字母表的克林闭包为 RL，这个字母表上的其他任何语言都是其克林闭包的子集，但是它们并不一定是 RL。

例如，$\{0,1\}^*$ 是 RL，但是它的子集$\{0^n1^n|n\geqslant 1\}$却不是 RL。

(2) 每一个 RL 都有一个正则的真子集。

解：结论不正确。

该命题粗看起来好像是正确的：有穷集合是 RL，而语言是一个有穷集合或者是一个无穷集合，每个集合都很容易找到一个有穷子集。但是，其中存在这样一个问题，并不是所有的有穷集合都有真子集。$\varnothing$就是这样的集合。

正则语言$\varnothing$不存在正则的真子集。

(3) $L=\{x|x=x^{\mathrm{T}}\}$是 Σ 上的正则语言。

解：结论不正确。

这与第 2 题的第(11)小题基本上是一样的，差别仅仅是这里的字母表并不是一个具体的字母表。不过，取与 $z=(01)^N(10)^N$ 类似的串，用泵引理很容易证明 L 不是 RL。另外，根据这种特殊形式的串，不难发现 R_L 将 Σ^* 划分成无穷多个等价类，所以，根据 Myhill-Nerode 定理，L 不是 RL。

9. 设 $L=\{x|x$ 中 0 的个数不等于 1 的个数$\}$是字母表$\{0,1\}$上的语言，证明 L 不是 RL。

提示：参考本章第 5 题的解法。

10. 证明：无穷多个 RL 的并不一定是 RL。即 RL 对“无穷的并运算”不封闭。

提示：一个无穷集合可以是由无穷多个有穷集合组成的。

11. 设 DFA $M_1=(Q_1,\Sigma,\delta_1,q_{01},F_1)$，DFA $M_2=(Q_2,\Sigma,\delta_2,q_{02},F_2)$，请分别构造满足如下条件的 DFA M。

这道题的求解的困难是要求构造出的 FA 是 DFA。如果是 NFA，相对要容易一些。一般地，只用给出恰当的构造方法，可以不对构造的正确性进行证明。当然，如果读者能够给出相应的等价证明就更好了。

(1) $L(M)=\Sigma L(M_1)\Sigma\cup\Sigma L(M_2)\Sigma$。

解：注意在题目给出的基本假设中，两个 DFA 有着相同的字母表 Σ，所以，对该字母表中的任何一个字符串，去掉首字符后，在这两个 DFA 中都存在从相应的开始状态到某个状态的路，这两个状态又可能都是各自的终止状态。当我们在将字符串的首字符考虑进去后，如果不考虑将这两个原有的 DFA 有机融合，未来的新 DFA 将有两条不同的路，它们都是从启动状态出发，只是最终到达不同的终止状态。这样的 FA 不可能是 DFA，所以，构造接受 $\Sigma L(M_1)\Sigma \cup \Sigma L(M_2)\Sigma$ 的 DFA 需要分成两步。首先构造出 NFA，然后再对该 NFA 进行确定化处理。

相应的 NFA $M'=(Q_1\cup Q_2\cup\{q_0,q_f\},\Sigma,\delta,q_0,\{q_f\})$，其中，$q_0,q_f\notin Q_1\cup Q_2$，对于 $\forall a\in\Sigma$，$\forall q\in Q_1-F_1$，$\forall p\in Q_2-F_2$，$\forall r\in F_1$，$\forall s\in F_2$，

$$\delta(q_0,a)=\{q_{01},q_{02}\}$$
$$\delta(q,a)=\delta_1(q,a)$$
$$\delta(p,a)=\delta_2(p,a)$$
$$\delta(r,a)=\{q_f\}\cup\delta_1(r,a)$$
$$\delta(s,a)=\{q_f\}\cup\delta_2(s,a)$$

使用一般的方法对此 NFA 进行确定化即可。

(2) $L(M)=L(M_1)\{a\}L(M_2)$，其中 $a\notin\Sigma$。

解：取 DFA $M=(Q_1\cup Q_2\cup\{t\},\Sigma\cup\{a\},\delta,q_{01},F_2)$，$t\notin Q_1\cup Q_2$，对于 $\forall b\in\Sigma$，$\forall q\in Q_1$，$\forall p\in Q_2$，

$$\delta(q,b)=\delta_1(q,b)$$
$$\delta(p,b)=\delta_2(p,b)$$

对于 $\forall q\in F_1$，

$$\delta(q,a)=q_{02}$$

对于 $\forall q\in Q_1-F_1$，$\forall p\in Q_2$，

$$\delta(q,a)=t$$
$$\delta(p,a)=t$$

对于 $\forall b\in\Sigma\cup\{a\}$，

$$\delta(t,b)=t$$

(3) $L(M)=L(M_1)\cap L(M_2)$。

解：取 $M=(Q_1\times Q_2,\Sigma,\delta,[q_{01},q_{02}],F_1\times F_2)$

对于任意 $a\in\Sigma$，$(q,p)\in Q_1\times Q_2$，

$$\delta([q,p],a)=[\delta_1(q,a),\delta_2(q,a)]$$

(4) $L(M)=L(M_1)-L(M_2)$。

解：取 $M=(Q_1\times Q_2,\Sigma,\delta,[q_{01},q_{02}],F_1\times(Q_2-F_2))$

对于任意 $a\in\Sigma$，$(q,p)\in Q_1\times Q_2$，

$$\delta([q,p],a)=[\delta_1(q,a),\delta_2(q,a)]$$

(5) $L(M)=L(M_1)\cup L(M_2)$。

解：取 $M=(Q_1\times Q_2,\Sigma,\delta,[q_{01},q_{02}],F)$

其中，

$$F=Q_1\times F_2\cup F_1\times Q_2$$

对于任意 $a\in\Sigma,(q,p)\in Q_1\times Q_2$，

$$\delta([q,p],a)=[\delta_1(q,a),\delta_2(p,a)]$$

16. 构造一个 DFA M，$L(M)=\{x000y\mid x,y\in\{0,1\}^*\}$，并且 M 中存在两个不同的状态 q 和 p，满足 $[q]=[p]$。

解：首先，按照第 3 章给出的构造 DFA 的思路以及在那里所获得的经验，读者应该比较容易地构造一个不一定满足要求的 DFA，例如在主教材的例 3-2 中，曾经是按照如下方式确定状态的：

q_0——M 的启动状态。

q_1——M 读到了一个 0，这个 0 可能是子串"000"的第一个 0。

q_2——M 在 q_1 后紧接着又读到了一个 0，这个 0 可能是子串"000"的第二个 0。

q_3——M 在 q_2 后紧接着又读到了一个 0，发现输入字符串含有子串"000"。因此，这个状态应该是终止状态。

M 的状态转移函数：

$\delta(q_0,0)=q_1$——M 读到了一个 0，这个 0 可能是子串"000"的第一个 0。

$\delta(q_1,0)=q_2$——M 又读到了一个 0，这个 0 可能是子串"000"的第二个 0。

$\delta(q_2,0)=q_3$——M 找到了子串"000"。

$\delta(q_0,1)=q_0$——M 在 q_0 读到了一个 1，它需要继续在 q_0"等待"可能是子串"000"的第一个 0。

$\delta(q_1,1)=q_0$——M 在刚刚读到了一个 0 后，读到了一个 1，表明在读入这个 1 之前所读入的 0 并不是子串"000"的第一个 0，因此，M 需要重新回到状态 q_0，以寻找子串"000"的第一个 0。

$\delta(q_2,1)=q_0$——M 在刚刚发现了 00 后，读到了一个 1，表明在读入这个 1 之前所读入的 00 并不是子串"000"的前两个 0，因此，M 需要重新回到状态 q_0，以寻找子串"000"的第一个 0。

$\delta(q_3,0)=q_3$——M 找到了子串"000"，只用读入该串的剩余部分。

$\delta(q_3,1)=q_3$——M 找到了子串"000"，只用读入该串的剩余部分。

至此，得到接受语言 $\{x000y\mid x,y\in\{0,1\}^*\}$ 的 DFA：

$M=(\{q_0,q_1,q_2,q_3\},\{0,1\},\{\delta(q_0,0)=q_1,\delta(q_1,0)=q_2,\delta(q_2,0)=q_3,\delta(q_0,1)=q_0,\delta(q_1,1)=q_0,\delta(q_2,1)=q_0,\delta(q_3,0)=q_3,\delta(q_3,1)=q_3\},q_0,\{q_3\})$

实际上，在设置这个 DFA 的状态时，是在根据 R_L 对 $\{0,1\}^*$ 的分类进行的，所以，这个 DFA 实际上是接受该语言的最小 DFA。其中，不存在可以合并的状态。但是，可以根据此 DFA 构造另一个 DFA，使得新构造出的 DFA 含有可以合并的不同状态。最简单的办法就是在已经构造出来的 DFA 的基础上增加适当的状态。

增加状态的做法有多种，甚至可以通过增加一些不可达状态，使这些状态中的某些状态是与原来的状态等价的。现在只增加一个状态，不妨把它记为 p。让这个状态与 $\{q_0,q_3\}$ 中的某个状态等价。

(1) 使 p 与 q_0 等价。

下列的 3 个 DFA 都满足要求。

$M_1=(\{q_0,q_1,q_2,q_3,p\},\{0,1\},\{\delta(q_0,0)=q_1,\delta(q_1,0)=q_2,\delta(q_2,0)=q_3,\delta(q_0,1)=$

$p,\delta(p,0)=q_1,\delta(p,1)=q_0,\delta(q_1,1)=q_0,\delta(q_2,1)=q_0,\delta(q_3,0)=q_3,\delta(q_3,1)=q_3\},q_0,\{q_3\})$

$M_2=(\{q_0,q_1,q_2,q_3,p\},\{0,1\},\{\delta(q_0,0)=q_1,\delta(q_1,0)=q_2,\delta(q_2,0)=q_3,\delta(q_0,1)=p,\delta(p,0)=q_1,\delta(p,1)=q_0,\delta(q_1,1)=p,\delta(q_2,1)=q_0,\delta(q_3,0)=q_3,\delta(q_3,1)=q_3\},q_0,\{q_3\})$

$M_3=(\{q_0,q_1,q_2,q_3,p\},\{0,1\},\{\delta(q_0,0)=q_1,\delta(q_1,0)=q_2,\delta(q_2,0)=q_3,\delta(q_0,1)=q_0,\delta(q_1,1)=p,\delta(p,0)=q_1,\delta(p,1)=q_0,\delta(q_2,1)=q_0,\delta(q_3,0)=q_3,\delta(q_3,1)=q_3\},q_0,\{q_3\})$

按照这种思路,读者可以构造出更多的、含有多个等价状态对的等价 DFA 来。在这些 DFA 中,新的状态中将存在与$\{q_1,q_2\}$中的状态等价的状态。

(2) 使 p 与 q_3 等价。

$M_4=(\{q_0,q_1,q_2,q_3,p\},\{0,1\},\{\delta(q_0,0)=q_1,\delta(q_1,0)=q_2,\delta(q_2,0)=q_3,\delta(q_0,1)=q_0,\delta(q_1,1)=q_0,\delta(q_2,1)=q_0,\delta(q_3,0)=q_3,\delta(q_3,1)=p,\delta(p,1)=q_3,\delta(p,0)=q_3\},q_0,\{q_3,p\})$

$M_5=(\{q_0,q_1,q_2,q_3,p\},\{0,1\},\{\delta(q_0,0)=q_1,\delta(q_1,0)=q_2,\delta(q_2,0)=q_3,\delta(q_0,1)=q_0,\delta(q_1,1)=q_0,\delta(q_2,1)=q_0,\delta(q_3,0)=q_3,\delta(q_3,1)=p,\delta(p,1)=p,\delta(p,0)=q_3\},q_0,\{q_3,p\})$

第 6 章 上下文无关语言

本章讨论上下文无关语言(CFL),主要包括上下文无关文法(CFG)及其生成 CFL 相关的一些问题。本章将它们分成 4 部分进行讨论。

第一部分内容是关于 CFL 的分析。这里用一种称为 CFG 派生树的形式来表示该 CFG 产生的句子的结构,这种结构与派生比起来,忽略了句型中变量的替换顺序,但却留下了表示结构的所有信息。这就是说,一棵派生树可能对应相应句型的若干个不同的派生,这些派生之间的区别就在于句型中变量被替换的顺序不同。

对一个 CFG,当规定了适当的替换顺序后,相应的派生就可以与派生树之间形成一一对应。最典型并且在句型分析中最常用的替换顺序是每次对句型中的最左变量实施替换,或者是对句型中的最右变量实施替换,前者称为最左派生,后者称为最右派生。

在某些 CFG 中,对于任意一个句子 w,w 只有唯一的一种分析结构——语法树。也就是说,它的最左和最右派生都是唯一的,那么,这个 CFG 被认为是无二义性的。否则,如果该 CFG 产生的某个句子具有至少两种不同的分析结构——至少两棵不同的语法树,也就是说,它的最左和最右派生都不是唯一的,那么,这个 CFG 被认为是二义性的。

对于 CFL L 来说,如果它的某个 CFG 不是二义性的,就很容易根据这个非二义性的 CFG 构造一个二义性的 CFG。因此,每个 CFL 都有二义性的 CFG。所以,CFG 是二义性的并不说明相应的 CFL 也是"二义性的"。对于非二义性的 CFL L,如果存在非二义性的 CFG 产生这个 L,则它的二义性的 CFG 是"不恰当的"构造所造成的。因此,只说这个 CFG 是二义性的。然而,也有这样的 CFL,它的每个 CFG 都是二义性的,也就是说,这里的二义性不是因为构造的不恰当产生的,而是语言本身所决定的,所以此时不仅说相应的 CFG 是二义性的,而且还说这个 CFL 是固有二义性的。

对应在第 2 章和第 3 章中提到的派生和归约,句子的分析有从派生树的树根开始逐渐"长"到叶子的,也有从叶子出发,逐渐"归约"到树根的。前者称为自顶向下的分析,后者称为自底向上的分析。

为了讨论句子的结构,很多时候需要讨论句子成分的结构。引进 A 子树的概念,用来表示语言的某个成分的分析,将会更方便。这就是说,树根可以表示成其他的文法符号,而不像派生树那样,根结点标的必须是 CFG 的开始符号。

关于各种派生、派生树和 A 子树,应该作为重点掌握的内容。而文法的二义性和语言的先天二义性只要能理解就可以了。

第二部分内容是 CFG 的化简。一般来说,在构造 CFG 的过程中,有时会出现一些"可有可无"的东西,它们有的是为了构造方便而引入的,有的则是无意中引入的,还有一部分则是因为使用统一的方法而引入的。这些东西对句子分析不会有帮助,相反有时还可能增加额外的麻烦。去掉这些无用的东西就是 CFG 的化简。这些化简包括:无用符号的消去,空产生式的消除,单一产生式的消除。这是本章的重点内容之一,这方面的内容注重构造方法,而第一部分的内容主要在于对派生和派生树的理解。所以,相比之下,在这里对构造的讨论会更多一些。

第三部分内容是 CFG 的范式。包括 CFG 的乔姆斯基范式(CNF)和格雷巴赫范式(GNF)。这两种形式和 RG 或多或少都有一点相似的地方。本章主要是给出 CFG 的 CNF 和 GNF 的构造方法。CNF 的构造要简单一些,GNF 则相对难一点。特别是在将 CFG 转换成 GNF 时,需要消除直接与间接左递归。相应的公式较长,而且看起来似乎还比较复杂。但其中的关键还是如何用直接的右递归去取代直接的左递归。对于这个问题,弄清楚为什么要用一种递归去代替另一种递归也是非常必要的,这有利于对替换方法的理解。这些内容应该算是本章中最难的,也是应该重点掌握的。

除了上述的 3 个部分内容以外,本章最后简单地讨论 CFG 的自嵌套特性。主要结论是自嵌套文法产生的语言可能是 RL,也可能不是 RL,但是非自嵌套的文法产生的语言一定是 RL。该结论从一定的角度指出了 RL 和 CFL 的结构特征的根本区别。这部分可以作为了解的内容。尤其是在时间不多时,可以省略。

6.1 上下文无关文法

目前,大多数高级程序设计语言的绝大多数语法特征都是上下文无关的,这使得它们的翻译系统比较容易实现。而自然语言的许多结构特征都不具有这种上下文无关的特性,加上自然语言中存在与上下文有关的更复杂语义问题,所以,处理起来要困难得多。

6.1.1 上下文无关文法的派生树

1. 知识点

(1) 简单算术表达式的典型非二义性文法 G_{exp1}。

(2) 派生树用来表达上下文无关文法产生的语言的句子结构,尤其是树的拓扑表示,更容易使人们非常直观地看到该结构。

(3) 派生树的结果是句型。

(4) 根标记为 A 的子树,称为派生子树,简称为 A 子树。

(5) 当一个结点标记为 ε,则它是叶子,并且是其父结点的唯一儿子。若无此规定,就可以在派生树中增加任意多的这类结点,导致该树变得非常复杂,给分析句型增加额外的负担。

(6) 总是对当前句型的最左变量进行替换的派生称为最左派生。最左派生对应的归约称为最右归约。

(7) 总是对当前句型的最右变量进行替换的派生称为最右派生。最右派生对应的归约称为最左归约。

(8) 根据计算机系统处理输入串的特点，称最右派生为规范派生，规范派生产生的句型称为规范句型，相应的归约称为规范归约。

(9) 每个句型都有最左派生和最右派生。

(10) 派生树与最左派生和最右派生是一一对应的，但可以对应多个不同的派生。

2. 主要内容解读

定义 6-1 设有 CFG $G=(V,T,P,S)$，G 的**派生树**(derivation tree)是满足如下条件的(有序)树(ordered tree)：

(1) 树的每个顶点有一个标记 X，且 $X \in V \cup T \cup \{\varepsilon\}$。

(2) 树根的标记为 S。

(3) 如果一个非叶子顶点 v 标记为 A，v 的儿子从左到右依次为 $v_1, v_2, \cdots, v_n$，并且它们分别标记为 $X_1, X_2, \cdots, X_n$，则 $A \rightarrow X_1 X_2 \cdots X_n \in P$。

(4) 如果 X 是一个非叶子顶点的标记，则 $X \in V$。

(5) 如果一个顶点 v 标记为 ε，则 v 是该树的叶子，并且 v 是其父顶点的唯一儿子。

有时，也称派生树为**生成树**、**分析树**(parse tree)、**语法树**(syntax tree)。

通常派生树用来表达句型的分析结构，尤其是树的拓扑表示，更是非常直观地展现出一个给定句型的结构。

除了叶子结点可以被标记为 ε 外，还要求树中的每个结点标记的都是一个语法符号——一个语法变量或者一个终极符号。因此，派生树只能是 CFG 的派生树，对于非 CFG，这种定义将无法适应。

定义 6-2 设有文法 G 的一棵派生树 T，v_1，v_2 是 T 的两个不同的顶点，如果存在顶点 v，v 至少有两个儿子，使得 v_1 是 v 的较左儿子的后代，v_2 是 v 的较右儿子的后代，则称顶点 v_1 在顶点 v_2 的左边，顶点 v_2 在顶点 v_1 的右边。

有了如此定义的顶点之间的顺序后，就可以给出叶子之间的“前”“后”顺序。从而就可以定义派生树的结果。

定义 6-3 设有文法 G 的一棵派生树 T，T 的所有叶子顶点从左到右依次标记为 X_1，$X_2, \cdots, X_n$，则称符号串 $X_1 X_2 \cdots X_n$ 为 T 的**结果**(yield)。

一般来说，一个文法有多棵派生树，它们可以有不同的结果。所以，为了明确起见，称“G 的结果为 α 的派生树”为 G 的句型 α 的派生树，简称为**句型 α 的派生树**。

另外需要注意的是，只要求非叶子顶点标记的是语法变量，并没有要求叶子顶点一定标记为 ε 和终极符号，所以，强调一个派生树的结果是一个句型。

定义 6-4 满足定义 6-1 中除了第(2)条以外各条的树称为**派生子树**(subtree)。如果这棵子树的根标记为 A，则称之为 A 子树。

定理 6-1 设 CFG $G=(V,T,P,S)$，$S \overset{*}{\Rightarrow} \alpha$ 的充分必要条件为 G 有一棵结果为 α 的派生树。

证明要点：

(1) 根据派生树的定义，以及派生步骤与派生树非叶子顶点的关系，本定理的证明可以采用归纳法。要想采用归纳法,就需要证明更一般的结果,否则,在证明过程中就无法使用归纳假设。这个更为一般的结果是,对于任意 $A \in V$,$A \stackrel{*}{\Rightarrow} \alpha$ 的充分必要条件为 G 有一棵结果为 α 的 A 子树。

(2) 充分性:对 A 子树的非叶子顶点的个数 n 施归纳,证明 $A \stackrel{*}{\Rightarrow} \alpha$ 成立。这里的关键是当讨论 A 子树有 $k+1$ 个非叶子顶点时,令根顶点 A 的儿子从左到右依次为 $v_1, v_2, \cdots, v_m$,并且它们分别标记为 $X_1, X_2, \cdots, X_m$,得到对应的产生式 $A \to X_1 X_2 \cdots X_m \in P$ 和分别以 $X_1, X_2, \cdots, X_m$ 为根、结果依次为 $\alpha_1, \alpha_2, \cdots, \alpha_m$ 的子树,并且这些子树对应下列派生:

$$X_1 \stackrel{*}{\Rightarrow} \alpha_1$$
$$X_2 \stackrel{*}{\Rightarrow} \alpha_2$$
$$\vdots$$
$$X_m \stackrel{*}{\Rightarrow} \alpha_m$$

将这些派生合起来,就得到 $\alpha = \alpha_1 \alpha_2 \cdots \alpha_m$ 的派生。

$$\begin{aligned} & A \Rightarrow X_1 X_2 \cdots X_m \\ & \stackrel{*}{\Rightarrow} \alpha_1 X_2 \cdots X_m \\ & \stackrel{*}{\Rightarrow} \alpha_1 \alpha_2 \cdots X_m \\ & \vdots \\ & \stackrel{*}{\Rightarrow} \alpha_1 \alpha_2 \cdots \alpha_m \end{aligned}$$

(3) 必要性:设 $A \stackrel{n}{\Rightarrow} \alpha$,施归纳于派生步数 n,证明存在结果为 α 的 A 子树。

(4) 图 6-3 给出了证明过程的关键部分的直观表示。

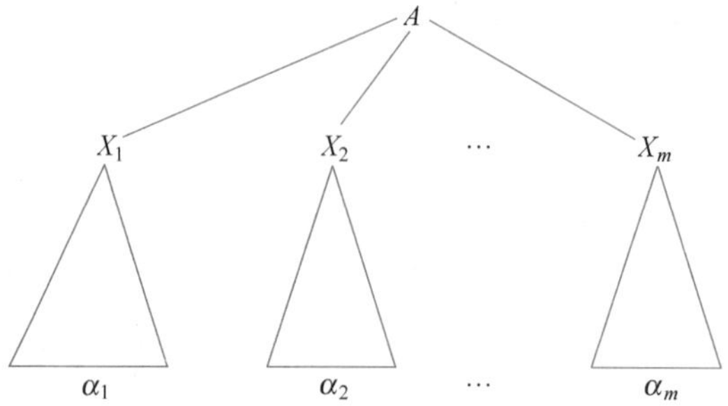

图 6-3 A 子树

定义 6-5 设有 CFG $G=(V, T, P, S)$,α 是 G 的一个句型。如果在 α 的派生过程中,每一步都是对当前句型的最左变量进行替换,则称该派生为**最左派生**(leftmost derivation),每一步所得到的句型也可称为**左句型**(left sentencial form),相应的归约称为**最右归约**(rightmost reduction);如果在 α 派生过程中,每一步都是对当前句型的最右变量进行替换,则称该派生为**最右派生**(rightmost derivation),每一步所得到的句型也可称为**右句型**(right sentencial form),相应的归约称为**最左归约**(leftmost reduction)。

根据计算机系统处理输入串的特点,称最右派生为**规范派生**(normal derivation),规范派生产生的句型称为**规范句型**(normal sentencial form),相应的归约称为**规范归约**(normal reduction)。请读者注意考虑这样一个问题:在 CFG 中,是否存在这样的文法,它的每个句型的最左派生与最右派生都是相同的。也就是说,它们的派生都是唯一的。如果存在,这种文法需要满足什么条件。

上述这些概念是句子分析的基本概念，它们在计算机高级语言翻译的讨论中会经常被使用。例如，LR 分析方法进行的就是规范归约。

定理 6-2 如果 α 是 CFG G 的一个句型，则 G 中存在 α 的最左派生和最右派生。

证明要点：施归纳于派生的步数，证明对于任意 $A \in V$，如果 $A \overset{n}{\Rightarrow} \alpha$，在 G 中，存在对应的从 A 到 α 的最左派生：$A \xRightarrow{n左} \alpha$。

当 α 是 CFG $G=(V,T,P,S)$ 的一个句型时，$S \overset{n}{\Rightarrow} \alpha$。由于 S 是 V 中的一个元素，所以，根据已经得到的结果，一定有 $S \xRightarrow{n左} \alpha$。

定理 6-3 如果 α 是 CFG G 的一个句型，α 的派生树与最左派生和最右派生是一一对应的，但是，这棵派生树可以对应多个不同的派生。

证明要点：

(1) 根据定理 6-1 的证明，句型 α 的一棵派生树可以对应多个不同的派生。

(2) 根据定理 6-2，句型 α 的任一个派生都对应一个最左派生；同样的道理，句型 α 的任一个派生也都对应一个最右派生。

(3) 用反证法证明句型 α 的一棵派生树与最左派生是一一对应的；同样的道理，句型 α 的一棵派生树与最右派生是一一对应的。

定理 6-1、定理 6-2 和定理 6-3 说明了句型的派生、派生树、最左派生、最右派生的存在。尤其是在定理 6-3 中，指出了派生树和最左派生、最右派生之间的一一对应关系。值得注意的是，并没有说句型和派生树之间存在一一对应的关系，从而也就没有说句型与最左派生之间，以及与最右派生之间有一一对应关系。实际上，对非二义性文法来说，这种一一对应关系是存在的，而对二义性文法来说，这种一一对应关系对有的句型是不存在的。所有这些表明，句型的结构特征可以用派生树清楚地表现出来。换句话说，一个句型可以有多个不同派生，而派生树表现出来的正是这些派生的本质内容。

下面再基于同一棵派生树进一步地讨论派生和最左、最右派生的关系。实际上，当一个句型有多个派生对应同一个派生树时，这些派生的区别可能仅仅是句型中变量的替换顺序不同罢了，当限制了句型中变量的替换顺序以后，派生就被唯一的确定下来。句型的最左派生和最右派生就是被确定了变量的替换顺序的派生。

6.1.2 二义性

1. 知识点

(1) 句型和派生树不一定有一一对应的关系。

(2) 如果文法 G 有一个句子至少有两棵不同的派生树，则称 G 是二义性的。否则，称 G 为非二义性的。

(3) 一个语言可以有不同的文法，它们有的是非二义性的，有的是二义性的。

(4) 简单算术表达式的非二义性文法和二义性文法。

(5) 一般来讲，在语言翻译系统中，文法的二义性是有害的，应该消除这种二义性，以便使句子能够准确地表达作者的意思。

(6) 没有一个一般的方法来证明一个文法是不是二义性的。也就是说，判定任给 CFG

是否为二义性的问题是一个不可解的问题。

(7) 可以通过改造文法而消除某些文法的二义性,也可以在实现系统中引进适当的约定来消除文法的二义性。

(8) 存在先天二义性的CFL。

2. 主要内容解读

简单算术表达式的文法 G_{exp1} 和 G_{exp2} 是等价的,但是,文法 G_{exp1} 是非二义性的,文法 G_{exp2} 是二义性的。其主要原因是前者通过设置不同的语法变量表现出了+、−、∗、/、↑运算的优先级。在该文法中,产生式 $F \rightarrow F \uparrow P$ 表达出"↑"的结果是一个因子,产生式组 $T \rightarrow T * F \mid T/F \mid F$ 表明因子才能参加"∗"和"/"运算,也就是说,"↑"运算必须在"∗"和"/"之前执行,在得到结果之后,作为 F 才能参加"∗"和"/"运算,"∗"和"/"与"+"和"−"的关系类似。在文法 G_{exp2} 中,这些运算都成了平等的,正是这种平等造成了该文法的二义性。这种平等是由产生式组 $E \rightarrow E+E \mid E-E \mid E/E \mid E*E \mid E \uparrow E$ 给出的。注意,文法中的符号"↑"表示幂运算,该运算有时候用双星号"∗∗"表示。

$$
\begin{aligned}
G_{\text{exp1}}:\ & E \rightarrow E+T \mid E-T \mid T \\
& T \rightarrow T * F \mid T/F \mid F \\
& F \rightarrow F \uparrow P \mid P \\
& P \rightarrow (E) \mid N(L) \mid \text{id} \\
& N \rightarrow \text{sin} \mid \text{cos} \mid \text{exp} \mid \text{abs} \mid \text{log} \mid \text{int} \\
& L \rightarrow L, E \mid E \\
G_{\text{exp2}}:\ & E \rightarrow E+E \mid E-E \mid E/E \mid E*E \mid E \uparrow E \mid (E) \mid N(L) \mid \text{id} \\
& N \rightarrow \text{sin} \mid \text{cos} \mid \text{exp} \mid \text{abs} \mid \text{log} \mid \text{int} \\
& L \rightarrow L, E \mid E
\end{aligned}
$$

建议读者能够较好地掌握这两个文法,它们对文法的理解以及在今后的学习和工作中都是有用的。为了使读者更好地理解这两个文法,在这里给出这两个文法的语法变量的名字代表的具体意思。

E——表达式(expression)。

T——项(term)。

F——因子(factor)。

P——初等量(primary)。

N——函数名(name of function)。

L——列表(list)。

id——标识符(identifier)。

定义 6-6 设有CFG $G=(V,T,P,S)$,如果存在 $w \in L(G)$,w 至少有两棵不同的派生树,则称 G 是二义性的(ambiguity);否则,G 为非二义性的。

首先请读者注意,我们是通过派生树来定义二义性的,而非CFG没有派生树,所以,这个定义仅仅对CFG有效。在本书的讨论中,二义性指的是CFG的二义性。在非CFG中,同样也会有通常意义下的"二义性",关于非CFG的二义性读者可以自行考虑,这里只给一个例子。例如,如下文法就具有通常意义下的"二义性"。

$$\begin{aligned} G_{CSG}: & S \to aBCd \mid aDCd \\ & aB \to cd \\ & Cd \to bc \\ & aDCd \to cdbc \end{aligned}$$

不难看出，虽然 $L(G_{CSG})=\{cdbc\}$，但是，根据这个文法，句子 $cdbc$ 却有两个“完全不同的派生”，这两个“完全不同的派生”实际上给出了这个句子两种“完全不同的解释”，所以，在通常意义下，这个文法是“二义性”的。

有的语言是没有非二义性文法的，$L_{ambiguity}=\{0^n1^n2^m3^m \mid n,m\geqslant 1\}\cup\{0^n1^m2^m3^n \mid n,m\geqslant 1\}$ 就是没有非二义性文法的语言。直观地，该语言由 $\{0^n1^n2^m3^m \mid n,m\geqslant 1\}$ 和 $\{0^n1^m2^m3^n \mid n,m\geqslant 1\}$ 两部分组成，这两部分有不同的结构要求。$\{0^n1^n2^m3^m \mid n,m\geqslant 1\}$ 要求 0 和 1 的个数一样多，2 和 3 的个数一样多，而 $\{0^n1^m2^m3^n \mid n,m\geqslant 1\}$ 要求 0 和 3 的个数一样多，1 和 2 的个数一样多。这样，在文法中就需要两个产生式组分别表示这两部分。注意到这两部分要求句子中 0、1、2、3 出现的顺序都是相同的，因此，当句子中的 0、1、2、3 的个数都相等时，它将同时满足两种结构的要求。这类句子的一般形式为 $0^n1^n2^n3^n$。

在给定 CFG 之后，读者很容易画出这种句子的两个最左派生对应的不同派生树。因此，G 是二义性的。实际上对于 $L_{ambiguity}$ 中形如 $0^n1^n2^n3^n(n\geqslant 1)$ 的句子，都有不同的派生树存在。可以证明，语言 $L_{ambiguity}$ 不存在非二义性的文法。

定义 6-7 如果语言 L 不存在非二义性文法，则称 L 是固有二义性的(inherent ambiguity)，又称 L 是先天二义性的。

文法可以是二义性的，语言可以是固有二义性的。而且一般不说文法是固有二义性的，也不说语言是二义性的。

文法的二义性是不利于语言的处理的，尤其是在计算机高级语言的翻译中，会导致一些句子成分的二义性，当翻译系统所认定的意思与程序的作者所希望表达的意思不同时，会使程序无法获得希望的结果。所以，一般来讲，在语言的翻译系统中，文法的二义性是有害的，应该消除，以保证使句子能够准确地表达作者的意思。

有一些消除文法的二义性的方法。当然，一般会希望通过对文法进行改造，来直接消除文法的二义性。但是，有时这样做会使文法变得比较复杂。例如，G_{exp1} 就比 G_{exp2} 要复杂许多。在相应系统的实现中，人们往往采用其他的辅助信息来解决文法的二义性问题。仍然以 G_{exp2} 为例，在遇到类似“+”和“*”时，可以根据算符的优先级来决定先执行什么运算。也就是说，用一些语法符号的优先级作为消除二义性的辅助信息。此外，还可以给一些其他的约定，当出现二义性时，按照事先的约定进行处理。除了“算符优先级”外，还可以约定“最长匹配”或“最短匹配”等处理二义性的原则，也可以通过设置标志来消除二义性。

6.1.3 自顶向下的分析和自底向上的分析

1. 知识点

(1) 自顶向下的分析对应于派生过程。

(2) 自底向上的分析对应于归约过程。

2. 主要内容解读

句子的派生和归约过程分别对应于句子自顶向下的分析和自底向上的分析过程。在处理具体问题时,会遇到一系列的问题,对问题采用不同的处理办法将会对应不同的具体方法。例如:递归子程序法、预测分析法、算符优先分析法、LR 分析法等。

实际上,自顶向下的分析和自底向上的分析不仅仅在句子分析的过程中使用。更重要的是,这种分析方法所含的基本思想可以广泛地用于一系列的问题求解中,尤其是作为系统分析的两种重要方法,它们在大型系统的分析和设计中将会发挥更重要的作用。

对应到系统设计,有自顶向下的设计和自底向上的设计。它们虽然与这里讲的自顶向下的分析和自底向上的分析不同,但基本思想是相同的,请读者对这个问题进行深入考虑。

6.2 上下文无关文法的化简

文法中可能存在对语言没有贡献的文法符号,这些符号不会出现在语言的任何句子中,也不会出现在语言的任何句子的派生过程中,所以,这些符号是"无用的",进而,含有这些符号的产生式也就成了无用的。

形如 $A\rightarrow\varepsilon$ 的产生式在派生非空句子的过程中增加了额外的负担,有时它们会导致系统实现的困难,所以,应该尽可能删掉这种产生式,但是,简单地删除形如 $A\rightarrow\varepsilon$ 的产生式是不行的,需要在删除这些产生式的同时,做出适当的处理,以保证改造后的文法与原来的文法等价。

形如 $A\rightarrow B$ 的单一产生式是另一种需要删除的产生式,需要删除这种产生式的原因是显而易见的。与删除形如 $A\rightarrow\varepsilon$ 的产生式需要同时做出适当的处理类似,在删除单一产生式时,也要为保证改造后的文法与原来的文法等价而进行适当的处理。

6.2.1 去无用符号

1. 知识点

(1) 文法 G 的任意符号 X 是有用的充分必要条件为,存在 $w\in L(G)$,$\alpha,\beta\in(V\cup T)^*$,使得 $S\overset{*}{\Rightarrow}\alpha X\beta\overset{*}{\Rightarrow}w$。$X$ 既可能是终极符号,也可能是语法变量。

(2) 为了处理方便,将上述条件拆分成两个:

① 存在 $w\in T^*$,使得 $X\overset{*}{\Rightarrow}w$。

② $\alpha,\beta\in(V\cup T)^*$,使得 $S\overset{*}{\Rightarrow}\alpha X\beta$。

(3) 消除文法的无用符号的算法,必须逐个地考查 $V\cup T$ 中的所有符号,确认它们是否有用。

(4) 依次用算法 6-1 和算法 6-2 处理给定的文法,可以删除文法中的无用符号。

2. 主要内容解读

定义 6-8 设有 CFG $G=(V,T,P,S)$。

对于任意 $X\in V\cup T$,如果存在 $w\in L(G)$,X 出现在 w 的派生过程中,即存在

$\alpha, \beta \in (V \cup T)^*$，使得

$$S \stackrel{*}{\Rightarrow} \alpha X \beta \stackrel{*}{\Rightarrow} w$$

则称 X 是有用的；否则，称 X 是无用符号(useless symbol)。

算法 6-1

输入：CFG $G=(V,T,P,S)$。

输出：CFG $G'=(V',T,P',S)$，其中，V'中不含派生不出终极符号行的变量。此外，有 $L(G')=L(G)$。

主要步骤：

(1) OLDV $=\varnothing$；

(2) NEWV $=\{A \mid A \to w \in P$ 且 $w \in T^*\}$；

(3) **while** OLDV$\neq$NEWV **do**

begin

(4) OLDV=NEWV；

(5) NEWV=OLDV$\cup\{A \mid A \to \alpha \in P$ 且 $\alpha \in (T \cup$ OLDV$)^*\}$；

end

(6) V'=NEWV；

(7) $P'=\{A \to \alpha \mid A \to \alpha \in P$ 且 $A \in V'$ 且 $\alpha \in (T \cup V')^*\}$

该算法用来删除文法中所有派生不出终极符号行的语法变量。由于终极符号是自然满足要求的，所以，算法 6-1 不对它们进行处理。

算法的第(2)条语句用来取出所有可以直接派生出终极符号行的变量，构成集合 NEWV 的初值。当文法产生的语言非空时，这个集合是非空的。由于 OLDV 的初值为空，这使得条件 OLDV$\neq$NEWV 成立。因此，第(3)条语句控制的循环可以进行。

第(3)条语句控制的循环对 NEWV 进行迭代更新。第一次循环致力于将那些恰经过两步可以派生出终极符号行的变量放入 NEWV；第二次循环致力于将那些恰经过 3 步和某些至少经过 4 步可以派生出终极符号行的变量放入 NEWV；……；第 n 次循环致力于将那些恰经过 n 步和某些至少经过 $n+1$ 步可以派生出终极符号行的变量放入 NEWV。这个循环一直进行下去，直到所给文法 G 中的所有可以派生出终极符号行的变量都被放入 NEWV 中。实际上，读者不难看出，这个循环至多进行$|V|-1$次。

之所以说“第 n 次循环将那些恰经过 n 步和某些至少经过 $n+1$ 步可以派生出终极符号行的变量放入 NEWV”，是因为既有类似于

$$A_1 \to a_1 A_2$$
$$A_2 \to a_2 A_3$$
$$\vdots$$
$$A_n \to a_n A_{n+1}$$
$$A_{n+1} \to a_{n+1}$$

的情况存在，也有类似于

$$A_1 \to a_1 A_2 A_2 A_3$$
$$A_2 \to a_2 A_3$$
$$\vdots$$
$$A_n \to a_n A_{n+1}$$
$$A_{n+1} \to a_{n+1}$$

的现象出现,如果第二种现象出现,并且没有“更快的途径”使 A_1 派生出终极符号行,则 A_1 将在第 n 次循环中被放入 NEWV,虽然它经过 n 步是派生不出终极符号行的。

第(7)条语句用来删除原始产生式集合 P 中所有含有被删除变量的产生式。

定理 6-4 算法 6-1 是正确的。

证明要点:首先证明对于任意 $A \in V$,A 被放入 V' 中的充要条件是存在 $w \in T^*$,$A \overset{n}{\Rightarrow} w$。再证所构造出的文法是等价的。

(1) 对 A 被放入 NEWV 的循环次数 n 施归纳,证明必存在 $w \in T^*$,满足 $A \overset{+}{\Rightarrow} w$。

(2) 施归纳于派生步数 n,证明如果 $A \overset{n}{\Rightarrow} w$,则 A 被算法放入到 NEWV 中。实际上,对主教材所给的证明进行分析,同时考虑算法 6-1 的实际运行,可以证明,A 是在第 n 次循环前被放入到 NEWV 中的。

(3) 证明 $L(G')=L(G)$:由于 G' 是通过将 G 中的某些变量和相关的产生式删除之后得到的,显然有 $L(G') \subseteq L(G)$,所以只需证明 $L(G) \subseteq L(G')$。

算法 6-2

输入:CFG $G=(V,T,P,S)$。

输出:CFG $G'=(V',T',P',S)$,其中,$V' \cup T'$ 中的符号必在 G 的某个句型中出现。此外,有 $L(G')=L(G)$。

主要步骤:

(1) OLDV $=\varnothing$;

(2) OLDT $=\varnothing$;

(3) NEWV $=\{S\} \cup \{A \mid S \to \alpha A \beta \in P\}$;

(4) NEWT $=\{a \mid S \to \alpha a \beta \in P\}$;

(5) **while** OLDV $\neq$ NEWV 或者 OLDT $\neq$ NEWT **do**

　　begin

(6) 　　OLDV $=$ NEWV;

(7) 　　OLDT $=$ NEWT;

(8) 　　NEWV $=$ OLDV $\cup \{B \mid A \in$ OLDV 且 $A \to \alpha B \beta \in P$ 且 $B \in V\}$;

(9) 　　NEWT $=$ OLDT $\cup \{a \mid A \in$ OLDV 且 $A \to \alpha a \beta \in P$ 且 $a \in T\}$;

　　end

(10) $V'=$ NEWV;

(11) $T'=$ NEWT;

(12) $P'=\{A \to \alpha \mid A \to \alpha \in P$ 且 $A \in V'$ 且 $\alpha \in (T' \cup V')^*\}$

该算法用来删除文法中所有不会出现在任何句型的派生中的语法符号,包括语法变量和终极符号。算法从开始符号 S 出发,按照派生过程,将所有的在某个句型的派生中出现的变量放入 NEWV,而将所有的在某个句型的派生中出现的终极符号放入 NEWT。

对于任意文法来说,S 是个句型,所以,S 直接派生出来的符号串都是句型。因此,所有的 S 产生式中含的符号都满足“在某个句型的派生中出现”的条件。算法的第(3)条语句用来将 S 产生式中出现的语法变量放入 NEWV,而算法的第(4)条语句用来将 S 产生式中出现的终极符号放入 OLDV。由于算法的第(1)和第(2)两条语句分别将 OLDV 和 OLDT 的初值置为空,这使得条件“OLDV$\neq$NEWV 或者 OLDT$\neq$NEWT”成立。因此,第(5)条语句控制的循环可以进行。

第(5)条语句控制的循环对 NEWV 和 NEWT 进行迭代更新。第一次循环分别由第(8)条语句和第(9)条语句将那些出现在恰经过两步和某些经过至少 3 步派生出的句型中的变量和终极符号分别放入 NEWV 和 NEWT;第二次循环由第(8)条语句和第(9)条语句将那些出现在恰经过 3 步和某些至少经过 4 步可以派生出的句型中的变量和终极符号分别放入 NEWV 和 NEWT;……;第 n 次循环由第(8)条语句和第(9)条语句将那些出现在恰经过 n 步和某些至少经过 $n+1$ 步可以派生出的句型中的变量和终极符号分别放入 NEWV 和 NEWT。这个循环一直进行下去,直到所给文法 G 中的所有可以出现在某个句型中的语法变量和终极符号都被分别放入 NEWV 和 NEWT 中。实际上,由于派生只进行对句型中语法变量的替换,任意被算法 6-2 接受的语法变量最迟是在第 $|V|-2$ 次循环中被放入 NEWV 的,因此,任意被算法 6-2 接受的终极符号最迟是在第 $|V|-1$ 次循环中被放入 NEWT 的。这样一来,这个循环也至多进行 $|V|-1$ 次。

算法的第(12)条语句用来删除原始产生式集合 P 中所有的含有被删除的语法变量和终极符号的产生式。

定理 6-5 算法 6-2 是正确的。

证明要点:首先,证明语法符号 X 被算法放入 NEWV 或者 NEWT 的充分必要条件是存在 $\alpha,\beta\in(\text{NEWV}\cup\text{NEWT})^*$,使得 $S\stackrel{*}{\Rightarrow}\alpha X\beta$。然后,证明 $L(G')=L(G)$。

(1) 施归纳于派生步数 n,证明如果 $S\stackrel{n}{\Rightarrow}\alpha X\beta$,则当 $X\in V$ 时,X 在算法中被语句(3)或者语句(8)放入 NEWV;当 $X\in T$ 时,它在算法中被语句(4)或者语句(9)放入 NEWT。

(2) 对循环次数 n 施归纳,证明如果 X 被放入 NEWT 或者 NEWV 中,则必定存在 α,$\beta\in(\text{NEWV}\cup\text{NEWT})^*$,使得 $S\stackrel{n}{\Rightarrow}\alpha X\beta$。

(3) 最后,证明 $L(G')=L(G)$。

定理 6-6 对于任意 CFL L,$L\neq\varnothing$,存在不含无用符号的 CFG G,使得 $L(G)=L$。

证明要点:依次用算法 6-1 和算法 6-2 对文法进行处理,可以得到等价的不含无用符号的文法。

6.2.2 去 ε-产生式

1. 知识点

(1) 形如 $A\to\varepsilon$ 的产生式称为 ε-产生式。

(2) 如果 $A\stackrel{+}{\Rightarrow}\varepsilon$,则称 A 为可空变量。

(3) 逐个地考查每一个产生式的右部,对应可空变量派生出空串的不同组合情况,构造不同的产生式。

(4) 在构造过程中,不可产生新的 ε-产生式。

(5) 在去 ε-产生式的过程中,既可能产生后面将讨论的单一产生式,又可能产生一些新的无用符号。

2. 主要内容解读

定义 6-9 形如 $A\to\varepsilon$-的产生式称为ε-产生式(ε-production),又称为空产生式(null production),对于文法 $G=(V,T,P,S)$ 中的任意变量 A,如果 $A\stackrel{+}{\Rightarrow}\varepsilon$,则称 A 为可空

(nullable)变量。

所谓可空变量,就是可以派生出空串 ε 的变量。显然,这些变量之所以可以派生出 ε,最根本的原因是给定的 CFG 中存在 ε-产生式。之所以说是"最根本原因",是因为可能存在如下情况:

$$S \rightarrow ABS \mid AB0$$
$$A \rightarrow CA \mid CBC$$
$$B \rightarrow 2 \mid \varepsilon$$
$$C \rightarrow 1C \mid \varepsilon$$

此时,因为有 $B \rightarrow \varepsilon$ 和 $C \rightarrow \varepsilon$,所以,变量 B 和 C 都可以直接派生出 ε 来,下列派生则表明 A 也可以派生出 ε 来。

$A \Rightarrow CBC$	使用产生式 $A \rightarrow CBC$
$\Rightarrow BC$	使用产生式 $C \rightarrow \varepsilon$
$\Rightarrow C$	使用产生式 $B \rightarrow \varepsilon$
$\Rightarrow \varepsilon$	使用产生式 $C \rightarrow \varepsilon$

所以,A,B,C 都是可空变量。这样一来,在产生式 $S \rightarrow ABS$ 中,变量 A 和 B 都有可能经过将来的派生而变成 ε。当然,由于 A 除了可以派生出 ε 外,还可以派生出 121,或者 1121,或者 11211,……,等非空串,所以,不能简单地将 $S \rightarrow ABS$ 中的 A 删去,而是要考虑表达出 A 产生 ε 和 A 不产生 ε 的情况。对变量 B 也类似,从而根据 $S \rightarrow ABS$ 可得到如下产生式:

$S \rightarrow ABS$	对应 A 和 B 均不派生出 ε 的情况
$S \rightarrow BS$	对应 A 派生出 ε,B 不派生出 ε 的情况
$S \rightarrow AS$	对应 B 派生出 ε,A 不派生出 ε 的情况
$S \rightarrow S$	对应 A 和 B 均派生出 ε 的情况

同理,根据 $S \rightarrow AB0$ 可得到如下产生式:

$S \rightarrow AB0$	对应 A 和 B 均不派生出 ε 的情况
$S \rightarrow B0$	对应 A 派生出 ε,B 不派生出 ε 的情况
$S \rightarrow A0$	对应 B 派生出 ε,A 不派生出 ε 的情况
$S \rightarrow 0$	对应 A 和 B 均派生出 ε 的情况

根据 $A \rightarrow CA$ 可得到如下产生式:

$A \rightarrow CA$	对应 A 和 C 均不派生出 ε 的情况
$A \rightarrow C$	对应 A 派生出 ε,C 不派生出 ε 的情况
$A \rightarrow A$	对应 C 派生出 ε,A 不派生出 ε 的情况

显然,$S \rightarrow S$,$A \rightarrow A$ 将自身变为自身,因此是没有用的,这个问题将留到后面讨论。另外,还有 A 和 C 均派生出 ε 的情况,这种情况我们需要用 $A \rightarrow \varepsilon$ 表示,它是一个新的 ε-产生式,所以不能添加此产生式。请读者考虑,这样一来是否会造成新构造的文法与原文法不等价。通过类似的讨论,有如下结果。

根据 $A \rightarrow CBC$,可得如下产生式:

$A \rightarrow CBC$	对应 B 和 C 均不派生出 ε 的情况
$A \rightarrow BC$	对应第一个 C 产生 ε,B 和第二个 C 均不派生出 ε 的情况
$A \rightarrow CB$	对应第二个 C 产生 ε,B 和第一个 C 均不派生出 ε 的情况

$A \to CC$　　对应 B 产生 ε 和两个 C 均不派生出 ε 的情况

$A \to C$　　对应第一个 C 不产生 ε,B 和第二个 C 均派生出 ε 的情况

$A \to B$　　对应 B 不产生 ε 和两个 C 均派生出 ε 的情况

$A \to C$　　对应第二个 C 不产生 ε,B 和第一个 C 均派生出 ε 的情况

注意到 $A \to C$ 与 $A \to C$ 是一样的,所以,只需要保留其中的一个即可。

根据 $C \to 1C$,可得如下产生式:

$C \to 1C$　　对应右部的 C 不产生 ε 的情况

$C \to 1$　　对应右部的 C 产生 ε 的情况

这样,可以得到如下不含 ε 产生式的等价的文法:

$S \to ABS \mid BS \mid AS \mid S \mid AB0 \mid B0 \mid A0 \mid 0$　　所有的 S 产生式

$A \to CA \mid C \mid A \mid CBC \mid BC \mid CB \mid CC \mid C \mid B$　　所有的 A 产生式

$B \to 2$　　所有的 B 产生式

$C \to 1C \mid 1$　　所有的 C 产生式

算法 6-3　求 CFG G 的可空变量集 U。

输入:CFG $G=(V,T,P,S)$。

输出:G 的可空变量集 U。

主要步骤:

(1) OLDU=$\varnothing$;

(2) NEWU=$\{A \mid A \to \varepsilon \in P\}$;

(3) **while** NEWU≠OLDU **do**

　　begin

(4)　　OLDU =NEWU;

(5)　　NEWU=OLDU $\cup$ $\{A \mid A \to \alpha \in P$ 并且 $\alpha \in \text{OLDU}^*\}$;

　　end

(6) U=NEWU

该算法递归地查找 CFG G 中所含的可空变量,分别用 OLDU 和 NEWU 表示已知的可空变量组成的集合和根据此集合求出的新的可空变量集。相应地,使用条件 NEWU≠OLDU 实现循环控制。因此,算法的第(1)行将变量 OLDU 置为空集;算法的第(2)行将所有的直接(一步)可以派生出 ε 的变量放入 NEWU。显然,如果文法中不存在可以直接派生出 ε 的变量,该文法就不可能含有非直接派生出 ε 的变量。算法的第(4)行、第(5)行用来实现递归。由于 OLDU 中的变量都是可空变量,所以,由它们组成的串一定可以派生出 ε——对应于该串中的每一个变量出现都派生为 ε。这就是当条件"$A \to \alpha \in P$ 并且 $\alpha \in \text{OLDU}^*$"成立时,表明变量 A 为可空变量,因此,将变量 A 放入集合 NEWU。

定理 6-7　对于任意 CFG G,存在不含 ε-产生式的 CFG G',使得

$$L(G')=L(G)-\{\varepsilon\}$$

证明要点:由于算法 6-3 仅仅是求出一个给定文法的所有可空变量,所以,对于任意给定的 CFG $G=(V,T,P,S)$,需要先用算法 6-3 求出 G 的可空变量集 U。然后再用上述例子所给的类似的方法求出相应的产生式集。求产生式集合的一般方法如下:

对于 $\forall A \to X_1X_2\cdots X_m \in P$,则将 $A \to \alpha_1\alpha_2\cdots\alpha_m$ 放入 P',其中,

if $X_i \in U$ **then** $\alpha_i = X_i$ 或者 $\alpha_i = \varepsilon$;

if $X_i \notin U$ **then** $\alpha_i = X_i$;

要求:在同一产生式中,$\alpha_1, \alpha_2, \cdots, \alpha_m$ 不能同时为ε。

注意到在进行文法改造的过程中并没有引进任何新的变量,而需要考虑的又只是非空串的产生,所以,证明 $L(G') = L(G) - \{\varepsilon\}$ 的关键是证明这两个文法中的任何一个变量在这两个文法中都可以产生相同的终极符号行集。也就是证明对于任意 $w \in T^+$,$A \underset{G}{\overset{n}{\Rightarrow}} w$ 的充分必要条件是 $A \underset{G'}{\overset{m}{\Rightarrow}} w$。

必要性:设 $A \underset{G}{\overset{n}{\Rightarrow}} w$,施归纳于 n,证明 $A \underset{G'}{\overset{m}{\Rightarrow}} w$ 成立。关键是将 w 拆成 $w_1 w_2 \cdots w_m$,这里的 $w_1, w_2, \cdots, w_m$ 均是非空串。这既符合 CFG 派生的"上下文无关性",又可以使用归纳假设。

充分性:设 $A \underset{G'}{\overset{m}{\Rightarrow}} w$,施归纳于 m,证明 $A \underset{G}{\overset{n}{\Rightarrow}} w$ 成立。需要注意的是 G' 中没有产生空的派生,而在 G 中如果要产生相应的串 w,可能会需要一系列的产生空串的派生,这实际上就归结为产生式的对应问题。

6.2.3 去单一产生式

1. 知识点

(1) 形如 $A \to B$ 的产生式称为单一产生式。

(2) 可以有效地去掉文法中的单一产生式。

(3) 去单一产生式可能产生新的无用符号。

(4) 去ε-产生式可能产生新的单一产生式和新的无用符号。

2. 主要内容解读

定义 6-10 形如 $A \to B$ 的产生式称为单一产生式(unit production)。

按照这个定义,形如 $A \to A$ 的产生式也是单一产生式。由于这种产生式明显是没有实际意义的,所以,人们不会在设计文法时给出这种产生式。但是,在对文法的处理过程中,有时也会出现这种产生式。例如,在 6.2.2 节中,在消除ε-产生式的过程中,就有可能产生这种产生式。当然,在那里可以做出进一步的处理:当遇到形如 $A \to A$ 的产生式时,就直接删掉它。在其他情况遇到 $A \to A$ 时,可以进行类似的处理,这样就无须在去单一产生式时再考虑这种类型的产生式了。

定理 6-8 对于任意 CFG G,$\varepsilon \notin L(G)$,存在等价的 CFG G_1,G_1 不含无用符号、ε-产生式和单一产生式。

证明要点:本定理的叙述是希望将定理 6-6(去无用符号)、定理 6-7(去ε-产生式)和去单一产生式的"工作"结合起来,给一个综合的结论。因此,可以称满足本定理的 CFG 为化简过的文法。由于去无用符号和去ε-产生式的结论已有了,所以这里只讨论去单一产生式的问题。

(1) 构造 G_2,满足 $L(G_2) = L(G)$,并且 G_2 中不含单一产生式。

构造的基本思想是用非单一产生式 $A_1 \to \alpha$ 取代 $A_1 \underset{G}{\overset{*}{\Rightarrow}} A_n \Rightarrow \alpha$ 用到的产生式系列:$A_1 \to$

$A_2, A_2 \to A_3, \cdots, A_{n-1} \to A_n, A_n \to \alpha$。其中，$A_1 \to A_2, A_2 \to A_3, \cdots, A_{n-1} \to A_n$ 都是单一产生式（$n \geqslant 1$），$A_n \to \alpha$ 不是单一产生式，所以，它将被保留在 G_2 中。不难设计出一个有效算法完成的 G_2 构造。

（2）证明 $L(G_2)=L(G)$。

证明的基本思想是用非单一产生式 $A_1 \to \alpha$ 所完成的派生 $A_1 \Rightarrow \alpha$ 与产生式系列 $A_1 \to A_2, A_2 \to A_3, \cdots, A_{n-1} \to A_n, A_n \to \alpha$ 所完成的派生 $A_1 \overset{*}{\underset{G}{\Rightarrow}} A_n \Rightarrow \alpha$ 相对应。由于在原来的文法中可能会出现一个变量在派生过程中循环出现的问题，所以，在设 $w \in L(G)$，证明 $w \in L(G_2)$ 的过程中，要取 w 在 G 中的一个最短的最左派生

$$S=\alpha_0 \underset{G}{\Rightarrow} \alpha_1 \underset{G}{\Rightarrow} \alpha_2 \underset{G}{\Rightarrow} \cdots \underset{G}{\Rightarrow} \alpha_n = w$$

（3）删除 G_2 中的无用符号。

由于在删除单一产生式后，文法中可能出现新的无用符号，因此，还需要再次删除新出现的无用符号。例如，文法 $A_1 \to A_2, A_2 \to a$ 在去单一产生式后就产生无用符号 A_2。

此外，在去 ε-产生式后可能会产生新的单一产生式，也可能会引进新的无用符号。这是值得注意的。

6.3 乔姆斯基范式

1. 知识点

（1）形式上满足一定规范形式要求的文法称为范式文法，这种规范文法会给语言的分析和处理带来很大的方便。

（2）只含形如 $A \to BC$ 和 $A \to a$ 的产生式的 CFG 为 CNF。

（3）除了 ε-产生式外，任何 CFG 中的所有产生式都可以化为形如 $A \to B_1 B_2 \cdots B_m$ 和 $A \to a$ 的产生式。

（4）在规定的情况下，产生式 $A \to B_1 B_2 \cdots B_m$ 与产生式组 $\{A \to A_1 B_1, B_1 \to A_2 B_2, \cdots, B_{m-2} \to A_{m-1} A_m\}$ 等价。

（5）CNF 可以产生任何不含语句 ε 的 CFL。

2. 主要内容解读

定义 6-11 如果 CFG $G=(V, T, P, S)$ 中所有产生式都具有形式：

$$A \to BC$$

$$A \to a$$

则称 G 为乔姆斯基范式文法（Chomsky normal form），简称为乔姆斯基文法，或乔姆斯基范式，简记为 CNF。其中，$A, B, C \in V, a \in T$。

按照 CNF 的定义，由于它不含 ε-产生式，所以，这种文法产生的语言中不含语句 ε。所以，当考虑 CNF 与 CFG 等价时，需要暂时只考虑不含语句 ε 的 CFL。如果一定要考虑 ε，则可以在获得 $L-\{\varepsilon\}$ 的 CNF 之后，再考虑 ε 的问题。

要注意的是，按照该定义，虽然 CNF 中不能含 ε-产生式和单一产生式，却可以含无用符号。而且该定义并没有排除用 CNF 产生语言 ∅。例如，下列 CNF 均产生语言 ∅。

$$
\begin{aligned}
G_{\varnothing 1}:\ & S \to AB \\
G_{\varnothing 2}:\ & S \to AB \\
& D \to d \\
G_{\varnothing 3}:\ & S \to AB \\
& A \to AA \\
& B \to b \\
G_{\varnothing 4}:\ & S \to AB \\
& B \to b
\end{aligned}
$$

虽然如此,但是考虑到无用符号对语言没有贡献,因此,在讨论将一般的 CFG 转换成 CNF 时,认为该 CFG 是经过化简的。

定理 6-9 对于任意 CFG G,$\varepsilon \notin L(G)$,存在等价的 CNF G_2。

证明要点:假设 G 为化简过的文法。

(1) 构造 $G_1=(V_1,T,P_1,S)$,使得 $L(G_1)=L(G)$,并且 G_1 中的产生式都是形如:

$$
\begin{aligned}
& A \to B_1 B_2 \cdots B_m \\
& A \to a
\end{aligned}
$$

的产生式,其中,$A,B_1,B_2,\cdots,B_m \in V_1$,$a \in T$,$m \geqslant 2$。

对于 P 中的每一个产生式 $A \to \alpha$,当 α 的长度为 1 时,α 必定为一个终极符,所以,只用考虑 α 的长度大于或等于 2 的情况。此时,如果 α 中含的不全是变量,则对每一种终极符 a,引进一个新变量 A_a,替换 α 中的 a,同时引入新产生式 $A_a \to a$。对于文法中的任意一个终极符号 a,在这种替换过程中,只用一次性地引入这种变量。但是,当原来的产生式中存在 $A \to a$ 时,依然需要按照这里的要求重新引进新的变量。例如,设

$$
\begin{aligned}
G:\ & S \to Aaba \\
& A \to aA \\
& A \to a
\end{aligned}
$$

此时,需要将 G 变换成如下形式的文法:

$$
\begin{aligned}
G':\ & S \to AA_aA_bA_a \\
& A \to A_aA \\
& A \to a \\
& A_a \to a \\
& A_b \to b
\end{aligned}
$$

而不能直接地使用 $A \to a$ 代替 $A_a \to a$。即不能变换成如下文法:

$$
\begin{aligned}
G'':\ & S \to AAA_bA \\
& A \to AA \\
& A \to a \\
& A_b \to b
\end{aligned}
$$

显然,G''与 G 是不等价的。

G'与 G 的等价性证明中的复杂部分是施归纳于派生的步骤,证明 $L(G) \subseteq L(G_1)$。

(2) 构造 CNF $G_2=(V_2,T,P_2,S)$,使得 $L(G_2)=L(G_1)$。

改造 G_1 的关键是当 $m \geqslant 3$ 时,引入新变量:$B_1,B_2,\cdots,B_{m-2}$,将 G_1 的形如

$A \to A_1A_2\cdots A_m$ 的产生式替换成如下所示一组产生式：

$$A \to A_1B_1$$
$$B_1 \to A_2B_2$$
$$\vdots$$
$$B_{m-2} \to A_{m-1}A_m$$

由于 $B_1, B_2, \cdots, B_{m-2}$ 都是引入的新变量，所以，只用证明产生式组 $\{A \to A_1B_1, B_1 \to A_2B_2, \cdots, B_{m-2} \to A_{m-1}A_m\}$ 在 G_2 中可以实现的派生与产生式 $A \to A_1A_2\cdots A_m$ 在 G_1 中所能实现的派生等价，表明这里进行的替换是等价的。

6.4 格雷巴赫范式

1. 知识点

（1）GNF 的产生式均呈 $A \to aA_1A_2\cdots A_m$ 的形式，$m \geqslant 0$。

（2）递归、直接递归、间接递归、左递归、右递归。

（3）如果 $B \to \gamma_1|\gamma_2|\cdots|\gamma_n$ 是所有的 B 产生式，则可以将 $A \to \alpha B\beta$ 中的 B 依次换成 $\gamma_1, \gamma_2, \cdots, \gamma_n$ 而获得产生式组 $A \to \alpha\gamma_1\beta, A \to \alpha\gamma_2\beta, \cdots, A \to \alpha\gamma_n\beta$。

（4）用直接右递归取代原来的直接左递归。

（5）在将 CFG 转换成 GNF 时，首先需要给文法的变量排一个序，这个序可以是明显的，也可以是隐含的。

（6）虽然算法 6-4 和算法 6-5 可以用来将一个 CNF 转换成 GNF，但先将文法转换成仅含如下形式的产生式，然后再使用这两个算法实现转换将可获得更高的效率。

$$A \to A_1A_2\cdots A_m$$
$$A \to aA_1A_2\cdots A_{m-1}$$
$$A \to a$$

2. 主要内容解读

定义 6-12 如果 CFG $G=(V, T, P, S)$ 中的所有产生式都具有形式

$$A \to a\alpha$$

则称 G 为格雷巴赫范式文法（Greibach normal form），简称为格雷巴赫文法，或格雷巴赫范式，简记为 GNF。其中，$A \in V, a \in T, \alpha \in V^*$。

根据此定义，在 GNF 中，有如下两种形式的产生式：

$$A \to a$$
$$A \to aA_1A_2\cdots A_m \quad (m \geqslant 1)$$

由于 GNF 中不存在 ε-产生式，所以对任意的 GNF G，$\varepsilon \notin L(G)$。因此，希望对于任意一个 CFG G'，当 $\varepsilon \notin L(G')$ 时，能够找到一个 GNF G，使得 $L(G)=L(G')$。也就是说，希望所有的经过化简的 CFG，都有一个等价的 GNF。

引理 6-1 对于任意 CFG $G=(V, T, P, S)$，$A \to \alpha B\beta \in P$，且 G 中所有的 B 产生式为

$$B \to \gamma_1|\gamma_2|\cdots|\gamma_n$$

取

$$G_1=(V,T,P_1,S)$$

则 $L(G_1)=L(G)$。其中,

$$P_1=(P-\{A\to\alpha B\beta\})\cup\{A\to\alpha\gamma_1\beta,A\to\alpha\gamma_2\beta,\cdots,A\to\alpha\gamma_n\beta\}$$

证明要点:这个引理的核心是证明所述的替换是合法的。也就是说,如果 $B\to\gamma_1|\gamma_2|\cdots|\gamma_n$ 是所有的 B 产生式,则去掉文法中的产生式 $A\to\alpha B\beta$ 后,补进产生式组 $\{A\to\alpha\gamma_1\beta,A\to\alpha\gamma_2\beta,\cdots,A\to\alpha\gamma_n\beta\}$ 可得等价的文法。相当于,如果 $B\to\gamma_1|\gamma_2|\cdots|\gamma_n$ 是所有的 B 产生式,则可以将文法的产生式 $A\to\alpha B\beta$ 中的 B 依次换成 $\gamma_1,\gamma_2,\cdots,\gamma_n$。

产生式 $A\to\alpha\gamma_k\beta$ 所实现的派生与产生式 $A\to\alpha B\beta$ 和 $B\to\gamma_k$ 实现的派生等价。

另外,读者要注意,为了保证替换的等价性,在文法中保留了产生式组 $B\to\gamma_1|\gamma_2|\cdots|\gamma_n$。

定义 6-13 如果 G 中存在形如

$$A\overset{n}{\Rightarrow}\alpha A\beta$$

的派生,则称该派生是关于变量 A 递归的(recursive)。简称为递归派生。当 $n=1$ 时,称该派生是关于变量 A 直接递归的(directly recursive),简称为直接递归派生。称形如 $A\to\alpha A\beta$ 的产生式是关于变量 A 直接递归的(directly recursive)产生式。当 $n\geqslant 2$ 时,称该派生是关于变量 A 的间接递归(indirectly recursive)派生。简称为间接递归派生。当 $\alpha=\varepsilon$ 时,称相应的(直接/间接)递归为(直接/间接)左递归(left-recursive);当 $\beta=\varepsilon$ 时,称相应的(直接/间接)递归为(直接/间接)右递归(right-recursive)。

引理 6-2 对于任意 CFG $G=(V,T,P,S)$,

$$\begin{cases}A\to A\alpha_1|A\alpha_2|\cdots|A\alpha_n\\A\to\beta_1|\beta_2|\cdots|\beta_m\end{cases}$$

是 G 中所有 A 的产生式。对于 $1\leqslant h\leqslant m$,β_h 的最左符号都不是 A。将这组产生式暂时记为产生式组 1,取

$$G_1=(V\cup\{B\},T,P_1,S)$$

其中,$B\notin V$,为新引进的变量;P_1 是删除 P 中的所有 A 产生式,然后加入以下产生式组(暂时记为产生式组 2)得到的产生式集合:

$$\begin{cases}A\to\beta_1|\beta_2|\cdots|\beta_m\\A\to\beta_1 B|\beta_2 B|\cdots|\beta_m B\\B\to\alpha_1|\alpha_2|\cdots|\alpha_n\\B\to\alpha_1 B|\alpha_2 B|\cdots|\alpha_n B\end{cases}$$

则 $L(G_1)=L(G)$。

实际上,就是用直接右递归取代原来的直接左递归。

证明要点:这两组产生式产生都是形如 $\beta_k\alpha_{h_q}\alpha_{h_{q-1}}\cdots\alpha_{h_2}\alpha_{h_1}$ 的符号串,只不过前者是先产生 $\alpha_{h_{q-1}}\cdots\alpha_{h_2}\alpha_{h_1}$ 然后产生 β_k,而后者则恰恰相反,它们先产生 β_k,后产生 $\alpha_{h_{q-1}}\cdots\alpha_{h_2}\alpha_{h_1}$。在讨论的过程中,考查各自的最左派生是比较方便的。另外,读者应该注意,初看起来,这两组产生式比较复杂,不宜记忆,但当你了解了这两组产生式各自产生符号串 $\beta_k\alpha_{h_q}\alpha_{h_{q-1}}\cdots\alpha_{h_2}\alpha_{h_1}$ 的过程后,就会很容易地根据第一组产生式写出第二组产生式。因为这里仅仅是将第一组产生式替换成第二组产生式,所以,掌握了这一点就足够了。

定理 6-10 对于任意 CFG G，$\varepsilon \notin L(G)$，存在等价的 GNF G_1。

证明要点： 引理 6-1 和引理 6-2 为本定理的证明做好了准备，所以，只需要使用这两个引理所给的等价变换方法对给定的文法进行变换就可以了。这里将要进行的变换被分成 3 步。

（1）使用引理 6-1，将产生式都化成形如

$$A \to A_1A_2\cdots A_m$$

$$A \to aA_1A_2\cdots A_{m-1}$$

$$A \to a$$

的产生式。其中，$A, A_1, A_2, \cdots, A_m \in V_1$，$a \in T$，$m \geqslant 2$。

（2）根据引理 6-1 和引理 6-2，使用算法 6-4，将产生式变成形如

$$A_i \to A_j\alpha \qquad i<j$$

$$A_i \to a\alpha$$

$$B_i \to \alpha$$

的产生式。其中，$V_2 = V_1 \cup \{B_1, B_2, \cdots, B_n\}$，$V_1 \cap \{B_1, B_2, \cdots, B_n\} = \varnothing$，$\{B_1, B_2, \cdots, B_n\}$ 是在文法的改造过程中引入的新变量，$\alpha \in V_2^*$，$a \in T$。为了叙述方便，不妨按照这里的符号表示，将 V_1 中的变量称为“A 类变量”，而将新引入的变量 $B_1, B_2, \cdots, B_n$ 称为“B 类变量”。

（3）根据引理 6-1，从编号较大的变量开始，逐步替换，使所有的产生式满足 GNF 的要求。这可由算法 6-5 实现。

算法 6-4

输入：$G_1 = (V_1, T, P_1, S)$。不妨假设 $V_1 = \{A_1, A_2, \cdots, A_m\}$。

输出：$G_2 = (V_2, T, P_2, S)$。

主要步骤：

（1）**for** $k=1$ **to** m **do**

　　begin

（2）　　**for** $j=1$ **to** $k-1$ **do**

（3）　　　**for** 每个形如 $A_k \to A_j\alpha$ 的产生式 **do**

　　　　begin

（4）　　　　标记产生式 $A_k \to A_j\alpha$；设 $A_j \to \gamma_1 | \gamma_2 | \cdots | \gamma_n$ 为所有的 A_j 产生式，根据引理 6-1，将产生式组

　　　　　$A_k \to \gamma_1\alpha | \gamma_2\alpha | \cdots | \gamma_n\alpha$

　　　　　添加到产生式集合 P_2 中；

　　　　end

（5）　　设 $A_k \to A_k\alpha_1 | A_k\alpha_2 | \cdots | A_k\alpha_p$ 是所有的右部第一个字符为 A_k 的 A_k 产生式，$A_k \to \beta_1 | \beta_2 | \cdots | \beta_q$ 是所有其他的 A_k 产生式。根据引理 6-2，标记所有的 A_k 产生式，并引入新的变量 B，将下列产生式添加到产生式集合 P_2 中：

$$A_k \to \beta_1 | \beta_2 | \cdots | \beta_q$$

$$A_k \to \beta_1 B | \beta_2 B | \cdots | \beta_q B$$

$$B \to \alpha_1 | \alpha_2 | \cdots | \alpha_p$$

$$B \to \alpha_1 B | \alpha_2 B | \cdots | \alpha_p B$$

　　end

(6) 将 P_1 中未被标记的产生式全部都添加到产生式集合 P_2 中。

算法的第(1)行用来控制整个循环,它保证算法从 1 到 m,逐一地使 V_1 中的变量 A_1,A_2,…,A_m 的产生式满足

$$A_i \to A_j\alpha \qquad i<j$$
$$A_i \to a\alpha$$

的要求。

算法的第(4)行逐步对不满足条件的产生式的右部的第一个变量进行替换,使得产生式集中形如 $A_k \to A_j\alpha$ 的产生式均满足 $j \geqslant k$ 的条件。

算法的第(5)行用右递归代替左递归,使形如 $A_k \to A_j\alpha$ 的产生式均满足 $j>k$ 的条件。显然,当 $k=m$ 时,A_k 的所有产生式的右部的第一个符号都为终极符号。也就是说,此时所有的 A_m 产生式都满足 GNF 的要求。这为算法 6-5 做好了准备。

算法 6-5

输入:$G_2=(V_2,T,P_2,S)$。

输出:$G_3=(V_2,T,P_3,S)$。

主要步骤:

(1) **for** $k=m-1$ **to** 1 **do**

(2) **if** $A_k \to A_j\beta \in P_2 \,\&\, j>k$ **then**

(3) **for** 所有的 A_j 产生式 $A_j \to \gamma$ **do** 将产生式 $A_k \to \gamma\beta$ 放入 P_3;

(4) **for** $k=1$ **to** n **do**

(5) 根据引理 6-1,用 P_3 中的产生式将所有的 B_k 产生式替换成满足 GNF 要求的形式。

由于通过算法 6-4 处理之后,所有的 A_m 产生式都已经满足 GNF 的要求,而所有的 A_k 产生式右部的第一个符号要么是终极符号,要么是序号比 k 大的"A 类变量"(它们不可能是新引入的"B 类变量")。所以本算法的第(1)、(2)、(3)行将所有的"A 类变量"的产生式变换成 GNF 要求的产生式。然后由算法的第(4)、(5)行将所有的"B 类变量"的产生式变换成 GNF 要求的产生式。

6.5 自嵌套文法

1. 知识点

(1) 自嵌套文法是含有形如 $A \overset{+}{\Rightarrow} \alpha A\beta$ 的"有效"派生的文法。

(2) 非自嵌套文法定义的语言一定是正则语言。

2. 主要内容解读

定义 6-14 设 CFG $G=(V,T,P,S)$是化简后的文法,如果 G 中存在形如

$$A \overset{+}{\Rightarrow} \alpha A\beta$$

的派生,则称 G 为自嵌套文法(self-embedding grammar)。其中,$\alpha,\beta \in (V \cup T)^+$。

定理 6-11 非自嵌套的文法产生的语言是正则语言。

证明要点：

(1) 设 CFG G 是化简后的非自嵌套文法，可以将 G 化成 GNF。此时，G 也必定是非自嵌套的。这是因为在将一个 CFG 转换成 GNF 的过程中，使用的变换都是引理6-1和引理 6-2 所给的变换。显然，引理 6-1 所给的变换从一定的意义上讲，只是将原来的某些需要进行的“两步派生”用一步派生来取代，所以，若原来的派生不会出现$A\overset{+}{\Rightarrow}\alpha A\beta(\alpha,\beta\in(V\cup T)^+)$的形式，则现有的派生也不会出现这种形式。对引理 6-2 来说，注意到那里进行的变换实现的是字符串 $\beta_k\alpha_{h_q}\alpha_{h_{q-1}}\cdots\alpha_{h_2}\alpha_{h_1}$ 的派生，由此串的派生过程知道，这种变换也不会引入新的形如 $A\overset{+}{\Rightarrow}\alpha A\beta(\alpha,\beta\in(V\cup T)^+)$的派生。

(2) 根据上一条，将证明的精力放在对非自嵌套的 GNF 上，也就是根据非自嵌套的 GNF 构造一个等价的 RG。

(3) 假定 GNF $G=(V,T,P,S)$是非自嵌套的。n 是 P 中右部最长的产生式的右部的长度，m 是 G 的变量的个数。则 G 的任意一个最左派生所得的句型中最多能出现 $m(n-2)+1$ 个变量。这表明，G 的所有最左派生对应的句型中变量串只有有限多种，因此可以考虑用这些变量串作为新的变量，从而可获得等价的 RG。

(4) 取 RG $G'=(V',T,P',[S])$，其中：

$$V'=\{[\alpha]\mid \alpha\in V^+ \text{并且} |\alpha|\leqslant m(n-2)+1\}$$
$$P'=\{[A\alpha]\to a[\beta\alpha]\mid A\to a\beta\in P \text{ 并且 } \beta\in V^*\}$$

当 $\alpha=\varepsilon$ 时，$[\alpha]=\varepsilon$。

显然，G'模拟的是 G 的最左派生。

6.6 小　　结

本章讨论了 CFG 的派生树，A 子树，最左派生与最右派生，派生与派生树的关系，二义性文法与固有二义性语言，句子的自顶向下分析、自底向上分析，无用符号的消去算法，空产生式的消除，单一产生式的消除。CFG 的 CNF 和 GNF，CFG 的自嵌套特性。主要结论：

(1) $S\overset{*}{\Rightarrow}\alpha$ 的充分必要条件为 G 有一棵结果为 α 的派生树。

(2) 如果 α 是 CFG G 的一个句型，则 G 中存在 α 的最左派生和最右派生。

(3) 文法可能是二义性的，但语言只可能是固有二义性的，且这种语言是存在的。

(4) 对于任意 CFG G，$\varepsilon\notin L(G)$，存在等价的 CFG G_1，G_1 不含无用符号、ε-产生式和单一产生式。

(5) 对于任意 CFG G，$\varepsilon\notin L(G)$，存在等价的 CNF G_2。

(6) 对于任意 CFG G，$\varepsilon\notin L(G)$，存在等价的 GNF G_3。

(7) 非自嵌套的文法产生的语言是正则语言。

6.7 典型习题解析

1. 请分别构造产生下列语言的 CFG。

(1) $\{1^n0^m\mid n\geqslant m\geqslant 1\}$。

解：注意到 $n \geqslant m$，所以，可将此语言分成两个语言的乘积：

$$\{1^n \mid n \geqslant 0\}\{1^m 0^m \mid m \geqslant 1\}$$

根据此写法，不难得到

$$G: S \to 1S \mid 10 \mid 1A0$$
$$A \to 1A0 \mid 10$$

另一种解法是串中 0 与 1 的配对：有的 1 有 0 相配，有的 1 无 0 相配，从而有

$$G': S \to 1S \mid 1S0 \mid 10$$

(2) $\{1^n 0^{2m} 1^n \mid n, m \geqslant 1\}$。

解：文法需先产生足够多的 1，而且这些 1 需要分别出现在句型的两端，然后再成对地产生 0。

$$G: S \to 1S1 \mid 1A1$$
$$A \to 00A \mid 00$$

当然如下文法也是合适的：

$$G': S \to 1S1 \mid 1A1$$
$$A \to 0A0 \mid 00$$

(4) 含有相同个数的 0 和 1 的所有的 0,1 串。

解：

$$G: S \to 0AS \mid 1BS \mid \varepsilon$$
$$A \to 1 \mid 0AA \mid 1S$$
$$B \to 0 \mid 1BB \mid 0S$$

5. 请总结出非二义性 CFG 的句型的派生、最左/最右派生以及派生树之间的关系。

解：设 α 是一个句型，

α 有唯一的一棵派生树。

α 有唯一的一个最左派生。

α 有唯一的一个最右派生。

α 可能有多个不同的派生。

α 唯一的一棵派生树对应唯一的一个最左派生、唯一的一个最右派生和可能存在的多个不同的派生。

8. 请构造一个二义性文法 G，使得 $L(G)=\{01\}$。

解：这个简单的语言只有一个句子，由于希望 G 是二义性的，所以，构造出来的文法可以给出 01 的至少两个不同的最左派生。

首先，下列文法产生该语言。

$$G_u: S \to 01$$

该文法显然不是二义性的，因此，应该在该文法中增加一些新的产生式，这些产生式足以给出 01 的另外一个最左派生，认识到这一点，问题就不难解决了。

$$G_a: S \to 01 \mid 0A$$
$$A \to 1$$

实际上，通过本题可以看出两点。第一，对非空语言来讲，即使它非常简单，也有产生它的二义性文法；第二，要构造一个二义性文法，只要“瞄准”一个句子即可。例如，下列文法是

一个非二义性的文法：

$$G: S \to 0S \mid 1S \mid 0 \mid 1$$

我们很容易“瞄准”句子0，构造一个二义性的文法。

$$G: S \to 0S \mid 1S \mid 0 \mid 1 \mid AB$$
$$A \to \varepsilon$$
$$B \to 0$$

当然，判断一个文法是二义性的，只用找出一个句子，并找出该句子的两个最左派生就可以了。然而，对一般的二义性文法而言，那个表明它是二义性的句子是非常难找的。尤其是对于任意的CFG，要想找到是否存在这样的句子，目前还没有找到优于穷举法的方法。所以，CFG的二义性是不可判定的。

14. 消除下列文法中存在的左递归。

(2) $A \to BBC \mid CAB \mid CA$

$B \to Abab \mid ab$

$C \to Add$

解：

将 $A \to BBC \mid CAB \mid CA$ 代入到 $B \to Abab$ 中，得

$$B \to BBCbab \mid CABbab \mid CAbab$$

去掉其中的左递归：

$$B \to CABbab \mid CAbab \mid ab$$
$$B \to CABbabD \mid CAbabD \mid abD$$
$$D \to BCbab \mid BCbabD$$

将 $A \to BBC \mid CAB \mid CA$ 代入到 $C \to Add$ 得

$$C \to BBCdd \mid CABdd \mid CAdd$$

将 $B \to CABbab \mid CAbab \mid ab \mid CABbabD \mid CAbabD \mid abD$ 代入到 $C \to BBCdd$ 中，得

$C \to CABbabBCdd \mid CAbabBCdd \mid abBCdd \mid CABbabDBCdd \mid CAbabDBCdd \mid abDBCdd$

去掉其中的左递归：

$C \to abBCdd \mid abDBCdd$

$C \to abBCddE \mid abDBCddE$

$E \to ABbabBCdd \mid AbabBCdd \mid ABbabDBCdd \mid AbabDBCdd \mid ABdd \mid Add$

$E \to ABbabBCddE \mid AbabBCddE \mid ABbabDBCddE \mid AbabDBCddE \mid ABddE \mid AddE$

综上所述，得到与给定文法等价的不含左递归的文法如下：

$A \to BBC \mid CAB \mid CA$

$B \to CABbab \mid CAbab \mid ab$

$B \to CABbabD \mid CAbabD \mid abD$

$D \to BCbab \mid BCbabD$

$C \to abBCdd \mid abDBCdd$

$C \to abBCddE \mid abDBCddE$

$E \to ABbabBCdd \mid AbabBCdd \mid ABbabDBCdd \mid AbabDBCdd \mid ABdd \mid Add$

$E \to ABbabBCddE \mid AbabBCddE \mid ABbabDBCddE \mid AbabDBCddE \mid ABddE \mid AddE$

该习题只是作为一个消除左递归的练习,实际上,这个文法产生的语言为∅。

17. 构造一个算法,该算法可以判断任意 CFG $G=(V,T,P,S)$,$L(G)$是否为空。

提示:根据习题 14 的第(2)小题的求解,可以得到启发,该算法可以先用去无用符号的算法对给定文法进行化简,如果最终得到的文法不含开始符号,则此文法产生的语言为空,否则,它产生的语言是非空的。

19. 证明对于任意 CFG G,存在一种等价的特殊 GNF G_1,G_1 的产生式都是具有下列形式的产生式:

$$A \to a$$

$$A \to aB$$

$$A \to aBC$$

其中,A,B,C 为变量,a 为终极符号。

提示:使用与定理 6-11 的证明中给出的构造 RG 类似的方法来构造满足要求的 GNF。先设 CFG 为一般的 GNF,然后再将一般的 GNF 换成满足要求的 GNF。在这个过程中,对于任意的产生式 $A \to a\alpha$,当$|\alpha|<3$ 时,它自然满足要求;当$|\alpha|$超过 2 时,引入产生式

$$[A\beta] \to a[\alpha][\beta]$$

来与产生式 $A \to a\alpha$ 对应。这里引入的形如$[\beta]$的变量中的 β 必定是原 GNF 的某个产生式的右部的非 ε 真后缀。

第 7 章 下推自动机

本章讨论了下推自动机(PDA)的构造及其与上下文无关文法(CFG)的等价性。

下推自动机用来描述上下文无关语言(CFL),所以它应该与 CFG 等价。作为“下推自动机”,它需要扫描输入字符串,按照每次读入一个字符的想法,相应的 CFG 的派生应该在当前的位置上产生一个终极符号和一系列变量,而这些变量将在后续的派生中产生其他的终极符号。因此,“下推自动机”要想模拟 CFG 的派生,这个 CFG 最好是 GNF,并且“下推自动机”除读入一个字符外,还应该能够存放相对应的派生中出现的变量串。那么,按照最左派生的派生顺序,处于当前句型最左边的变量应该首先被处理,从而,最后被“下推自动机”记录下来的变量将被最先处理,因此,需要采用栈作为其存储机构。再考虑到 RL 也是 CFL,所以下推自动机最好应该包含有穷状态自动机(FA)的各个元素,或者包含那些可以取代 FA 的各个元素的功能的元素。

由于有了栈,下推自动机的即时描述就需要包含对状态、输入符号串和栈的描述,有了这样的描述机构,在考查下推自动机处理一个输入串的过程时,就会非常方便。

FA 是用终止状态表示对一个输入串的接受,仿此,下推自动机也可以用终态接受语言。这就是说,将所有能引导下推自动机进入终止状态的字符串组成的集合定义为它识别的语言。从另一个角度考虑,下推自动机模拟 GNF 的派生,所以,当它的栈中不再有符号时就相当于句型中已经没有变量了。由于此时的句型就是句子,所以,当下推自动机的栈空时,可以表示当前处理完的输入串是一个句子,这就是下推自动机用空栈接受语言。这是本章讨论的第一部分内容。

实际上,接受语言的两种不同方式提供了构造下推自动机的不同的途径。一方面,可以根据语言的结构用构造 FA 类似的方法直接地构造下推自动机;另一方面,也可以先构造出相应的文法,然后再根据此文法构造出下推自动机。这是本章讨论的第二部分内容——下推自动机的构造。

本章讨论的第三部分内容是有关下推自动机的等价性。首先是用终态接受语言和用空栈接受语言的等价性。其次是下推自动机与 CFG 的等价性。先是通过构造与给定的 GNF 等价的下推自动机来证明所有的 CFL 都可以被下推自动机接受,然后给出根据下推自动机构造 CFG 的方法,在证明所给构造方法的正确性后,即可表明任意一个下推自动机接受的语言都是 CFL。

在这三部分内容中,相比之下,根据下推自动机构造 CFG 是比较难的。其关键是对相应的构造思想的分析与理解。

本章顺便提到,下推自动机与FA不同,确定的下推自动机只能接受一类特殊的CFL。也就是说,确定的下推自动机(DPDA)与一般的下推自动机是不等价的。

7.1 基本定义

1. 知识点

(1) 根据FA和GNF的最左派生设计出PDA模型。

(2) PDA $M=(Q,\Sigma,\Gamma,\delta,q_0,Z_0,F)$。

(3) $\forall(q,w,\gamma)\in(Q,\Sigma^*,\Gamma^*)$称为$M$的一个即时描述(ID)。

(4) $L(M)=\{w\mid(q_0,w,Z_0)\overset{*}{\vdash}(p,\varepsilon,\beta)$且$p\in F\}$为$M$用终态接受的语言。

(5) $N(M)=\{w\mid(q_0,w,Z_0)\overset{*}{\vdash}(p,\varepsilon,\varepsilon)\}$为$M$用空栈接受的语言。

(6) 对于DPDA M来说,$\forall(q,a,Z)\in Q\times\Sigma\times\Gamma$, $|\delta(q,a,Z)|+|\delta(q,\varepsilon,Z)|\leqslant 1$。

2. 主要内容解读

作为识别CFL的模型,PDA需要含有3个基本机构:存放输入符号串的输入带、存放文法符号的栈、有穷状态控制器。模型在有穷状态控制器的控制下根据它的当前状态、栈顶符号以及输入符号做出相应的动作,有时不需要考虑输入符号。

定义7-1 下推自动机(pushdown automaton,PDA)M是一个七元组:

$$M=(Q,\Sigma,\Gamma,\delta,q_0,Z_0,F)$$

其中,

Q——状态的非空有穷集合。$\forall q\in Q$,q称为M的一个状态(state)。

Σ——输入字母表(input alphabet)。要求M的输入字符串都是Σ上的字符串。

Γ——栈符号表(stack alphabet)。$\forall A\in\Gamma$,称为一个栈符号。

Z_0——$Z_0\in\Gamma$称为开始符号(start symbol),是M启动时栈内唯一的一个符号。所以,习惯地称其为栈底符号。

q_0——$q_0\in Q$,是M的开始状态(initial state),也可称为初始状态或者启动状态。

F——$F\subseteq Q$,是M的终止状态(final state)集合,简称为终态集。$\forall q\in F$,q称为M的终止状态,也可称为接受状态(accept state),简称为终态。

δ——状态转移函数(transition function),有时又称为状态转换函数或者移动函数。

δ: $Q\times(\Sigma\cup\{\varepsilon\})\times\Gamma\to 2^{Q\times\Gamma^*}$。对$\forall(q,a,Z)\in Q\times\Sigma\times\Gamma$,

$\delta(q,a,Z)=\{(p_1,\gamma_1),(p_2,\gamma_2),\cdots,(p_m,\gamma_m)\}$

表示M在状态q,栈顶符号为Z时,读入字符a,对于$i=1,2,\cdots,m$,可以选择地将状态变成p_i,并将栈顶符号Z弹出,将γ_i中的符号从右到左依次压入栈,然后将读头向右移动一个带方格而指向输入字符串的下一个字符。

对$\forall(q,Z)\in Q\times\Gamma$,

$\delta(q,\varepsilon,Z)=\{(p_1,\gamma_1),(p_2,\gamma_2),\cdots,(p_m,\gamma_m)\}$

称为 M 进行一次 ε 移动(空移动),表示 M 在状态 q,栈顶符号为 Z 时,无论输入符号是什么,对于 $i=1,2,\cdots,m$,可以选择地将状态变成 p_i,并将栈顶符号 Z 弹出,将 γ_i 中的符号从右到左依次压入栈,读头不移动。

与 FA 的定义相比,PDA 多了栈符号集和栈底符号。栈底符号是 PDA 在启动时栈中已经存在的唯一一个符号。按照定义 7-2,如果输入串为 w,则在 PDA 启动时,它的相应 ID 为(q_0,w,Z_0)。也就是说,在 PDA 启动时,不用通过某个动作将其栈底符号压入栈。但是并不是说此符号一直保持在栈底,它可以在 PDA 的后续运行中被替换成其他的符号,而且栈底符号同时也是栈符号,所以,在 PDA 的动作中,它被作为一般的栈符号使用。这就像文法中的开始符号 S,FA 和 PDA 中的开始状态一样,它们仅在"开始时"具有特殊的意义。

定义 7-2 设 PDA $M=(Q,\Sigma,\Gamma,\delta,q_0,Z_0,F)$,$\forall(q,w,\gamma)\in(Q,\Sigma^*,\Gamma^*)$称为 M 的一个**即时描述**(instantaneous description,ID)。它表示为:M 处于状态 q,w 是当前还未处理的输入字符串,而且 M 正注视着 w 的首字符;栈中的符号串为 γ,γ 的最左符号为处于栈顶的符号,最右符号为处于栈底的符号,较左的符号在栈的较上面,较右的符号在栈的较下面。

如果$(p,\gamma)\in\delta(q,a,Z)$,$a\in\Sigma$,且 M 在状态 q,栈顶符号为 Z 时读入符号 a,选择进入状态 p,用 γ 替换栈顶 Z,这个动作记为

$$(q,aw,Z\beta)\vdash_M(p,w,\gamma\beta)$$

表示 M 做一次非空移动,其 ID 从$(q,aw,Z\beta)$变成$(p,w,\gamma\beta)$。

如果$(p,\gamma)\in\delta(q,\varepsilon,Z)$,且 M 在状态 q,栈顶是 Z 时,选择进入状态 p,并用 γ 替换栈顶 Z,这个动作记作

$$(q,w,Z\beta)\vdash_M(p,w,\gamma\beta)$$

表示 M 做一次空移动,其 ID 从$(q,aw,Z\beta)$变成$(p,w,\gamma\beta)$。

$\vdash_M^n$ 是 $\vdash_M$ 的 n 次幂。

$\vdash_M^*$ 是 $\vdash_M$ 的克林闭包。

$\vdash_M^+$ 是 $\vdash_M$ 的正闭包。

定义 7-3 设有 PDA $M=(Q,\Sigma,\Gamma,\delta,q_0,Z_0,F)$,则 M 用终态接受的语言

$$L(M)=\{w\mid(q_0,w,Z_0)\vdash^*(p,\varepsilon,\beta)\text{且 }p\in F\}$$

M 用空栈接受的语言

$$N(M)=\{w\mid(q_0,w,Z_0)\vdash^*(p,\varepsilon,\varepsilon)\}$$

定义 7-4 确定的(deterministic)**PDA** $M=(Q,\Sigma,\Gamma,\delta,q_0,Z_0,F)$是满足如下条件的 PDA:对于$\forall(q,a,Z)\in Q\times\Sigma\times\Gamma$,$|\delta(q,a,Z)|+|\delta(q,\varepsilon,Z)|\leqslant 1$。简记为 DPDA M。

7.2 PDA 与 CFG 等价

7.2.1 PDA 用空栈接受和用终止状态接受等价

1. 知识点

(1) 对于任意 PDA M_1,存在 PDA M_2,使得 $N(M_2)=L(M_1)$。

(2) 对于任意 PDA M_1,存在 PDA M_2,使得 $L(M_2)=N(M_1)$。

2. 主要内容解读

定理 7-1 对于任意 PDA M_1,存在 PDA M_2,使得 $N(M_2)=L(M_1)$。

证明要点:

(1) 构造。

设 PDA $M_1=(Q,\Sigma,\Gamma,\delta_1,q_{01},Z_{01},F)$。

取 PDA $M_2=(Q\cup\{q_{02},q_e\},\Sigma,\Gamma\cup\{Z_{02}\},\delta,q_{02},Z_{02},F)$,

其中,$Q\cap\{q_{02},q_e\}=\Gamma\cap\{Z_{02}\}=\varnothing$。$\delta_2$ 的定义如下:

$$\delta_2(q_{02},\varepsilon,Z_{02})=\{(q_{01},Z_{01}Z_{02})\}$$
$$\forall(q,a,Z)\in Q\times\Sigma\times\Gamma,\delta_2(q,a,Z)=\delta_1(q,a,Z)$$
$$\forall(q,Z)\in(Q-F)\times\Gamma,\delta_2(q,\varepsilon,Z)=\delta_1(q,\varepsilon,Z)$$
$$\forall(q,Z)\in F\times\Gamma,\delta_2(q,\varepsilon,Z)=\delta_1(q,\varepsilon,Z)\cup\{(q_e,\varepsilon)\}$$
$$\forall q\in F,\delta_2(q,\varepsilon,Z_{02})=\{(q_e,\varepsilon)\}$$
$$\forall Z\in\Gamma\cup\{Z_{02}\},\delta_2(q_e,\varepsilon,Z)=\{(q_e,\varepsilon)\}$$

(2) 证明 $N(M_2)=L(M_1)$。

$$x\in L(M_1)$$
$$\Leftrightarrow(q_{01},x,Z_{01})\vdash^*_{M_1}(q,\varepsilon,\gamma)\text{ 且 }q\in F$$
$$\Leftrightarrow(q_{01},x,Z_{01}Z_{02})\vdash^*_{M_1}(q,\varepsilon,\gamma Z_{02})\text{ 且 }q\in F$$
$$\Leftrightarrow(q_{01},x,Z_{01}Z_{02})\vdash^*_{M_2}(q,\varepsilon,\gamma Z_{02})\text{ 且 }q\in F$$
$$\Leftrightarrow(q_{01},x,Z_{01}Z_{02})\vdash^*_{M_2}(q,\varepsilon,\gamma Z_{02})\vdash^*_{M_2}(q_e,\varepsilon,\varepsilon)\text{ 且 }q\in F$$
$$\Leftrightarrow(q_{01},x,Z_{01}Z_{02})\vdash^*_{M_2}(q_e,\varepsilon,\varepsilon)$$
$$\Leftrightarrow(q_{02},x,Z_{02})\vdash_{M_2}(q_{01},x,Z_{01}Z_{02})\vdash^*_{M_2}(q_e,\varepsilon,\varepsilon)$$
$$\Leftrightarrow(q_{02},x,Z_{02})\vdash^*_{M_2}(q_e,\varepsilon,\varepsilon)$$
$$\Leftrightarrow x\in N(M_2)$$

定理 7-2 对于任意 PDA M_1,存在 PDA M_2,使得 $L(M_2)=N(M_1)$。

证明要点：

(1) 构造。

设 PDA $M_1=(Q,\Sigma,\Gamma,\delta_1,q_{01},Z_{01},\varnothing)$。

取 PDA $M_2=(Q\cup\{q_{02},q_f\},\Sigma,\Gamma\cup\{Z_{02}\},\delta,q_{02},Z_{02},\{q_f\})$，其中，$Q\cap\{q_{02},q_f\}=\Gamma\cap\{Z_{02}\}=\varnothing$。$\delta_2$ 的定义如下：

$$\delta_2(q_{02},\varepsilon,Z_{02})=\{(q_{01},Z_{01}Z_{02})\}$$

对于 $\forall(q,a,Z)\in Q\times(\Sigma\cup\{\varepsilon\})\times\Gamma$，$\delta_2(q,a,Z)=\delta_1(q,a,Z)$，$\delta_2(q,\varepsilon,Z_{02})=\{(q_f,\varepsilon)\}$。

(2) 证明 $L(M_2)=N(M_1)$。

$$x\in L(M_2)$$

$$\Leftrightarrow(q_{02},x,Z_{02})\overset{*}{\underset{M_2}{\vdash}}(q_f,\varepsilon,\varepsilon)$$

$$\Leftrightarrow(q_{02},x,Z_{02})\underset{M_2}{\vdash}(q_{01},x,Z_{01}Z_{02})\overset{*}{\underset{M_2}{\vdash}}(q_f,\varepsilon,\varepsilon)$$

$$\Leftrightarrow(q_{01},x,Z_{01}Z_{02})\overset{*}{\underset{M_2}{\vdash}}(q,\varepsilon,Z_{02})\text{且}(q,\varepsilon,Z_{02})\overset{*}{\underset{M_2}{\vdash}}(q_f,\varepsilon,\varepsilon)$$

$$\Leftrightarrow(q_{01},x,Z_{01}Z_{02})\overset{*}{\underset{M_1}{\vdash}}(q,\varepsilon,Z_{02})$$

$$\Leftrightarrow(q_{01},x,Z_{01})\overset{*}{\underset{M_1}{\vdash}}(q,\varepsilon,\varepsilon)$$

$$\Leftrightarrow x\in N(M_1)$$

7.2.2 PDA 与 CFG 等价

1. 知识点

(1) 对于任意 CFL L，存在 PDA M，使得 $N(M)=L$。

(2) 根据 GNF 构造 PDA 时，PDA 只需要一个状态，且令 $\delta(q,a,A)=\{(q,\gamma)\mid A\to a\gamma\in P\}$。

(3) 对于任意 PDA M，存在 CFG G，使得 $L(G)=N(M)$。

(4) 根据 PDA 构造 CFG 时，取$[q_i,A_i,q_{i+1}]$为变量，其中，第一个分量表示 A_i 在栈顶时 PDA 开始处理 A_i 时的状态，第三个分量表示 A_i 被弹出，且次栈顶变成栈顶时 PDA 所处的状态。

(5) 按照定理所给的方法，根据 PDA 构造出的 CFG 中可能含有许多无用符号。

2. 主要内容解读

定理 7-3 对于任意 CFL L，存在 PDA M，使得 $N(M)=L$。

证明要点：先考虑识别 $L-\{\varepsilon\}$的 PDA，然后再考虑对 ε 的处理问题。

(1) 构造 PDA。

设 GNF $G=(V,T,P,S)$，使得 $L(G)=L-\{\varepsilon\}$。

取 PDA $M=(\{q\},T,V,\delta,q,S,\varnothing)$，

对于任意 $A\in V$，$a\in T$，

$$\delta(q,a,A)=\{(q,\gamma)\mid A\to a\gamma\in P\}$$

也就是说,$(q,\gamma)\in\delta(q,a,A)$的充分必要条件是 $A\to a\gamma\in P$。

(2) 证明构造的正确性:$N(M)=L-\{\varepsilon\}$。

由于所构造的 PDA 是在模拟 GNF 的最左派生,所以,为了方便地使用归纳假设,施归纳于 w 的长度 n,证明$(q,w,S)\vdash_M^n(q,\varepsilon,\alpha)$的充分必要条件为 $S\overset{n}{\Rightarrow}w\alpha$。并且在假设结论对 $n=k$ 成立,而证明结论对 $n=k+1$ 成立时,取 $w=xa$,$|x|=k$,$a\in T$。在证明必要性时有如下过程,充分性的证明过程是倒推回来。

$$(q,w,S)=(q,xa,S)\vdash_M^k(q,a,\gamma)\vdash_M(q,\varepsilon,\alpha)$$

此时,必定存在 $A\in V$,$\gamma=A\beta_1$,$(q,\beta_2)\in\delta(q,a,A)$。即

$$(q,a,\gamma)=(q,a,A\beta_1)\vdash_M(q,\varepsilon,\beta_2\beta_1)=(q,\varepsilon,\alpha)$$

由$(q,\beta_2)\in\delta(q,a,A)$就可以得到 $A\to a\beta_2\in P$,再由归纳假设,得到

$$S\overset{k}{\Rightarrow}x\,A\beta_1$$

合起来就有

$$S\overset{k}{\Rightarrow}x\,A\beta_1\Rightarrow xa\beta_2\beta_1$$

(3) 最后考虑 $\varepsilon\in L$ 的情况。

先按照(1)的构造方法构造出 PDA

$$M=(\{q\},T,V,\delta,q,S,\varnothing)$$

使得 $N(M)=L-\{\varepsilon\}$。然后取

$$M_1=(\{q,q_0\},T,V\cup\{Z\},\delta_1,q_0,Z,\varnothing)$$

其中,$q_0\neq q$,$Z\notin V$,令

$$\delta_1(q_0,\varepsilon,Z)=\{(q_0,\varepsilon),(q,S)\}$$

对于 $\forall(a,A)\in T\times V$,

$$\delta_1(q,a,A)=\delta(q,a,A)$$

定理 7-4 对于任意 PDA M,存在 CFG G,使得 $L(G)=N(M)$。

证明要点:

(1) 构造。

设 PDA $M=(Q,\Sigma,\Gamma,\delta,q_0,Z_0,\varnothing)$,按照以下思路考虑 CFG 的构造。

由于 CFG 将模拟 PDA 对输入串的处理,所以,需要从 PDA 的移动函数入手,考虑相应产生式的构造。对于任意$(q_1,A_1A_2\cdots A_n)\in\delta(q,a,A)$,首先可能会考虑到用如下产生式进行模拟:

$$[q,A]\to a[q_1,A_1A_2\cdots A_n]$$

这里的明显问题出现在变量$[q_1,A_1A_2\cdots A_n]$上,因为按照这种构造,将无法定义出它对应的产生式。因此,自然地想到使用如下形式的产生式:

$$[q,A]\to a[q_1,A_1][q_2,A_2]\cdots[q_n,A_n]$$

在该产生式中,仿照 q_1 所表达的意义,$q_2,\cdots,q_n$ 应该分别是对应 PDA 开始处理 $A_2,\cdots,$

A_n 的状态。按照 PDA 的实际运行过程可知，$q_2,\cdots,q_n$ 还应该是分别对应 PDA 恰“处理完”A_1 进而处理 $A_2,\cdots$，恰“处理完”A_{n-1} 进而处理 A_n 的状态。当然就有了恰“处理完”A_n 而进入的状态 q_{n+1}，这个状态就是“处理完”A 后其次栈顶变为栈顶的状态。也就是有一个接续的问题，因此，对于 PDA 的移动 $(q_1,A_1A_2\cdots A_n)\in\delta(q,a,A)$ 就有了如下形式的产生式：

$$[q,A,q_{n+1}]\to a[q_1,A_1,q_2][q_2,A_2,q_3]\cdots[q_n,A_n,q_{n+1}]$$

进一步的问题是 $q_2,\cdots,q_n$ 应该如何选定。根据 $(q_1,A_1A_2\cdots A_n)\in\delta(q,a,A)$ 是无法找到答案的，而且在进行文法构造时也不可能根据实际运行情况具体地找出它们来，因此考虑是否可以给出所有的可能。在这种情况下，那些实际不会出现者虽然被写到了产生式中，但它们是在产生式的右部出现的，如果没有相应的左部为该变量的适当产生式，该变量及相应的产生式就是无用的，这样，它们就不可能影响产生的语言。而相应的左部为该变量的产生式必定对应有 PDA 的合法移动，所以，这种构造思想应该是合理的。按照这一思路，取 CFG $G=(V,\Sigma,P,S)$，其中，

$V=\{S\}\cup Q\times\Gamma\times Q$

$P=\{S\to[q_0,Z_0,q]\mid q\in Q\}\cup$

$\{[q,A,q_{n+1}]\to a[q_1,A_1,q_2][q_2,A_2,q_3]\cdots[q_n,A_n,q_{n+1}]\mid(q_1,A_1A_2\cdots A_n)\in\delta(q,a,A)$ 且 $a\in\Sigma\cup\{\varepsilon\},q_2,q_3,\cdots,q_n,q_{n+1}\in Q$ 且 $n\geqslant1\}\cup$

$\{[q,A,q_1]\to a\mid(q_1,\varepsilon)\in\delta(q,a,A)\}$。

(2) 证明构造的正确性。

先证明一个更为一般的结论：$[q,A,p]\overset{*}{\Rightarrow}x$ 的充分必要条件是 $(q,x,A)\overset{*}{\vdash}(p,\varepsilon,\varepsilon)$，然后根据这个一般的结论得到 $q=q_0,A=S$ 时的特殊结论——构造的正确性。

必要性：设 $[q,A,p]\overset{i}{\Rightarrow}x$，施归纳于 i，证明 $(q,x,A)\overset{*}{\vdash}(p,\varepsilon,\varepsilon)$。

充分性：设 $(q,x,A)\overset{i}{\vdash}(p,\varepsilon,\varepsilon)$ 成立，施归纳于 i 证明 $[q,A,p]\overset{*}{\Rightarrow}X$。

在构造出的这些产生式中，存在一些无用符号和单一产生式，这里不再进一步进行文法的化简。一般情况下，建议读者也不要将精力放在对这种文法的化简上，而让它们的化简问题由一个自动化简系统来完成。

7.3 小结

PDA M 是一个七元组：$M=(Q,\Sigma,\Gamma,\delta,q_0,Z_0,F)$，它是 CFL 的识别模型。它比 FA 多了栈符号，这些符号和状态一起用来记录相关的语法信息。在决定移动时，它将栈顶符号作为考虑的因素之一。PDA 可以用终态接受语言，也可以用空栈接受语言。与 DFA 不同，$\forall(q,a,Z)\in Q\times\Sigma\times\Gamma$，DPDA 仅要求 $|\delta(q,a,Z)|+|\delta(q,\varepsilon,Z)|\leqslant1$，关于 CFG 和 PDA 主要有如下结论：

(1) 对于任意 PDA M_1，存在 PDA M_2，使得 $N(M_2)=L(M_1)$。

(2) 对于任意 PDA M_1，存在 PDA M_2，使得 $L(M_2)=N(M_1)$。

(3) 对于任意 CFL L,存在 PDA M,使得 $N(M)=L$。

(4) 对于任意 PDA M,存在 CFG G,使得 $L(G)=N(M)$。

7.4 典型习题解析

1. 构造识别下列语言的 PDA:

(1) $\{1^n0^m \mid n\geqslant m\geqslant 1\}$。

解:注意到该语言要求它的每一个句子都是由 1 和 0 组成的串,所以,输入字母表为 $\{0,1\}$,1 必须都出现在句子的前缀中,而 0 则必须出现在相应的后缀中,1 的个数不少于 0 的个数,所以,栈中需要用符号记录扫描到的每一个 1,这里取作 A。由于 1 的个数和 0 的个数至少为 1,所以,还需要一个栈底符号 Z。因此,栈符号集可以取为 $\{Z,A\}$。相应的状态如下:

q——启动状态,同时完成对 1 的扫描。

p——匹配状态,完成 0 的扫描,并在扫描中完成与 1 的匹配。

$$\text{PDA } M=(\{q,p\},\{0,1\},\{Z,A\},\delta,q,Z,\varnothing)$$
$$\delta(q,1,Z)=\{(q,A)\}$$
$$\delta(q,1,A)=\{(q,AA)\}$$
$$\delta(q,0,A)=\{(p,\varepsilon)\}$$
$$\delta(p,0,A)=\{(p,\varepsilon)\}$$
$$\delta(p,\varepsilon,A)=\{(p,\varepsilon)\}$$

该 PDA 用空栈接受的语言就是题目所给的语言。此时要注意的是,不能在 q 状态下直接完成对"A"的匹配。也就是说,不引进状态 p,直接定义 $\delta(q,0,A)=\{(q,\varepsilon)\}$ 是不行的,因为这样做会使 PDA 接受形如 1010 的串。

下面的 PDA 将用终态接受该语言。

$$\text{PDA } M=(\{q,p\},\{0,1\},\{Z,A\},\delta,q,Z,\{p\})$$
$$\delta(q,1,Z)=\{(q,A)\}$$
$$\delta(q,1,A)=\{(q,AA)\}$$
$$\delta(q,0,A)=\{(p,\varepsilon)\}$$
$$\delta(p,0,A)=\{(p,\varepsilon)\}$$

综合上面两种 PDA,可以得到下面的既用终态,又用空栈接受该语言的 PDA。

$$\text{PDA } M=(\{q,p\},\{0,1\},\{Z,A\},\delta,q,Z,\{p\})$$
$$\delta(q,1,Z)=\{(q,A)\}$$
$$\delta(q,1,A)=\{(q,AA)\}$$
$$\delta(q,0,A)=\{(p,\varepsilon)\}$$
$$\delta(p,0,A)=\{(p,\varepsilon)\}$$
$$\delta(p,\varepsilon,A)=\{(p,\varepsilon)\}$$

(3) $\{1^n0^n1^m0^m \mid n,m\geqslant 1\}$。

解 1:直接构造。

可以参考本习题第(1)小题的结果。注意到语言的句子结构,可以将句子分成前后两部

分，这两部分分别满足相应的要求。为此将此语言表示成

$$\{1^n0^n1^m0^m \mid n,m\geqslant 1\}$$
$$=\{1^n0^n \mid n\geqslant 1\}\{1^n0^n \mid n\geqslant 1\}$$
$$=\{1^n0^n \mid n\geqslant 1\}^2$$

PDA 在完成第一部分的 1 和第一部分的 0 的匹配后，再进行第二部分的 1 和第二部分的 0 的匹配。与本习题第(1)小题不同的是，在这里，每次都要求 1 的个数与 0 的个数一样多。根据这些分析，可构造出

$$\text{PDA } M=(\{q,p,r\},\{0,1\},\{Z,A,B\},\delta,q,Z,\varnothing)$$
$$\delta(q,1,Z)=\{(q,AZ)\}$$

由于还要进行第二部分的匹配，所以，栈底符号还需要保留在栈底，当完成第一部分的匹配后，这个符号将再一次出现在栈顶。在进行第一部分的匹配时，

$$\delta(q,1,A)=\{(q,AA)\}$$

将读入的 1 以 A 的形式记入栈中。

$$\delta(q,0,A)=\{(p,\varepsilon)\}$$

此时遇到 0，一定是第一部分的第一个 0，因此开始进行匹配。由于在匹配过程的中间不允许有 1 出现，所以要转到另一个状态 p。

$$\delta(p,0,A)=\{(p,\varepsilon)\}$$

在 p 状态下完成匹配。

$$\delta(p,1,Z)=\{(p,B)\}$$

在 p 状态下，完成第一部分的 0 的匹配后，将遇到第二部分的第一个 1，此时正好栈底符号 Z 重新成为栈顶，因此进入第二部分的匹配。此时将 Z 弹出，并在栈中压一个新的栈符号 B 来表示读入的 1，以便与第一部分的 1 相区别。当然，也可以让 PDA 转到另一个新状态来实现这个区分。

$$\delta(p,1,B)=\{(p,BB)\}$$

读入这一部分的所有 1，把每个 1 都记为 B。

$$\delta(p,0,B)=\{(r,\varepsilon)\}$$

此时遇到 0，一定是第二部分的第一个 0，因此开始进行匹配。由于在匹配过程的中间不允许有 1 出现，所以和第一部分类似，也需要换到另一个状态 r。

$$\delta(r,0,B)=\{(r,\varepsilon)\}$$

在 r 状态下完成第二部分 0 的匹配。

解 2：先构造文法，再构造相应的 PDA。

根据

$$\{1^n0^n1^m0^m \mid n,m\geqslant 1\}$$
$$=\{1^n0^n \mid n\geqslant 1\}\{1^n0^n \mid n\geqslant 1\}$$
$$=\{1^n0^n \mid n\geqslant 1\}^2$$

容易得到如下文法：

$$S\rightarrow AA$$
$$A\rightarrow 10 \mid 1A0$$

从而有如下的 PDA：

$$M=(\{q\},\{0,1\},\{0,1,A,S\},\delta,q,S,\{\})$$
$$\delta(q,\varepsilon,S)=\{(q,AA)\}$$
$$\delta(q,1,A)=\{(q,0),(q,A0)\}$$
$$\delta(q,0,0)=\{(q,\varepsilon)\}$$

也可以先将文法

$$S\to AA$$
$$A\to 10\mid 1A0$$

转换成如下形式的 GNF:

$$S\to 1BA\mid 1ABA$$
$$A\to 1B\mid 1AB$$
$$B\to 0$$

根据这个 GNF,得到如下 PDA:

$$M=(\{q\},\{0,1\},\{B,A,S\},\delta,q,S,\{\})$$
$$\delta(q,1,S)=\{(q,BA),(q,ABA)\}$$
$$\delta(q,1,A)=\{(q,B),(q,AB)\}$$
$$\delta(q,0,B)=\{(q,\varepsilon)\}$$

(7) $\{ww^{\mathrm{T}}\mid w\in\{0,1\}^*\}$。

解:同样可以用先构造文法,再构造 PDA 的方法。这里还是用直接构造法。

基本思路是先要将 w 记入栈,然后逐个字符地与 w^{T} 的字符进行匹配。不妨将 0 记为 A,将 1 记为 B,仍然用 Z 作为栈底符号。取 PDA

$$M=(\{q,p\},\{0,1\},\{B,A,Z\},\delta,q,Z,\varnothing)$$

w 为 ε 的情况:$\delta(q,\varepsilon,Z)=\{(q,\varepsilon)\}$。

记下第一个 0:$\delta(q,0,Z)=\{(q,A)\}$。

记下第一个 1:$\delta(q,1,Z)=\{(q,B)\}$。

当前读来的 0 可能是 w 中的 0,也可能是 w^{T} 中的 0,如果是 w 中的 0,则 PDA 选择移动(q,AA),如果是 w^{T} 中的 0,则 PDA 选择移动(p,ε)开始进行匹配:

$$\delta(q,0,A)=\{(q,AA),(p,\varepsilon)\}$$

继续记下 w 中的 1:$\delta(q,1,A)=\{(q,BA)\}$。

继续记下 w 中的 0:$\delta(q,0,B)=\{(q,AB)\}$。

当前读来的 1 可能是 w 中的 1,也可能是 w^{T} 中的 1,如果是 w 中的 1,则 PDA 选择移动(q,BB),如果是 w^{T} 中的 1,则 PDA 选择移动(p,ε)开始进行匹配:

$$\delta(q,1,B)=\{(q,BB),(p,\varepsilon)\}$$

w 中的 0 与 w^{T} 中的对应 0 进行匹配:$\delta(p,0,A)=\{(p,\varepsilon)\}$。

w 中的 1 与 w^{T} 中的对应 1 进行匹配:$\delta(p,1,B)=\{(p,\varepsilon)\}$。

本章习题 2~习题 7 中,当将语言分别取为$\{1^n0^n\mid n\geqslant1\}\cup\{1^n0^{2n}\mid n\geqslant1\}$和$\{1^n0^n\mid n\geqslant1\}\{1^n0^{2n}\mid n\geqslant1\}$时,将 n 视为非负整数,构造起来需要特别注意对$\{1^n0^{2n}\mid n\geqslant1\}$部分的处理。

3. 构造 PDA M 使 $L(M)=\{1^n0^n\mid n\geqslant1\}\cup\{1^n0^{2n}\mid n\geqslant1\}$。

解:取 PDA

$$M=(\{q,p,r,f\},\{0,1\},\{B,A,Z\},\delta,q,Z,\{f\})$$
$$\delta(q,1,Z)=\{(p,AZ),(p,BBZ)\}$$

输入串可能属于$\{1^n0^n \mid n\geqslant 1\}$，也可能属于$\{1^n0^{2n} \mid n\geqslant 1\}$。

$$\delta(p,1,A)=\{(p,AA)\}$$

此时，输入串属于$\{1^n0^n \mid n\geqslant 1\}$。

$$\delta(p,1,B)=\{(p,BBB)\}$$

此时，输入串属于$\{1^n0^{2n} \mid n\geqslant 1\}$。

$$\delta(p,0,A)=\{(r,\varepsilon)\}$$

进行匹配。

$$\delta(p,0,B)=\{(r,\varepsilon)\}$$

进行匹配。

$$\delta(r,0,A)=\{(r,\varepsilon)\}$$

进行匹配。

$$\delta(r,0,B)=\{(r,\varepsilon)\}$$

进行匹配。

$$\delta(r,\varepsilon,Z)=\{(f,\varepsilon)\}$$

进入终态。

4. 构造 PDA M 使 $N(M)=\{1^n0^n \mid n\geqslant 1\}\{1^n0^{2n} \mid n\geqslant 1\}$。

解：取 PDA

$$M=(\{q,p,r\},\{0,1\},\{B,A,Z\},\delta,q,Z,\varnothing)$$
$$\delta(q,1,Z)=\{(q,AZ)\}$$
$$\delta(q,1,A)=\{(q,AA)\}$$
$$\delta(q,0,A)=\{(p,\varepsilon)\}$$
$$\delta(p,0,A)=\{(p,\varepsilon)\}$$
$$\delta(p,1,Z)=\{(p,BB)\}$$
$$\delta(p,1,B)=\{(p,BBB)\}$$
$$\delta(p,0,B)=\{(r,\varepsilon)\}$$
$$\delta(r,0,B)=\{(r,\varepsilon)\}$$

10.设 L 是一个 CFL，$\varepsilon\notin L$，证明存在满足下列条件的 PDA M：

(1) M 最多只有两个状态。

(2) M 不含 ε-移动。

(3) $L(M)=L$。

证明提示：

本题对构造的 PDA 所要求的 3 个条件中的前两个是难点所在。如果没有第(2)条要求，则可以先构造出与 GNF 等价的 PDA，该 PDA 只有一个状态，可以让它在启动时用一个 ε-移动将一个标志已经启动的符号和文法的开始符号依次压入栈，然后模拟 GNF 处理输入串，当标志已经启动的符号出现在栈顶时，表明对相应的输入串的处理已经结束，此时 PDA 可以将此符号弹出，并且进入终止状态。

有了第(2)条要求后，上述处理就不再能满足要求，但是，从上面的做法可以得到如下启发:首先,根据GNF构造出的PDA只有一个状态,这个状态用来实现对语言的句子的具体处理。其次,需要知道栈在某一次非ε-移动后变空了,也就是说,当将一个栈符号弹出后,不再压入新的符号,而这个被弹出的符号在当时是处于栈底的。因此,需要用一种办法表示一个符号是否处于栈底。这是问题求解的关键。

由于符号本身还要表达出它本身在GNF中的作用,所以压入栈中的符号需要表示两个内容:第一作为原来的文法符号;第二标示出它当前是否在栈底。根据这一分析,一种方法是将栈符号设计成一个二元组。这样就可以得到如下的处理方式。

设GNF $G=(V,T,P,S)$,取PDA的栈符号记为

$$V\times\{栈底,非栈底\}$$

从而有如下PDA:

$$M=(\{q,f\},T,V\times\{栈底,非栈底\},\delta,q,[S,栈底],\{f\})$$

对于任意 $A\in V$,$A\rightarrow aA_1A_2\cdots A_n\in P$,

$$(q,[A_1,非栈底][A_2,非栈底]\cdots[A_n,非栈底])\in\delta(q,a,[A,非栈底])$$

对于 $n>0$,

$$(q,[A_1,非栈底][A_2,非栈底]\cdots[A_n,栈底])\in\delta(q,a,[A,栈底])$$

对于 $n=0$,

$$(f,\varepsilon)\in\delta(q,a,[A,栈底])$$

另外一种设计是将栈符号集取为 $V\times(V\cup\{\varepsilon\})$,它的第一个元素表示语法变量,第二个元素表示句型中在第一个元素表示的语法变量右侧的语法变量。当这个符号处于栈顶时,第一个元素就是定理7-3所给的构造方法的栈顶符号,而第二个元素则相当于那里的次栈顶。这样可得下列PDA:

$$M=(\{q,f\},T,V\times(V\cup\{\varepsilon\}),\delta,q,[S,\varepsilon],\{f\})$$

对于任意 $A\in V$,$A\rightarrow aA_1A_2\cdots A_n\in P$,

$$(q,[A_1,A_2][A_2,A_3]\cdots[A_n,B])\in\delta(q,a,[A,B])$$

对于 $n=0$,

$$(f,\varepsilon)\in\delta(q,a,[A,\varepsilon])$$

11. 构造CFG,它们分别产生如下PDA用空栈接受的语言:

(2) $M=(\{q,p\},\{0,1\},\{A,B,C\},\delta,q,A,\varnothing)$。

其中,δ 定义为

$$\delta(q,0,A)=\{(q,BA)\}$$
$$\delta(q,0,B)=\{(q,BB)\}$$
$$\delta(q,1,B)=\{(p,\varepsilon)\}$$
$$\delta(p,0,B)=\{(q,\varepsilon)\}$$
$$\delta(p,1,B)=\{(p,\varepsilon)\}$$
$$\delta(p,\varepsilon,B)=\{(p,\varepsilon)\}$$
$$\delta(p,\varepsilon,A)=\{(p,\varepsilon)\}$$

解:按照定理7-4所给的方法,设 S 为开始符号:

$$S\rightarrow[q,A,q]\mid[q,A,p]$$

根据 $\delta(q,0,A)=\{(q,BA)\}$ 可得

$$[q,A,q]\to 0[q,B,q][q,A,q]\mid 0[q,B,p][p,A,q]$$

$$[q,A,p]\to 0[q,B,q][q,A,p]\mid 0[q,B,p][p,A,p]$$

根据 $\delta(q,0,B)=\{(q,BB)\}$ 可得

$$[q,B,q]\to 0[q,B,q][q,B,q]\mid 0[q,B,p][p,B,q]$$

$$[q,B,p]\to 0[q,B,q][q,B,p]\mid 0[q,B,p][p,B,p]$$

根据 $\delta(q,1,B)=\{(p,\varepsilon)\}$ 可得

$$[q,B,p]\to 1$$

根据 $\delta(p,0,B)=\{(q,\varepsilon)\}$ 可得

$$[p,B,q]\to 0$$

根据 $\delta(p,1,B)=\{(p,\varepsilon)\}$ 可得

$$[p,B,p]\to 1$$

根据 $\delta(p,\varepsilon,B)=\{(p,\varepsilon)\}$ 可得

$$[p,B,p]\to \varepsilon$$

根据 $\delta(p,\varepsilon,A)=\{(p,\varepsilon)\}$ 可得

$$[p,A,p]\to \varepsilon$$

第 8 章 上下文无关语言的性质

本章讨论上下文无关语言(CFL)的性质,并且利用这些性质,找出一些关于 CFL 的判别算法。

首先,如果给定的 CFL L 是一个无穷的语言,注意到相应的 CFG 中变量的有穷性,不难发现,必定存在 $z\in L$,$A\in V$,$\alpha,\beta\in(V\cup T)^*$,且 α 和 β 中至少有一个不为 ε,使得如下派生成立:

$$S\overset{*}{\Rightarrow}\gamma A\delta\overset{+}{\Rightarrow}\gamma\alpha A\beta\delta\overset{+}{\Rightarrow}z$$

其中的 $A\overset{+}{\Rightarrow}\alpha A\beta$ 表明,

$$S\overset{*}{\Rightarrow}\gamma A\delta\overset{+}{\Rightarrow}\gamma\alpha^n A\beta^n\delta\overset{+}{\Rightarrow}z'$$

对任意非负整数 n 成立。这类派生的存在,预示着 CFL 有着与 RL 类似的性质。对应地,将这种性质称为 CFL 的泵引理。当将注意力集中在句子 z 的某些特殊点上时,只要这种点的个数足够多,同样可以找到可以“泵进”和“泵出”的子串来,这就是 Ogden 引理。根据对于 RL 的泵引理的证明与应用,以及刚刚进行的讨论,泵引理也是用来证明一个语言不是 CFL,而不能用来证明一个语言是 CFL。另外,要证明泵引理是比较容易的,但要应用此引理来证明一个语言不是 CFL,有时还是颇具难度的。其中最大的困难是可能不太容易找到可供“泵”的 z。

对于 Ogden 引理来说,其难点是理解问题。什么是应该注意的“特殊点”,是困扰读者的重要问题。

除了泵引理、Ogden 引理外,CFL 也有一系列的封闭性,这是本章讨论的第二部分内容,也是本章的主要内容之一。包括对基本运算并、乘、闭包的封闭性和交、补运算的不封闭性。在讨论 CFL 与 RL 的交是 CFL 时,首次明确地给出了使用给定的 FA 和 PDA 的有穷状态控制器去构造新的 PDA 的有穷状态控制器的方法。实际上,在前面的有关章节中曾经用过这种方法,只不过那时候因为问题比较简单,并且不想增加新的内容而未明确地进行讨论罢了。

CFL 关于代换、同态映射、逆同态映射等运算下也是封闭的。在证明 CFL 的同态原像是 CFL 时,将又一次地使用状态的有穷存储功能,在那里,这个“有穷存储器”中存放的将是一个字符的同态像的后缀。此内容应该作为难点加以突破。

第三部分为有关 CFL 的判定算法。在这一部分,将分别讨论判定 CFG 产生的语言是否为空、是否有穷、是否无穷,以及一个给定的符号串是否为该文法产生的语言的一个句子等问题。这里给出的都是一些原理性的算法，不过，相应的叙述已经足以使有条件的读者编写适当的计算机程序去实现它们。如果时间不允许，也可以根据总的教学目标的要求舍去这部分内容。

8.1 上下文无关语言的泵引理

1. 知识点

（1）当 CFG 产生的语言 L 是无穷语言时，L 中必定存在一个足够长的句子，使得 CFG 在派生该句子的过程中，肯定要重复地使用某一个变量。

（2）CFL 的泵引理。

（3）CFL 的泵引理给出的也是 CFL 的“必要条件”而不是“充分条件”，与 RL 的泵引理一样，它也只能用来证明一个语言不是 CFL，不能用来证明一个语言是 CFL。

（4）Ogden 引理。

（5）使用 Ogden 引理时，令证明者感兴趣的字符为**特异点**。

（6）与 CFL 的泵引理类似，Ogden 引理给出的也是 CFL 的“必要条件”而不是“充分条件”，与 RL 的泵引理一样，它也只能用来证明一个语言不是 CFL，不能用来证明一个语言是 CFL。

（7）Ogden 引理是 CFL 的泵引理的加强形式，在 CFL 的泵引理中，z 中的每个字符都被看成是特异点。从这个意义上讲，CFL 的泵引理是 Ogden 引理的特例。

（8）两个儿子均有特异点后代的非叶子顶点称为**分支点**。分支点的概念是 Ogden 引理证明中用到的第二个重要概念。

2. 主要内容解读

引理 8-1（CFL 的泵引理）　对于任意 CFL L，存在仅仅依赖于 L 的正整数 N，对于任意 $z\in L$，当 $|z|\geqslant N$ 时，存在 u,v,w,x,y，使得 $z=uvwxy$，同时满足：

（1）$|vwx|\leqslant N$；

（2）$|vx|\geqslant 1$；

（3）对于任意非负整数 i，$uv^iwx^iy\in L$。

证明要点：

（1）用 CNF 作为 CFL 的描述工具。

（2）对于任意的 $z\in L$，当 k 是 z 的语法树的最大路长时，必有 $|z|\leqslant 2^{k-1}$ 成立。

（3）仅当 z 的语法树呈图 8-1 所示的满二元树时，才有 $|z|=2^{k-1}$，其他时候均有 $|z|<2^{k-1}$。

（4）取 $N=2^{|V|}=2^{|V|+1-1}$，$z\in L$，$|z|\geqslant N$。

（5）取 z 的语法树中的最长的一条路 p，p 中的非叶子顶点中必定有不同的顶点标有相同的语法变量。

（6）p 中最接近叶子且都标有相同的语法变量 A 的两个顶点为 v_1,v_2，如图 8-2 所示。

（7）$S\overset{*}{\Rightarrow}uAy\overset{+}{\Rightarrow}uvAxy\overset{+}{\Rightarrow}uvwxy=z$，$|vwx|\leqslant 2^{(|V|+1)-1}=2^{|V|}=N$，$|vx|\geqslant 1$。

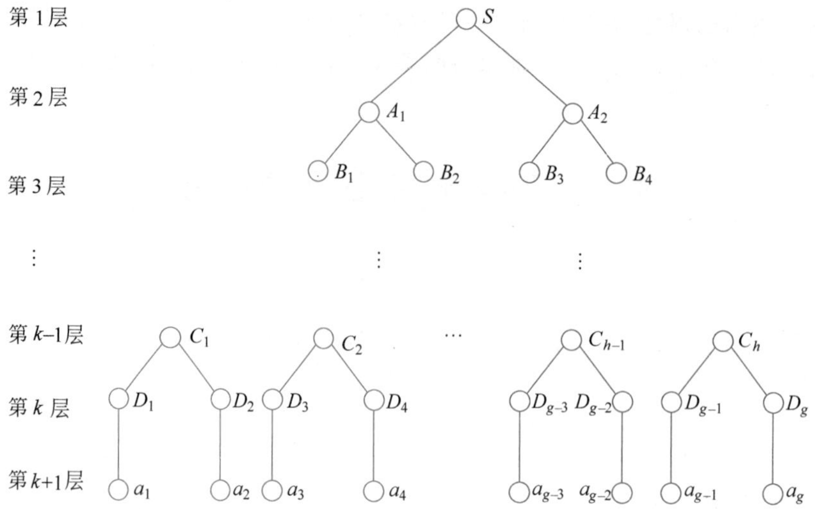

图 8-1　z 对应一个满二元树

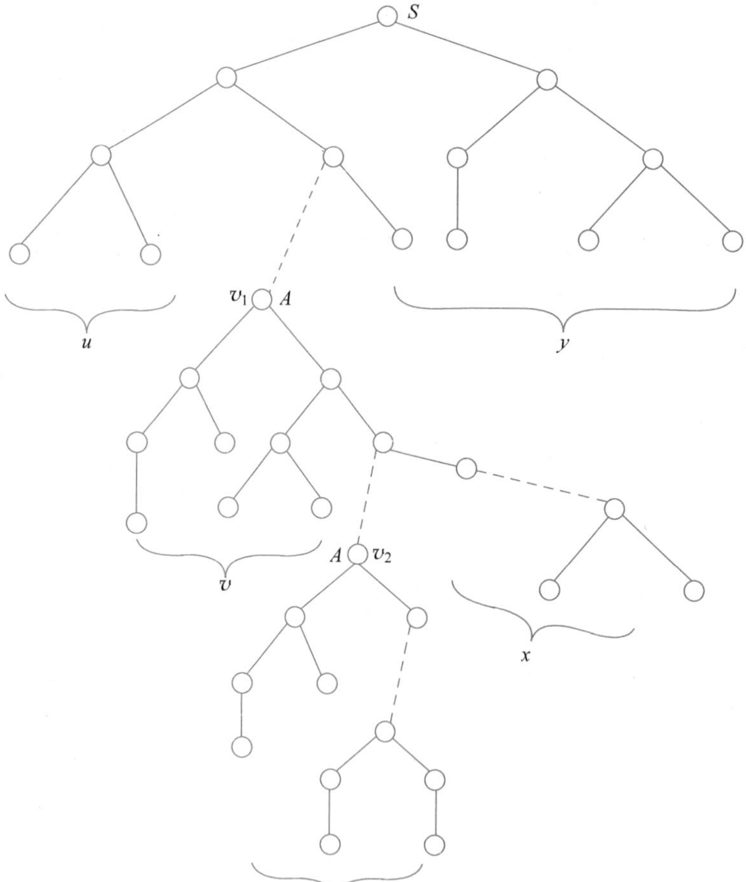

图 8-2　z 的派生树

(8) 对于任意非负整数 i，$S\overset{*}{\Rightarrow}uAy\overset{+}{\Rightarrow}uv^iAx^iy\overset{+}{\Rightarrow}uv^iwx^iy$。

在使用泵引理证明一个语言不是 CFL 时，需要努力去寻找能够导致与泵引理矛盾的结果。例如，设 $L=\{0^n \mid n=2^k$ 并且 $k\geqslant 0$ 为素数$\}$。从直观上看，L 不可能是 CFL，但是，如何用泵引理证明，这里有个技巧问题。如果取 $z=0^N$，$N=2^m$，此时假设有 $|vx|=d$，那么，

$$uv^iwx^iy=0^{N+(i-1)d}$$

为了找到矛盾，我们会希望有一个正整数 p，且能找到 i，使得

$$N+(i-1)d=2^{mp}$$

这就要求

$$i-1=(2^{mp}-2^m)/d$$

这一问题讨论起来就不太容易了。实际上，可以换一种思路，让 z 取得比 N 更长，而且从另一个角度去考虑有关问题，这样就会容易得多。下面是一种解法。

设 $L=\{0^n \mid n=2^k$ 且 $k\geqslant 0$ 为素数$\}$为 CFL，N 为泵引理所说的正整数，取 $z=0^{N+n}$，$N+n=2^m$，m 为素数，$n>0$。因此，$N+n$ 是大于 N 的并且为 2 的素数次幂的一个整数。令 $v=0^l$，$x=0^h$，$l+h\geqslant 1$，则

$$uv^iwx^iy=0^{N+n+(i-1)(l+h)}$$

当 $i=2$ 时，

$$2^m<N+n+(i-1)(l+h)=2^m+(l+h)\leqslant 2^m+N<2^m+2^m=2^{m+1}$$

可见，$N+n+(i-1)(l+h)$不是 2 的整数次幂的形式，所以，它更不可能是 2 的素数次幂的形式。这表明

$$uv^2wx^2y\notin L$$

这与泵引理矛盾，所以，L 不是 CFL。

引理 8-2（Ogden 引理） 对于任意 CFL L，存在仅仅依赖于 L 的正整数 N，对于任意 $z\in L$，当 z 中至少含有 N 个特异点时，存在 u,v,w,x,y，使得 $z=uvwxy$，同时满足：

(1) $|vwx|$中特异点的个数$\leqslant N$；

(2) $|vx|$中特异点的个数$\geqslant 1$；

(3) 对于任意非负整数 i，$uv^iwx^iy\in L$。

证明要点：

(1) 与 CFL 的泵引理的证明类似。

(2) 用 CNF 作为 CFL 的描述工具。

(3) 取 $N=2^{|V|}+1$。

(4) 定义 z 的语法树的两个儿子均有特异点后代的非叶子顶点为**分支点**(branch point)。

(5) 构造从树根到叶子的含有最多分支点的路径 p。

(6) p 中至少有$|V|+1$ 个分支点，在这些分支顶点中，至少有两个不同的顶点标记有相同的变量 A。

(7) 仍然参照图 8-2，p 中最接近叶子的且都标有相同的语法变量 A 的两个分支顶点为 v_1 和 v_2。

(8) $S\overset{*}{\Rightarrow}uAy\overset{+}{\Rightarrow}uvAxy\overset{+}{\Rightarrow}uvwxy=z$。$vwx$ 中最多有 N 个特异点，vx 至少有一个特异点。

(9) 对于任意非负整数 i，$S\overset{*}{\Rightarrow}uAy\overset{+}{\Rightarrow}uv^iAx^iy\overset{+}{\Rightarrow}uv^iwx^iy$。

8.2 上下文无关语言的封闭性

1. 知识点

(1) CFL 在并、乘积、闭包运算下是封闭的。

(2) 在证明 CFL 对并、乘积、闭包运算封闭时，既可以用 CFG 作为描述工具，又可以用 PDA 作为描述工具，但相对来说，用 CFG 更方便一些。

(3) CFL 在交运算下不封闭。这可以用反例进行证明。

(4) CFL 在补运算下是不封闭的。

(5) 虽然 RL 是 CFL 的"子类"，RL 与 CFL 的交不一定是 RL，但 CFL 与 RL 的交是 CFL。

(6) 使用给定的 PDA 和 FA 的有穷状态控制器去构造新的 PDA 的有穷状态控制器。

(7) CFL 在代换下是封闭的。相应证明用 CFG 作为 CFL 的描述工具是方便的。

(8) CFL 的同态像是 CFL。

(9) CFL 的同态原像是 CFL。

(10) 在 PDA 的有穷状态控制器中设置缓冲区——PDA 的状态也是具有有穷存储功能的。

2. 主要内容解读

定理 8-1 CFL 在并、乘积、闭包运算下是封闭的。

证明要点：令 CFG

$$G_1=(V_1,T_1,P_1,S_1),L(G_1)=L_1$$
$$G_2=(V_2,T_2,P_2,S_2),L(G_2)=L_2$$

不妨假设 $V_1\cap V_2=\varnothing$，且 $S_3,S_4,S_5\notin V_1\cup V_2$。取

$$G_3=(V_1\cup V_2\cup\{S_3\},T_1\cup T_2,P_1\cup P_2\cup\{S_3\rightarrow S_1|S_2\},S_3)$$
$$G_4=(V_1\cup V_2\cup\{S_4\},T_1\cup T_2,P_1\cup P_2\cup\{S_4\rightarrow S_1S_2\},S_4)$$
$$G_5=(V_1\cup\{S_5\},T_1,P_1\cup\{S_5\rightarrow S_1S_5|\varepsilon\},S_5)$$

显然，G_3,G_4,G_5 都是 CFG，并且

$$L(G_3)=L_1\cup L_2$$
$$L(G_4)=L_1L_2$$
$$L(G_5)=L_1^*$$

定理 8-2 CFL 在交运算下是不封闭的。

证明要点：

$L_1=\{0^n1^n2^m\mid n,m\geqslant1\}$，$L_2=\{0^n1^m2^m\mid n,m\geqslant1\}$ 都是 CFL，但是

$$L_1\cap L_2=\{0^n1^n2^n\mid n\geqslant1\}$$

不是 CFL。

推论 8-1 CFL 在补运算下是不封闭的。

证明要点：

由于 CFL 对并运算的封闭性、对交运算的不封闭性和下列式子，可以得出 CFL 对补运算是不封闭的结论。

$$L_1 \cap L_2 = \overline{\overline{L_1 \cap L_2}} = \overline{\overline{L_1} \cup \overline{L_2}}$$

定理 8-3 CFL 与 RL 的交是 CFL。

证明要点：

(1) 构造。

设 PDA $M_1=(Q_1,\Sigma,\Gamma,\delta_1,q_{01},Z_0,F_1)$ $L_1=L(M_1)$

DFA $M_2=(Q_2,\Sigma,\delta_2,q_{02},F_2)$ $L_2=L(M_2)$

取 PDA $M=(Q_1\times Q_2,\Sigma,\Gamma,\delta,[q_{01},q_{02}],Z_0,F_1\times F_2)$

其中，对 $\forall([q,p],a,Z)\in(Q_1\times Q_2)\times(\Sigma\cup\{\varepsilon\})\times\Gamma$，

$$\delta([q,p],a,Z)=\{([q',p'],\gamma)\mid(q',\gamma)\in\delta_1(q,a,Z) \text{ 且 } p'=\delta(p,a)\}$$

① M 使用的栈就是 M_1 的栈。

② M 的状态包括两个分量：一个为 M_1 的状态，用来使 M 的动作能准确地模拟 M_1 的动作；另一个为 M_2 的状态，用来使 M 的动作能准确地模拟 M_1 的动作。

③ 当 M_1 执行 ε-移动时，M_2 不执行动作。

(2) 证明构造的正确性。

对 PDA 在处理输入串 w 的过程中移动的步数 n 施归纳，证明

$$([q_{01},q_{02}],w,Z_0)\overset{n}{\underset{M}{\vdash}}([q,p],\varepsilon,\gamma)$$

的充分必要条件为

$$(q_{01},w,Z_0)\overset{n}{\underset{M_1}{\vdash}}(q,\varepsilon,\gamma) \text{ 且 } \delta(q_{02},w)=p$$

根据本定理证明中给出的方法，可以用 N 个正则语言 $L_1,L_2,\cdots,L_N$ 的识别器(DFA)的有穷状态控制器构成这 N 个正则语言的交的识别器(DFA)：

$$M_\cap=(Q_1\times Q_2\times\cdots\times Q_N,\Sigma,\delta,[q_{10},q_{20},\cdots,q_{N0}],F_1\times F_2\times\cdots\times F_N)$$

定理 8-4 CFL 在代换下是封闭的。

证明要点：

(1) 选用描述工具 CFG。

(2) CFG $G=(V,T,P,S)$，使得 $L=L(G)$。对于 $\forall a\in T$，$f(a)$是 Σ 上的 CFL，且 CFG $G_a=(V_a,\Sigma,P_a,S_a)$，使得 $f(a)=L(G_a)$。

(3) 由于 L 中的任意句子中的任意一个终极符号 a 对应的是一个语言 $f(a)$，而在代换后得到的新语言 $f(L)$ 中，原来 L 中出现 a 的地方将出现 $f(a)$ 的一个句子，而 $f(a)$的所有句子都是由 S_a 派生出来的，所以，构造的基本思想是用 S_a 替换产生 L 的 CFG 的产生式中出现的终极符号 a。

(4) $G'=\left(\bigcup_{a\in T}V_a\cup V,\Sigma,\bigcup_{a\in T}P_a\cup P',S\right)$。

$P'=\{A\to A_1A_2\cdots A_n\mid A\to X_1X_2\cdots X_n\in P$ & 如果 $X_i\in V$，则 $A_i=X_i$，否则 $A_i=S_{X_i}\}$

(5) 证明 $L(G')=f(L)$。

只要考虑 $f(L)$中的每个句子的派生，即可完成构造的正确性证明。

推论 8-2 CFL 的同态像是 CFL。

注意到对任意 CFG $G=(V,T,P,S)$，$L=L(G)$。对于 $\forall a\in T$，$|f(a)|=1$，所以，它是 Σ 上的 CFL，根据定理 8-4，得到此推论。

定理 8-5 CFL 的同态原像是 CFL。

证明要点：

(1) 描述工具 PDA。

(2) 接受 L 的 PDA $M_2=(Q_2,\Sigma_2,\Gamma,\delta_2,q_0,Z_0,F)$。

(3) 设 $T=\{a_1,a_2,\cdots,a_n\}$，根据 $f(a_1)=x_1,f(a_2)=x_2,\cdots,f(a_n)=x_n$，在 M_1 的有穷状态控制器中设置缓冲区，这个缓冲区的长度为 $\max\{f(a_1),f(a_2),\cdots,f(a_n)\}$。它用来存放 $f(a_1),f(a_2),\cdots,f(a_n)$的任意一个后缀。

(4) 对于任意 $x\in\Sigma_1^*$，设 $x=b_1b_2\cdots b_n$，M_1 是否接受 x，完全依据于 M_2 是否接受 $f(b_1)f(b_2)\cdots f(b_n)$。

(5) M_1 的形式定义为

$$M_1=(Q_1,\Sigma_1,\Gamma,\delta_1,[q_0,\varepsilon],Z_0,F\times\{\varepsilon\})$$

其中，

$$Q_1=\{[q,x]\mid q\in Q_2,\text{存在 } a\in\Sigma_1,x\text{ 是 } f(a)\text{的后缀}\}$$

当 M_1 扫描到任意 $a\in\Sigma_1$ 时，将 $f(a)$存入自己的有穷状态控制器，即

$$([q,f(a)],A)\in\delta_1([q,\varepsilon],a,A)$$

然后，M_1 模拟 M_2 处理存在缓冲区中的 $f(a)$。由于 M_2 在处理 $f(a)$的过程中既有非 ε-移动，又有 ε-移动，所以，M_1 均用 ε-移动模拟它们。

(6) 构造的正确性证明。

证明 $x=a_1a_2\cdots a_n\in L(M_1)$的充分必要条件是 $f(a_1)f(a_2)\cdots f(a_n)\in L(M_2)$，这里的关键是对状态"接续"的理解。也就是

$$([q_i,\varepsilon],a_i\cdots a_n,\gamma_i)\vdash_{M_1}([q_i,f(a_i)],a_{i+1}\cdots a_n,\gamma_i)$$

$$([q_i,f(a_i)],a_{i+1}\cdots a_n,\gamma_i)\overset{*}{\vdash}_{M_1}([q_{i+1},\varepsilon],a_{i+1}\cdots a_n,\gamma_{i+1})$$

成立的充分必要条件是

$$(q_i,f(a_i)\cdots f(a_n),\gamma_i)\overset{*}{\vdash}_{M_2}(q_{i+1},f(a_{i+1})\cdots f(a_n),\gamma_{i+1})$$

8.3 上下文无关语言的判定算法

不存在判断算法的问题：

(1) CFG G 是不是二义性的？

(2) CFL L 的补是否确实不是 CFL？

(3) 任意两个给定 CFG 是等价的吗？

存在判断算法的问题：

(1) L 是非空语言吗？

(2) L 是有穷的吗？

(3) 一个给定的字符串 x 是 L 的句子吗?

8.3.1 L 空否的判定

1. 知识点

(1) 通过改造算法 6-1,可以得到判定 L 是否为空的算法 8-1。

(2) 该算法的正确性由定理 6-4 及 $L(G)$的定义保证。

2. 主要内容解读

算法 8-1 判定 CFL L 是否为空。

输入:CFG $G=(V,T,P,S)$。

输出:G 是否为空的判定;CFG $G'=(V',T,P',S)$,其中,V'中不含派生不出终极符号行的变量,并且有 $L(G')=L(G)$。

主要步骤:

(1) OLDV=$\varnothing$;

(2) NEWV=$\{A \mid A\rightarrow w\in P$ 且 $w\in T^*\}$;

(3) **while** OLDV≠NEWV **do**

begin

(4) OLDV=NEWV;

(5) NEWV=OLDV$\cup\{A\rightarrow\alpha\in P$ 且 $\alpha\in(T\cup$OLDV$)^*\}$;

end

(6) V'=NEWV;

(7) $P'=\{A\rightarrow\alpha \mid A\rightarrow\alpha\in P$ 且 $A\in V'$且 $\alpha\in(T\cup V')^*\}$;

(8) **if** $S\in$NEWV **then** $L(G)$非空 **else** $L(G)$为空。

该算法与算法 6-1 的差别仅仅是多了第(8)行。如果仅仅是为了判定文法 G 产生的语言是否为空,上述算法的第(6)行和第(7)行都可以删除。

8.3.2 L 是否有穷的判定

1. 知识点

(1) CFG 的可派生性图表示。

(2) G 的可派生性图表示表达了文法G 中的语法变量之间的派生关系:X 能够出现在 A 派生出的符号行中的充分必要条件是,G 的可派生性图表示中存在一条从标记为A 的顶点到标记为 X 的顶点的有向路。

(3) 派生 $A\overset{+}{\Rightarrow}\alpha A\beta$ 存在的充分必要条件是:G 的可派生性图表示中存在一条从标记为 A 的顶点到自身且长度非 0 的有向回路。

(4) 并不是 G 的可派生性图表示中存在一条从标记为 A 的顶点到自身且长度非 0 的有向回路,就说明 G 产生的语言是无穷语言。

(5) 如果 G 是化简后的文法,$L(G)$为无穷语言的充分必要条件是 G 的可派生性图表示中存在一条有向回路。

2. 主要内容解读

定义 8-1 设 CFG $G=(V,T,P,S)$,G 的可派生性图表示(derivability graph of G,DG)是满足下列条件的有向图:

(1) 对于 $\forall X\in V\cup T$,图中有且仅有一个标记为 X 的顶点。

(2) 如果 $A\to X_1X_2\cdots X_n\in P$,则图中存在从标记为 A 的顶点分别到标记为 $X_1,X_2,\cdots,X_n$ 的顶点的弧。

(3) 图中只有满足条件(1)和(2)的顶点和弧。

定理 8-6 设 CFG $G=(V,T,P,S)$不含无用符号,$L(G)$为无穷语言的充分必要条件是 G 的可派生性图表示中存在一条有向回路。

证明要点:对应某一条有向回路,寻找一条从 S 出发,到达此回路的路,可以构造出下列形式的派生

$$S\overset{+}{\Rightarrow}\gamma A\rho\overset{+}{\Rightarrow}\gamma\alpha A\beta\rho$$

从而,对任意非负整数 i,

$$S\overset{+}{\Rightarrow}\gamma A\rho\overset{+}{\Rightarrow}\gamma\alpha^i A\beta^i\rho$$

再注意到 G 中不含无用符号,就可以完成定理的证明。

定义 8-2 设 CFG $G=(V,T,P,S)$,G 的简化的可派生性图表示(simplified derivability graph of G,SDG)是从 G 的可派生性图表示中删除所有标记为终极符号的顶点后得到的图。

定理 8-7 设 CFG $G=(V,T,P,S)$不含无用符号,$L(G)$为无穷语言的充分必要条件是 G 的简化的可派生性图表示中存在一条有向回路。

证明要点:同定理 8-6 的证明。

算法 8-2 判定 CFL L 是否为无穷语言。

输入:CFG $G=(V,T,P,S)$。

输出:G 是否为无穷的判定;CFG $G'=(V',T,P',S)$,其中 V'中不含派生不出终极符号行的变量,并且有 $L(G')=L(G)$。

主要步骤:

```
(1) 以 G=(V,T,P,S)为参数依次调用算法 6-1 和算法 6-2;
(2) if   S∉V'  then   L(G)为有穷语言
           else
               begin
(3)                构造 G'的 SDG;
(4)                if  SDG 中含有回路  then  L(G')为无穷语言
(5)                    else  L(G')为有穷语言。
               end
```

实际上,根据定理 8-7,就可以得到此算法的正确性。

8.3.3 x 是否为 L 的句子的判定

1. 知识点

(1) 判定一个给定的串 x 是否为一个给定文法 G 产生的句子,是利用计算机进行语言

处理的重要问题之一。

(2) 高级语言的主要语法结构可以用CFG来描述。

(3) 基本的语法分析方法分为自顶向下的分析和自底向上的分析两大类。

(4) 判断 x 是否为给定文法生成的句子的根本方法是看 G 能否派生出 x,有多种方法。

(5) 穷举法又称为试错法,使用回溯技术,其时间复杂度为串长的指数函数。

(6) CYK算法是一种时间复杂度为 $O(|x|^3)$ 的算法。

2. 主要内容解读

判断 x 是否为给定文法生成的句子的根本方法是看 G 能否派生出 x,方法有各种各样。一种最为简单的算法是用穷举法来寻找 x 在 G 中的派生,这种方法又称为"试错法"。由于这种方法是"带回溯"的,所以效率不高。其时间复杂度为串长的指数函数。

典型的自顶向下的分析方法:递归子程序法、LL(1)分析法、状态矩阵法等。

典型的自底向上的分析方法:LR分析法、算符优先分析法。

这些基本的方法均只可以分析CFG的一个真子类。

CYK算法的基本思想是从1到 $|x|$,找出 x 的相应长度的子串的派生变量,效率较高的根本原因是它在求 x 的长度为 i 的子串 y 的"派生变量"时,是根据相应的CNF中的形如

$$A \to BC$$

的产生式,使用已经求出的 B 是 y 的前缀的"派生变量",而 C 是相应的后缀的"派生变量"的结果。

算法 8-3 CYK算法。

输入:CNF $G=(V,T,P,S)$,x。

输出:$x \in L(G)$ 或者 $x \notin L(G)$。

主要数据结构:集合 $V_{i,k}$——可以派生出子串 $x_{i,k}$ 的变量的集合。这里,$x_{i,k}$ 表示 x 的从第 i 个字符开始的、长度为 k 的子串。

主要步骤:

```
(1) for  i=1  to  |x|  do
(2)          V_{i,1}={A|A→x_{i,1}∈P};
(3) for  k=2  to  |x|  do
(4)          for  i=1  to  |x|-k+1  do
                 begin
(5)                  V_{i,k}=∅;
(6)                  for  j=1  to  k-1  do
(7)                      V_{i,k}=V_{i,k}∪{A |A→BC∈P 且 B∈V_{i,j} 且 C∈V_{i+j,k-j}};
                 end
```

在上述算法中,步骤(1)和步骤(2)完成长度为1的子串的派生变量的计算。其时间复杂度为 $|P|$。步骤(3)控制算法依次完成长度是 $2,3,\cdots,|x|$ 的子串的派生变量的计算;步骤(4)控制完成对于串 x 中的所有长度为 k 的子串的派生变量的计算。这里的计算顺序依次为从第一个字符开始的长度为 k 的子串、从第二个字符开始的长度为 k 的子串、……、从第 $|x|-k+1$ 个字符开始的长度为 k 的子串。步骤(6)控制实现长度为 k 的子串的不同切

分方式下的派生的可能性。如子串 $abcd$ 可以依次切分成 a 与 bcd、ab 与 cd、abc 与 d 这 3 种情况。

k 控制的循环执行 $|x|-1$ 次;对于每一个 k,i 控制的循环为 $|x|-k+1$ 次;对于每一个 k 和 i,j 控制的循环执行 $k-1$ 次。所以,该算法的时间复杂度为: $O(|x|^3)$。

8.4 小　　结

本章讨论了 CFL 的性质和 CFL 的一些判定问题。

(1) 泵引理: 与 RL 的泵引理类似,CFL 的泵引理用来证明一个语言不是 CFL。它不能证明一个语言是 CFL,而且也是采用反证法。Ogden 引理是对泵引理的强化,它可以使证明者将注意力集中到所给字符串的那些令人感兴趣的地方——特异点。

(2) CFL 在并、乘、闭包、代换、同态映射、逆同态映射等运算下是封闭的。

(3) CFL 在交、补运算下是不封闭的。

(4) 存在判定 CFG 产生的语言是否为空、是否有穷、是否无穷,以及一个给定的符号串是否为该文法产生的语言的一个句子的算法。

8.5 典型习题解析

1. 用泵引理证明下列语言不是 CFL。

(4) $\{0^n1^n2^n \mid n\geqslant 0\}$。

证明: 设 $L=\{0^n1^n2^n \mid n\geqslant 0\}$ 是 CFL,N 为泵引理所说的正整数,取 $z=0^N1^N2^N$,注意到 u,v,w,x,y 的任意性,需要讨论它们的各种可能的取法。再注意到影响形成的串是否为 L 的句子的关键是 v 和 x 的取法,所以,只用讨论 v 和 x 的各种可能的取法。令 $j+k>0$,并且 j 和 k 均是非负整数。

① $v=0^j,x=0^k$

$$uv^iwx^iy=0^{N+(i-1)(j+k)}1^N2^N$$

当 $i\neq 1$ 时,$N+(i-1)(j+k)\neq N$,所以,在这种情况下,

$$0^{N+(i-1)(j+k)}1^N2^N\notin L$$

② $v=0^j,x=1^k$

$$uv^iwx^iy=0^{N+(i-1)j}1^{N+(i-1)k}2^N$$

注意到 $j+k>0$,所以,当 $i\neq 1$ 时,$N+(i-1)j\neq N$ 和 $N+(i-1)k\neq N$ 至少有一个成立,所以,在这种情况下,

$$0^{N+(i-1)j}1^{N+(i-1)k}2^N\notin L$$

③ $v=1^j,x=1^k$

讨论过程与 $v=0^j,x=0^k$ 类似。

④ $v=1^j,x=2^k$

讨论过程与 $v=0^j,x=1^k$ 类似。

⑤ $v=2^j,x=2^k$

讨论过程与 $v=0^j,x=0^k$ 类似。

综上所述，所有情况都不满足泵引理的要求，所以，L 不是 CFL。请读者注意，在本题的求解讨论中，将 j 和 k 之一为 0 的情况含在了 v 与 x 取同一种字符的情况中。

(7) $\{x\#y \mid x,y\in\{0,1\}^*$ 且 y 是 x 的子串$\}$。

证明：设 $L=\{x\#y \mid x,y\in\{0,1\}^*$ 且 y 是 x 的子串$\}$是 CFL，N 为泵引理所说的正整数，取

$z=0^N1^N\#0^N1^N$

令 $j+k>0$，并且 j 和 k 均是非负整数。

① $uv^iwx^iy=0^{N+(i-1)(j+k)}1^N\#0^N1^N$

当 $i=0$ 时，$uv^iwx^iy=0^{N+(0-1)(j+k)}1^N\#0^N1^N=0^{N-(j+k)}1^N\#0^N1^N\notin L$。

② $uv^iwx^iy=0^{N+(i-1)j}1^{N(i-1)k}\#0^N1^N$

当 $i=0$ 时，$uv^iwx^iy=0^{N+(0-1)j}1^{N+(0-1)k}\#0^N1^N=0^{N-j}1^{N-k}\#0^N1^N\notin L$。

③ $uv^iwx^iy=0^N1^{N+(i-1)(j+k)}\#0^N1^N$

当 $i=0$ 时，$uv^iwx^iy=0^N1^{N+(0-1)(j+k)}\#0^N1^N=0^N1^{N-(j+k)}\#0^N1^N\notin L$。

④ $uv^iwx^iy=0^N1^{N+(i-1)k}\#0^{N+(i-1)j}1^N$

当 $j\neq0,k\neq0$ 时，取 $i=0$ 时，$uv^iwx^iy=0^N1^{N+(0-1)k}\#0^{N+(0-1)j}1^N=0^N1^{N-k}\#0^{N-j}1^N\notin L$。

当 $j\neq0,k=0$ 时，取 $i=3$ 时，$uv^iwx^iy=0^N1^{N+(3-1)k}\#0^{N+(3-1)j}1^N=0^N1^N\#0^{N+2j}1^N\notin L$。

当 $j=0,k\neq0$ 时，取 $i=0$ 时，$uv^iwx^iy=0^N1^{N+(0-1)k}\#0^{N+(0-1)j}1^N=0^N1^{N-k}\#0^{N-j}1^N\notin L$。

⑤ $uv^iwx^iy=0^N1^N\#0^{N+(i-1)(j+k)}1^N$

当 $i=2$ 时，$uv^iwx^iy=0^N1^N\#0^{N+(2-1)(j+k)}1^N=0^N1^N\#0^{N+(j+k)}1^N\notin L$。

⑥ $uv^iwx^iy=0^N1^N\#0^{N+(i-1)j}1^{N+(i-1)k}$

当 $i=2$ 时，$uv^iwx^iy=0^N1^N\#0^{N+(2-1)j}1^{N+(2-1)k}=0^N1^N\#0^{N+j}1^{N+k}\notin L$。

⑦ $uv^iwx^iy=0^N1^N\#0^N1^{N+(i-1)(j+k)}$

当 $i=2$ 时，$uv^iwx^iy=0^N1^N\#0^N1^{N+(2-1)(j+k)}=0^N1^N\#0^N1^{N+2(j+k)}\notin L$。

综上所述，无论 v 和 x 取任何值，均不能满足泵引理的要求，所以，L 不是 CFL。

2. 用 Ogden 引理证明下列语言不是 CFL。

(2) $\{2^m1^k0^n \mid k=\max\{n,m\}\}$。

证明提示：设 N 为引理所说的正整数，取所有的 1 为特异点，并且取 $z=2^N1^N0^N$。

(4) $\{0^n1^n0^m \mid n\neq m\}$。

证明提示：设 N 为引理所说的正整数，取所有的 1 为特异点，并且取 $z=0^N1^N0^{N+N!}$。

3. 证明下列语言不是 CFL。

(2) $\{xyx \mid x,y\in\{0,1\}^+\}$。

证明提示：设 N 为引理所说的正整数，并且取 $z=0^N1^N110^N1^N$。

(3) $\{x \mid x\in\{0,1,2\}^+$ 且 x 中 0,1,2 的个数相等$\}$。

证明提示：设 N 为引理所说的正整数，并且取 $z=0^N1^N2^N$。

(4) $\{0^n1^n0^m1^m \mid n\neq m\}$。

证明提示：设 N 为引理所说的正整数，并且取 $z=0^N1^N0^{N+N!}1^{N+N!}$。

第 9 章 图灵机

本章讨论图灵机(Turing machine,TM),这个模型是由图灵(Alan Mathison Turing)在1936年提出的,它是一个通用的计算模型。虽然无法给出严格的形式化证明,但学术界公认,TM是计算机的一个简单的数学模型,与现今看到的计算机具有相同的功能。通过图灵机,研究它所定义的语言——递归可枚举集(recursively enumerable set,r.e.)和它所能计算的整函数——部分递归函数(partial recursive function),同时,也为进行算法和可计算性研究提供形式化描述工具。

图灵于1912年6月23日出生在英国伦敦近郊的帕丁顿(Paddington)自治镇,13岁进入谢博恩中学(Sherbourne School),此时他表现出的是特别强的演算能力。1931年图灵进入英国剑桥的国王学院(King's College)攻读数学。1935年,图灵开始对数理逻辑发生兴趣,在莱布尼茨(Gottfried Wilhelm Leibniz)的思想中,数理逻辑、数学和计算机都是出于统一的目的,即人的思维过程的演算化、计算机化,以致在计算机上实现。但是,莱布尼茨的这些思想和概念还比较模糊。1936年,图灵设计出了图灵机模型,用来将一些推理化成一系列简单的机械动作。然而,当图灵发表这一计算模型时,并不是将它作为相应论文的主题,而仅仅是该论文的一个脚注。图灵在这篇论文中主要论述的是"有些数学问题是不可解的",以解答1900年希尔伯特(David Hilbert)在世界数学家大会上提出的23个数学难题之一。可见图灵当时也并没有完全地意识到图灵机会是如此的重要,会成为计算学科如此重要的基础。当时图灵年仅24岁。

图灵的这一研究结果得到了美国科学家的高度重视,应美国普林斯顿大学的邀请,图灵来到美国,在美国他和丘奇合作进行研究,并于1938年在普林斯顿大学获得博士学位。图灵在获得博士学位后,拒绝了冯·诺依曼(John von Neumann)的邀请,没有到冯·诺依曼的实验室与冯·诺依曼从事相应的合作研究,而是回到了英国剑桥大学。回到英国后,图灵曾经设计了被称为ACE(automatic computing engine)存储程序式计算机,实际上图灵是独立于冯·诺依曼提出"存储程序"思想的。所以,虽然人们现在将这种类型的计算机都称为冯·诺依曼结构的,但冯·诺依曼本人从来没有说过是自己发明了存储程序式计算机,而总是说图灵是现代计算机设计思想的创始人。

1950年10月,图灵发表了另一篇重要论文:计算机和智能(computing machinery and intelligence),在这篇论文中,图灵进一步论述了"计算机可以具有智能"的思想,并且提出了被人们称为"图灵测试"的用于测试机器是否具有智能的方法。这是图灵对计算学科的又一个杰出贡献。

实际上,图灵还取得了很多成果,鉴于他的一系列杰出贡献和重大创造,1951 年,年仅 39 岁的图灵被选为英国皇家学会院士。然而,1952 年 6 月 7 日,这位计算领域的奇才不幸去世。为了纪念他,1966 年,美国计算机协会(Association for Computing Machinery, ACM)设立了计算领域的最高奖项——图灵奖,用于奖励那些在计算领域中做出创造性贡献、推动计算机科学技术发展的杰出科学家。一般每年只有一个人获奖。

与图灵提出的 TM 具有同样的计算能力的还有其他几种模型,包括:丘奇(Alonzo Church)提出的 λ 演算,哥德尔提出的递归函数,波斯特(E. L. Post)提出的波斯特系统。图灵曾经说过,凡是可计算的函数都可以用图灵机计算,这被称为图灵论题。类似地,丘奇也认为,任何计算,如果存在一个有效过程,它就能被图灵机实现,这被称为丘奇论题。人们往往将这两个论题合在一起,并称之为丘奇-图灵论题:可计算函数的直观概念可以用部分递归函数来等同。可计算性就是图灵可计算性。

本章的主要内容包括:图灵机作为一个计算模型,它的基本定义,即时描述,图灵机接受的语言;图灵机的构造技术;图灵机的变形;丘奇-图灵论题;通用图灵机。此外,还将简要介绍可计算语言、不可判定性、P-NP 问题。

建议读者将重点放在图灵机的定义上,尤其是将本书对应的主教材用作教材的本科生或者研究生,在学时有限时,应该在掌握基本定义的情况下,掌握图灵机的基本构造技术。按照这一说法,可以将图灵机的构造技术作为难点。

9.1 基本概念

知识点

(1) TM 用来对有效的计算过程——算法进行形式化描述。

(2) TM 具有两个重要性质:

① 具有有穷描述。

② 由离散的、可以机械执行的步骤组成。

(3) 基本 TM 的直观物理模型:

① 一个有穷控制器。

② 一条含有无穷多个带方格的输入带,每个带方格恰能容纳一个符号。它具有左端点,并且是右端无穷的。

③ 一个读头。

(4) TM 的移动:

① 改变有穷控制器的状态。

② 在当前所读符号所在的带方格中印刷一个符号。

③ 将读头向右或者向左移一格。

9.1.1 基本图灵机

1. 知识点

(1) TM $M=(Q,\Sigma,\Gamma,\delta,q_0,B,F)$。

(2) $\delta: Q\times\Gamma\to Q\times\Gamma\times\{R,L\}$。

(3) $\alpha_1\alpha_2\in\Gamma^*$,$q\in Q$,$\alpha_1 q\alpha_2$ 称为 M 的即时描述(ID)。

(4) 二元关系$\vdash_M$、$\vdash_M^n$、$\vdash_M^+$、$\vdash_M^*$。

(5) 与 FA、PDA 不同,当将 TM 作为语言识别器时,它并不总是需要扫描完整个符号串才能确定是否接受一个输入串。

(6) 递归可枚举语言和递归语言。

2. 主要内容解读

定义 9-1 图灵机(Turing machine,TM)M 是一个七元组:

$$M=(Q,\Sigma,\Gamma,\delta,q_0,B,F)$$

其中,

Q——状态的有穷集合,$\forall q\in Q$,q 为 M 的一个状态。

q_0——$q_0\in Q$,是 M 的开始状态。对于一个给定的输入串,M 从状态 q_0 启动,读头正注视着输入带最左端的符号。

F——$F\subseteq Q$,是 M 的终止状态集。$\forall q\in F$,q 为 M 的一个终止状态。与 FA 和 PDA 不同,一般地讲,一旦 M 进入终止状态,它就停止运行。

Γ——Γ 为带符号(tape symbol)表。$\forall X\in\Gamma$,X 为 M 的一个带符号,表示在 M 的运行过程中,X 可以在某一时刻出现在输入带上。Γ 也可称为带符号集。

B——$B\in\Gamma$,称为空白符(blank symbol)。含有空白符的带方格被认为是空的。

Σ——$\Sigma\subseteq\Gamma-\{B\}$为输入字母表。$\forall a\in\Sigma$,$a$ 为 M 的一个输入符号。除了空白符号 B 之外,只有 Σ 中的符号才能在 M 启动时出现在输入带上。

δ——$\delta: Q\times\Gamma\to Q\times\Gamma\times\{R,L\}$,为 M 的移动函数(transaction function)。

$\delta(q,X)=(p,Y,R)$表示 M 在状态 q 读入符号 X,将状态改为 p,并在这个 X 所在的带方格中印刷符号 Y,然后将读头向右移一格。

$\delta(q,X)=(p,Y,L)$表示 M 在状态 q 读入符号 X,将状态改为 p,并在这个 X 所在的带方格中印刷符号 Y,然后将读头向左移一格。

为了在后面进行图灵机的扩展时叙述方便,需要时,称满足定义 9-1 的图灵机为基本图灵机(basic Turing machine)。

首先注意从基本定义上比较已经建立起来的 FA,PDA,TM 这 3 个模型。

DFA $M=(Q,\Sigma,\delta,q_0,F)$	$\delta: Q\times\Sigma\to Q$
PDA $M=(Q,\Sigma,\Gamma,\delta,q_0,Z_0,F)$	$\delta: Q\times(\Sigma\cup\{\varepsilon\})\times\Gamma\to 2^{Q\times\Gamma^*}$
TM $M=(Q,\Sigma,\Gamma,\delta,q_0,B,F)$	$\delta: Q\times\Gamma\to Q\times\Gamma\times\{R,L\}$

① 它们都具有一个有穷状态集合,一个输入字母表。

② 它们的移动都和当前状态和当前读入的符号有关。

③ 与 DFA 和 PDA 相比,TM 可以在输入带上印刷符号,而前两者是不能改变输入带的内容的。

④ 与 DFA 相比,TM 多出了一个空白符 B 和一个可以在带上印刷的符号集。

⑤ 与 PDA 相比,它没有栈和栈符号,但却可以在带上印刷带符号集合中的任何符号。

⑥ TM 的读头可以向左和向右移动，而 DFA 和 PDA 的读头是不能向左移动的。

⑦ 与 DFA 类似，TM 的移动也是“确定的”。

⑧ TM 处理输入的过程更类似于计算机程序（系统）处理输入的过程。所以，构造 TM，有时会感觉到实际是在编写处理程序。

定义 9-2 设 TM $M=(Q,\Sigma,\Gamma,\delta,q_0,B,F)$，$\alpha_1\alpha_2\in\Gamma^*$，$q\in Q$，$\alpha_1 q\alpha_2$ 称为 M 的**即时描述**（instantaneous description，ID）。其中，q 为 M 的当前状态，当 M 的读头注视的符号右边还有非空白符时，$\alpha_1\alpha_2$ 为 M 的输入带最左端到最右端的非空白符号组成的符号串；否则，$\alpha_1\alpha_2$ 是 M 的输入带最左端到 M 的读头注视的带方格中的符号组成的符号串。此时，M 正注视着 α_2 的最左符号。

设

$$X_1X_2\cdots X_{i-1}qX_iX_{i+1}\cdots X_n$$

是 M 的一个 ID，如果

$$\delta(q,X_i)=(p,Y,R)$$

则，M 的下一个 ID 为

$$X_1X_2\cdots X_{i-1}YpX_{i+1}\cdots X_n$$

记作

$$X_1X_2\cdots X_{i-1}qX_iX_{i+1}\cdots X_n \vdash_M X_1X_2\cdots X_{i-1}YpX_{i+1}\cdots X_n$$

表示 M 在 ID $X_1X_2\cdots X_{i-1}qX_iX_{i+1}\cdots X_n$ 下，经过一次移动，将 ID 变成 $X_1X_2\cdots X_{i-1}YpX_{i+1}\cdots X_n$；

如果

$$\delta(q,X_i)=(p,Y,L)$$

则当 $i\neq 1$ 时，M 的下一个 ID 为

$$X_1X_2\cdots pX_{i-1}YX_{i+1}\cdots X_n$$

记作

$$X_1X_2\cdots X_{i-1}qX_iX_{i+1}\cdots X_n \vdash_M X_1X_2\cdots pX_{i-1}YX_{i+1}\cdots X_n$$

表示 M 在 ID $X_1X_2\cdots X_{i-1}qX_iX_{i+1}\cdots X_n$ 下，经过一次移动，将 ID 变成 $X_1X_2\cdots pX_{i-1}YX_{i+1}\cdots X_n$。

当 $i=1$ 时，M 在移动之前，它的读头已经处在输入带的最左端，此时再让 M 左移读头，会使 M 的读头离开输入带，这是不允许的。为了避免此现象出现，规定在此情况下，M 没有下一个 ID。

显然，$\vdash_M$ 是 $\Gamma^*Q\Gamma^*\times\Gamma^*Q\Gamma^*$ 上的一个二元关系。令

$\vdash_M^n$ 表示 $\vdash_M$ 的 n 次幂：$\vdash_M^n=\left(\vdash_M\right)^n$。

$\vdash_M^+$ 表示 $\vdash_M$ 的正闭包：$\vdash_M^+=\left(\vdash_M\right)^+$。

$\vdash_M^*$ 表示 $\vdash_M$ 的克林闭包：$\vdash_M^*=\left(\vdash_M\right)^*$。

设 ID_1 和 ID_2 是 M 的两个 ID，按照二元关系合成的意义，不难看出，

$ID_1 \vdash_M^n ID_2$ 表示 M 经过 n 次移动,从 ID_1 变成 ID_2。

$ID_1 \vdash_M^+ ID_2$ 表示 M 经过至少一次移动,从 ID_1 变成 ID_2。

$ID_1 \vdash_M^* ID_2$ 表示 M 经过若干次移动,从 ID_1 变成 ID_2。

在意义明确时,分别用$\vdash$,$\vdash^n$,$\vdash^+$,$\vdash^*$ 表示$\vdash_M$,$\vdash_M^n$,$\vdash_M^+$,$\vdash_M^*$。

FA,PDA,TM 三者的 ID 都是用来刻画相应模型在某一时刻的运行情况。

在 FA 中,ID 被定义为$\Sigma^* Q\Sigma^*$中的一个元素,$xqay$ 表示 xay 为 M 的输入串,x 为已经被 M 处理(扫描)过的前缀,ay 是 x 对应的、此时还未处理(扫描)的后缀,其中 a 是 M 正注视的符号。

在 PDA 中,由于有了栈,ID 必须增加对栈的描述,所以,在那里,ID 被定义为 $Q\times\Sigma^*\times\Gamma^*$ 中的一个元素,$(q,y,A\alpha)$表示输入串 $z=xy$ 的前缀 x 已经被 M 处理(扫描)过,y 是该输入串的还未被处理(扫描)的最长后缀,而且 M 正注视着 y 的首字符。$A\alpha$ 为 M 的栈中的内容,其中 A 是当前的栈顶符号。

在 TM 中,由于所有的操作都在输入带上,所以,状态和输入带当前的内容就完全表示它当前时刻的运行情况。之所以要求当 M 的读头注视的符号右边没有非空白符时,$\alpha_1\alpha_2$ 为 M 的输入带最左端到 M 的读头注视的带方格中的符号组成的符号串,是希望将其他的空白符号 B 都省略。当然,当 M 的读头右边还有非空白符时,$\alpha_1\alpha_2$ 需要"延长到"输入带"当前时刻"最右的非空白符号,以包含输入带上的全部"有效内容"。

定义 9-3 设 TM $M=(Q,\Sigma,\Gamma,\delta,q_0,B,F)$,$M$ 接受的语言

$$L(M)=\{x \mid x\in\Sigma^* \text{ 且 } q_0x \vdash_M^* \alpha_1 q\alpha_2 \text{ 且 } q\in F \text{ 且 } \alpha_1,\alpha_2\in\Gamma^*\}$$

从表面上看,这个定义与 FA,PDA(以终态方式)接受语言的定义类似,都是将能够引导 TM 从启动状态出发,最终到达终止状态的输入串定义为相应模型所接受的符号串,但是,无论是在 FA 中,还是在 PDA 中,相应的模型都必须扫描完整个输入串,才能确定是否接受此串,也就是看在相应的模型处理(扫描)完整个符号串时是否处于某个终止状态,如果是,则表示接受,否则表示拒绝。此时并不考虑在处理这个符号串的过程中间(不包括最后),是否经过了终止状态。而 TM 则不一样,一般来讲,一旦它到达一个终止状态,就表示相应的输入串被接受,而不考虑它是否已经扫描过所有的字符。这种定义既考虑到了 TM 在处理(扫描)一个输入串时既可以向左移动读头,又可以向右移动读头,还考虑到处理问题的实际需要。例如,如果只需要判定输入串的首字符是 0 还是 1,就不需要扫描完整个字符串;如果目标是考查一个字符串中是否含有子串 sub,同样不总是需要扫描完整个符号串。

定义 9-4 TM 接受的语言称为**递归可枚举语言**(recursively enumerable language,r.e.)。如果存在 TM $M=(Q,\Sigma,\Gamma,\delta,q_0,B,F)$,$L=L(M)$,并且对每一个输入串 x,M 都停机,则称 L 为**递归语言**(recursively language)。

显然,递归语言是递归可枚举语言的子类。

9.1.2 图灵机作为非负整函数的计算模型

1. 知识点

(1) TM 除了作为语言识别器外，还可以作为函数的计算器。

(2) 用 0^n 表示整数 n。

(3) 作为 TM 的输入，用符号串 $0^{n_1}10^{n_2}1\cdots10^{n_k}$ 表示 k 元非负整函数 $f(n_1,n_2,\cdots,n_k)$ 的 k 个变量 $n_1,n_2,\cdots,n_k$ 的值。

(4) 如果 $f(n_1,n_2,\cdots,n_k)=m$，则该 TM 的输出为 0^m。

(5) 图灵可计算函数与图灵可计算。

(6) 完全递归函数与部分递归函数。

(7) 在一定的意义上，部分递归函数可以与递归可枚举语言相对应，完全递归函数可以与递归语言对应。

2. 主要内容解读

定义 9-5 设有 k 元函数 $f(n_1,n_2,\cdots,n_k)=m$，TM $M=(Q,\Sigma,\Gamma,\delta,q_0,B,F)$接受输入串 $0^{n_1}10^{n_2}1\cdots10^{n_k}$，输出符号串 0^m。当 $f(n_1,n_2,\cdots,n_k)$无定义时，TM M 没有恰当的输出。称 TM M 计算 k 元函数 $f(n_1,n_2,\cdots,n_k)$，也称 $f(n_1,n_2,\cdots,n_k)$为 TM M 计算的函数。也称 f 是图灵可计算的(Turing computable)。

与 TM 作为语言的识别器类似，对于一个 k 元函数 $f(n_1,n_2,\cdots,n_k)$的某一个输入串 $0^{n_1}10^{n_2}1\cdots10^{n_k}$，TM 也可能不停机。另外，考虑到一个处理装置有时候可能会遇到一些不恰当的输入串，所以，有如下定义。

定义 9-6 设有 k 元函数 $f(n_1,n_2,\cdots,n_k)$，如果对于任意的 $n_1,n_2,\cdots,n_k$，f 均有定义，也就是计算 f 的 TM 总能给出确定的输出，则称 f 为完全递归函数(total recursive function)。一般地，TM 计算的函数称为部分递归函数(partial recursive function)。

按照这个定义，由于整数的加、乘、幂等运算都有确定的值，所以，有限次使用这些运算构造出来的函数都是可计算的。实际上，使用恰当的编码表示，其他的运算也是可以用 TM 实现的。所以，常用的算术函数都是完全递归函数。

另外，按照对任意一个输入串是否都停机的意义来讲，部分递归函数可以与递归可枚举语言相对应，完全递归函数可以与递归语言对应。

9.1.3 图灵机的构造

1. 知识点

(1) 本节叙述的都是基本 TM 的构造技术。特别要注意的是，多道(Multi-track)TM 也是基本的 TM。

(2) TM 的状态具有有穷存储功能，TM 的“有穷的存储器”可以用来存放需要记忆的内容，当然，这些需要记忆的内容也只有有穷多种。

(3) 多道技术。

(4) 子程序技术。

2. 主要内容解读

(1) 状态的有穷存储功能的利用。

在研究 FA 的构造时,根据 FA 有有穷个状态,这些状态可以存放有穷的内容——状态的有穷存储功能的特性,比较自然地完成了识别某些语言的 FA 的构造。TM 也有有穷个状态,所以,也可以认为 TM 具有有穷存储功能,利用这一点,同样对完成 TM 的构造是非常有意义的。用如下例子进行说明。

例 9-7 构造 TM M_6,使得 $L(M_6)=\{x \mid x\in\{0,1\}^*$ 且 x 中至多含 3 个 1$\}$。

本例题是利用有穷存储功能来记忆当前已经读到了几个 1。由于题目要求的是 x 中至多含 3 个 1,所以,只有 5 种不同的情况要记忆。下面给出的 5 个状态明确地表示出了这一点。显然,也可以分别用 q_0,q_1,q_2,q_3,q_f 来表示它们,只不过这种表示方法太一般化了,不太容易看出"存储"表现在哪里。实际上,q_0,q_1,q_2,q_3,q_f 只不过是 $q[0],q[1],q[2],q[3],q[f]$ 的重命名罢了。

$q[0]$表示当前已经读到 0 个 1。

$q[1]$表示当前已经读到 1 个 1。

$q[2]$表示当前已经读到 2 个 1。

$q[3]$表示当前已经读到 3 个 1。

$q[f]$为终止状态,表示 M 最多只读到 3 个 1。

$L(M_7)=\{x \mid x\in\{0,1\}^*$ 且 x 中含且仅含 3 个 1$\}$,$L(M_8)=\{x \mid x\in\{0,1\}^*$ 且 x 中至少含 3 个 1$\}$ 的构造与 M_6 的构造是类似的,只是在处理进入终止状态的时机上略有不同罢了。

例 9-8 构造 TM M_9,它的输入字母表为$\{0,1\}$,现在要求 M_9 在它的输入符号串的尾部添加子串 101。

例 9-9 构造 TM M_{10},它的输入字母表为$\{0,1\}$,现在要求 M_{10} 在它的输入符号串的开始处添加子串 101。

这两个例题都是使用状态的有穷存储功能存放一个受限长度的串 101,并将其印刷到指定的位置。不同处是例 9-9 要求印在开始处,这就需要将带上原来的内容顺序后移 3 个带方格。

(2) 多道技术(multi-track)。

TM 的输入带可以被看作有多个道,每个道上的带方格是一一对应的,它们分别构成一个元组,TM 的读头每次读入读头所指的这个元组,与对一般的元组的处理方式一样,根据需要,允许 TM 处理该元组,也允许 TM 处理该元组的某个分量。这就是说,每个道上的信息可以被独立地处理,也可以被同时处理。

设 TM M 有 n 个道,TM 的每个时刻读到的"符号"是一个形如$[a_1,a_2,\cdots,a_n]$的 n 元组。如果只需要关注这个 n 元组中的某一个分量 a_i,相当于 M 读到的是 a_i,如果需要关注的是几个分量,相当于 M 读到的是这几个分量,而对剩余的其他分量来说,M 只需要把它们原样印刷到原来的地方。所以,将其理解为对形如$[a_1,a_2,\cdots,a_n]$的符号的处理。

根据上述分析，多道 TM 与下节将要讨论的 TM 的修改不同，多道 TM 并不是对 TM 的一种修改，而只是一种构造技术。

多道技术给设计 TM 提供了方便的手段。使得我们可以用不同的道去记录不同的信息，而在 TM 启动时，一般只让其中的一个道含有有效信息，其他道含的都是空白符号。在特殊需要时，可以将输入符号设计成多元组的形式。

根据上述分析，不难看出，多道 TM 完全与基本的 TM 等价，只是读入符号的形式让我们使用起来更方便罢了。

例如，可以用一个 3 道 TM 来完成 n 是否可以被 M 整除的测试：启动时，M 在第一道上记录被除数和除数 0^n10^m，第二道和第三道上都是空白符 B。此时也可以看成 TM 的输入带上存放的是符号串

$$[0,B,B]^n[1,B,B][0,B,B]^m$$

可以将第一道上的 m 抄到第二道上，将 n 抄到第三道上，然后反复地从第三道上减去第二道的内容，看是否会在某一次循环后正好将第三道上的内容"减""干净"，如果是，n 就可以被 m 整除；否则，n 就不能被 m 整除。如果还希望给出整除的结果，则可以再添加一道，用来记录结果。

实际上，就判断一个整数是否可以被另一个整数整除这个问题来讲，使用单道技术也是容易解决的。但是，当需要解决更复杂的问题时，多道技术就会显示出其优势来。例如，判断一个整数是否为素数，需要对这个整数进行质因数分解，此时，使用多道技术就比单道技术方便许多。

(3) 子程序技术(subroutine)。

将 TM 的设计看作一种特殊的程序设计，还可以将子程序的概念引进来。一个完成某一个给定功能的 TM M' 从一个状态 q 开始，到达某一个固定的状态 f 结束。这里将这两个状态作为另一个 TM M 的两个一般的状态。当 M 进入状态 q 时，相当于启动 M'(调用 M' 对应的子程序)；当 M' 进入状态 f 时，相当于返回到 M 的状态 f。这种方法用来设计实现正整数乘法运算的 TM。

子程序技术的引进，使我们进一步"直观地"感觉出设计 TM 实际上就是在设计一个问题的求解过程，而且这个过程是可以用 TM 所规定的语言实现描述的，是可以通过一系列"离散的""可以机械执行的"步骤实现的。而使用的计算机对问题的求解也正是用这种方式实现的，只不过对不同的计算系统来说，用来描述这些过程的语言不同罢了。所以，从直观的意义上讲，用计算机能解决的问题都是图灵可计算的。

在主教材的例 9-11 中，所构造的 TM 用来完成正整数的乘法运算。约定 M_{12} 接受的输入串为 0^n10^m，输出应该为 0^{n*m}。给出的是处理算法的基本思想：每次将 n 个 0 中的 1 个 0 改成 B，就在输入串的后面复写 m 个 0。M_{12} 运行过程中，输入带的内容

$$B^h0^{n-h}10^m10^{m*h}B$$

相当于是 M_{12} 所处理的数据的表示形式。围绕这个表示形式，将 M_{12} 的功能分成初始化、主控系统、子程序 3 部分。

在那里用的是形如 $q_00^n10^m \overset{+}{\vdash} Bq_10^{n-1}10^m1$，$B^hq_10^{n-h}10^m10^{m*(h-1)}B \overset{+}{\vdash} B^h0^{n-h}1q_20^m10^{m*(h-1)}B$，$B^h0^{n-h}1q_30^m10^{m*h}B \overset{+}{\vdash} B^{h+1}q_10^{n-h-1}10^m10^{m*h}B$，$B^nq_110^m10^{m*n}B \overset{+}{\vdash}$

$B^{n+1+m+1}q_40^{m*n}B$,$B^{h+1}0^{n-h-1}1q_20^m10^{m*h}B \vdash^{+} B^{h+1}0^{n-h-1}1q_30^m10^{m*h+1}B$ 等的 ID 表示 TM 的处理过程,这相当于给出了相应部分的输入、输出、功能,更深入一层的设计(求精)可以给出这些 ID 的变换过程,这些变换过程可以用类似于主教材图 9-2 至图 9-5 的表示构造思路的图来表示。

9.2 图灵机的变形

知识点

在基本 TM 的基础上,讨论按照如下方式进行修改——扩充。

(1) 双向无穷带 TM 允许 TM 的输入带是双向无穷的。

(2) 多带 TM 允许 TM 有多于一条的输入带。此时,每条带上将有一个读头。

(3) 不确定的 TM 允许 TM 在某一状态下根据读入的符号选择地进行某一个动作:进入某个状态,在读头的当前位置印刷某个符号,将读头移向某个方向。

(4) 多维 TM 相当于在双向 TM 的基础上进一步扩充,允许 TM 的"输入带"向更多的方向延伸。

(5) 多头 TM 允许 TM 在一条带上有多个读头。

(6) 离线 TM 有一条只读带,这条带上的读头被限制在输入串所在的范围中移动。

(7) 作为枚举器的 TM 用来枚举递归可枚举语言的所有句子。

(8) 多栈机是有一条输入带和多个存储带的 TM。

(9) 计数器机是一种离线 TM,它有一条只读输入带和多条用于记数的单向无穷带。

(10) TM 的各种变形虽然都在一定的方面有了一定的扩展,但它们与基本的 TM 仍然是等价的。

这些变形使得我们可以像通过对 FA 的扩充那样,将相应的构造变得更容易。

9.2.1 双向无穷带图灵机

1. 知识点

(1) 双向无穷带 TM 的物理模型。

(2) 双向无穷带 TM 的形式定义。

(3) 双向无穷带 TM 等价于基本 TM。

(4) 基本 TM 使用一个 2 道带来模拟双向无穷带的 TM,这两个道分别模拟双向无穷 TM 的左右两个方向的处理。

2. 主要内容解读

双向无穷带 TM 的物理模型如图 9-6 所示。

定义 9-7 双向无穷带图灵机(Turing machine with two-way infinite tape) TM $M=(Q,\Sigma,\Gamma,\delta,q_0,B,F)$是一个七元组,其中,$Q,\Sigma,\Gamma,\delta,q_0,B,F$ 的意义与定义 9-1 中所给相同。M 的即时描述 ID 也与定义 9-2 相同。

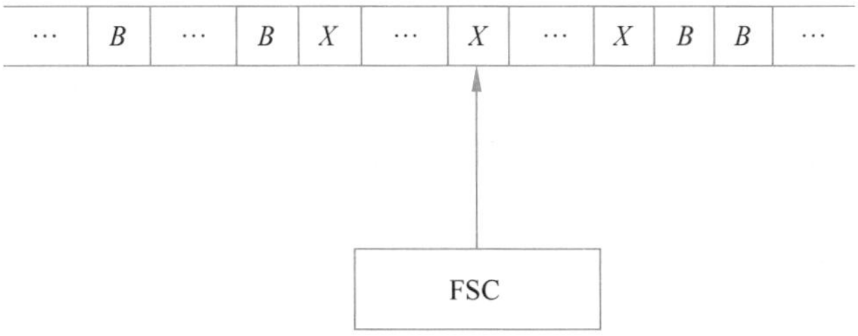

图 9-6 双向无穷带 TM 的物理模型

不同的是，允许 M 的读头处在输入串的最左端时，仍然可以向左移动，为了便于阅读，重新将 M 的 ID 的变换定义如下。设

$$X_1X_2\cdots X_{i-1}qX_iX_{i+1}\cdots X_n$$

是 M 的一个 ID，如果

$$\delta(q,X_i)=(p,Y,R)$$

则当 $i\neq1$ 并且 $Y\neq B$ 时，M 的下一个 ID 为

$$X_1X_2\cdots X_{i-1}YpX_{i+1}\cdots X_n$$

记作

$$X_1X_2\cdots X_{i-1}qX_iX_{i+1}\cdots X_n \vdash_M X_1X_2\cdots X_{i-1}YpX_{i+1}\cdots X_n$$

表示 M 在 ID $X_1X_2\cdots X_{i-1}qX_iX_{i+1}\cdots X_n$ 下，经过一次移动，将 ID 变成 $X_1X_2\cdots X_{i-1}YpX_{i+1}\cdots X_n$。

当 $i=1$ 并且 $Y=B$ 时，M 的下一个 ID 为

$$pX_2\cdots X_n$$

记作

$$qX_1X_2\cdots X_n \vdash_M pX_2\cdots X_n$$

也就是说，和基本 TM 在读头右边全部是 B 时，这些 B 不在 ID 中出现一样，当双向无穷带 TM 的读头左边全部是 B 时，这些 B 也不在该 TM 的 ID 中出现。

如果

$$\delta(q,X_i)=(p,Y,L)$$

则当 $i\neq1$ 时，M 的下一个 ID 为

$$X_1X_2\cdots pX_{i-1}YX_{i+1}\cdots X_n$$

记作

$$X_1X_2\cdots X_{i-1}qX_iX_{i+1}\cdots X_n \vdash_M X_1X_2\cdots pX_{i-1}YX_{i+1}\cdots X_n$$

表示 M 在 ID $X_1X_2\cdots X_{i-1}qX_iX_{i+1}\cdots X_n$ 下，经过一次移动，将 ID 变成 $X_1X_2\cdots pX_{i-1}YX_{i+1}\cdots X_n$。

当 $i=1$ 时，M 的下一个 ID 为

$$pBYX_2\cdots X_n$$

记作

$$qX_1X_2\cdots X_n \vdash_M pBYX_2\cdots X_n$$

表示 M 在 ID $qX_1X_2\cdots X_n$ 下,经过一次移动,将 ID 变成 $pBYX_2\cdots X_n$。

定理 9-1 对于任意一个双向无穷带图灵机 M,存在一个等价的基本图灵机 M'。即 $L(M')=L(M)$。

证明要点:

(1) 构造思路。

问题的关键是用单向无穷带模拟双向无穷带。而且要保证原来在两个方向上的"无穷性"仍然能够实现。

双向无穷存储的模拟:用一个具有两个道的基本 TM 来模拟给定 TM 的双向无穷带。其中一个道用来存放 M 开始启动时读头所注视的带方格(A_0 所在的带方格)及其右边的所有带方格中存放的内容;另一个道按照相反的顺序存放开始启动时读头所注视的带方格左边的所有带方格中存放的内容。

双向移动的模拟:在第一道上,移动的方向与原来的移动方向一致;在第二道上,移动的方向与原来的移动方向相反。

(2) 设 $M=(Q,\Sigma,\Gamma,\delta,q_0,B,F)$是一个双向无穷带 TM。

(3) 在与 A_0 对应的带方格的第二道上印刷符号₵,以表示这是带的最左端,如图 9-7 所示。M'在运行过程中,必须知道自己当前是在处理第一道上的符号还是在处理第二道上的符号。

…	B	A_{-n}	…	A_{-1}	A_0	…	A_i	…	A_m	B	B	…

(a) M的双向无穷带

A_0	A_1	…	A_i	…	B	…
₵	A_{-1}	…	A_{-i}	…	B	…

(b) M'用单向无穷带模拟 M 的双向无穷带

图 9-7 用单向无穷带模拟双向无穷带

(4) 让 M'的"基本"状态与 M 相同,而在"基本"状态上增加标记当前是在处理哪一道上的符号的标记。所以,M'的状态有两个分量,一个分量为 M 的状态,另一个分量表示它当前所运行的道。

(5) 用 1 表示当前正处理第一道上的符号,用 2 表示当前正在处理第二道上的符号。

(6) M'的形式描述如下:

$$M'=(Q\times\{1,2\},\Sigma\times\{B\},\Gamma\times\Gamma\cup\Gamma\times\{₵\},\delta',q_0,[B,B],F\times\{1,2\})$$

其中,δ'按照下列方式定义。

① M' 在启动时,要模拟 M 的启动动作,并且要将输入带的左端点标示符₵ 印刷在第一个带方格的第二道上。然后按照右移和左移而分别进入第一道或者第二道运行。

对于 $\forall a\in\Sigma\cup\{B\}$,如果 $\delta(q_0,a)=(p,X,R)$,那么令

$$\delta'(q_0,[a,B])=([p,1],[X,₵],R)$$

如果 $\delta(q_0,a)=(p,X,L)$,那么令

$$\delta'(q_0,[a,B])=([p,2],[X,\not{C}],R)$$

② 当 M' 的读头未指向带的最左端的符号时，它在第一道上完全模拟 M 的动作。

对于 $\forall[X,Z]\in\Gamma\times\Gamma$，如果 $\delta(q,X)=(p,Y,D)$，那么令

$$\delta'([q,1],[X,Z])=([p,1],[Y,Z],D)$$

③ 当 M'的读头未指向带的最左端的符号时，它在第二道上模拟 M 的动作，但需要向相反的方向移动。

对于 $\forall[X,Z]\in\Gamma\times\Gamma$，如果 $\delta(q,X)=(p,Y,D)$，那么令

$$\delta'([q,2],[X,Z])=([p,2],[Y,Z],f(D))$$

其中，$f(D)$表示 D 的相反方向。

④ 当 M' 的读头正指向带的最左端的符号时，它实际上只可能是在第一道上运行。

因此，对于 $\forall q\in Q$，$\forall X\in\Gamma$，如果 $\delta(q,X)=(p,Y,R)$，那么令

$$\delta'([q,1],[X,\not{C}])=([p,1],[Y,\not{C}],R)$$
$$\delta'([q,2],[X,\not{C}])=([p,1],[Y,\not{C}],R)$$

如果 $\delta(q,X)=(p,Y,L)$，那么令

$$\delta'([q,1],[X,\not{C}])=([p,2],[Y,\not{C}],R)$$
$$\delta'([q,2],[X,\not{C}])=([p,2],[Y,\not{C}],R)$$

(7) 通过证明 M'与 M 的每个动作都是可以互相模拟的，容易证明 $L(M')=L(M)$。

9.2.2 多带图灵机

1. 知识点

(1) 允许图灵机有多个双向无穷带，每个带上有一个相互独立的读头。

(2) 可以用一个具有 $2k$ 道的双向无穷带图灵机模拟一个 k 带的图灵机，所以，k 带图灵机与基本的图灵机等价。

2. 主要内容解读

允许图灵机有多个双向无穷带，每个带上有一个相互独立的读头。这种具有多个双向无穷带的图灵机称为**多带图灵机**(multi-tape Turing machine)。图 9-8 是多带图灵机的物理模型。当图灵机具有 k 条双向无穷带时，称它为 k 带图灵机(k-tape Turing machine)。k 带图灵机在启动时，输入只出现在第一条带上，其他带都是空的。

在每一个动作中，k 带图灵机根据其有穷控制器的状态以及每个读头当前正注视的符号确定下一个状态，而且各个读头可以相互独立地向希望的方向移动一个带方格。即在一次移动中，它完成如下 3 个动作。

(1) 改变当前状态。

(2) 各个读头在自己所注视的带方格上印刷一个希望的符号，这些带方格分别处于不同的带上。

(3) 各个读头向各自希望的方向移动一个带方格。

定理 9-2 多带图灵机与基本的图灵机等价。

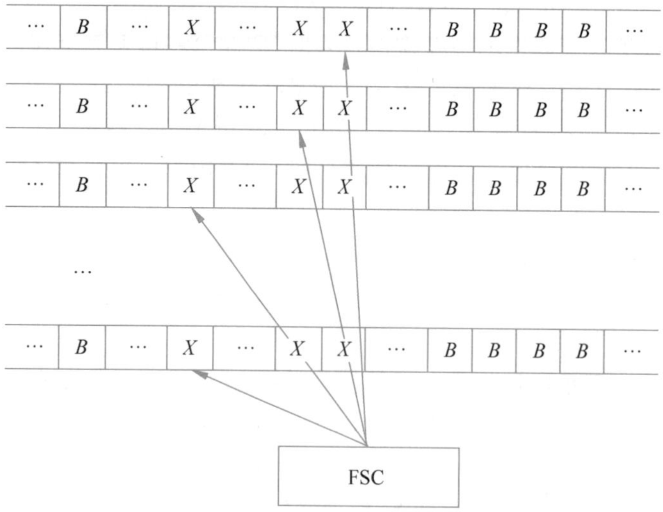

图 9-8 多带图灵机的物理模型

证明要点:

设 $M=(Q,\Sigma,\Gamma,\delta,q_0,B,F)$ 是一个 k 带图灵机,这里用一条具有 $2k$ 道的双向无穷带图灵机 M' 实现对这个 k 带图灵机 M 的模拟。对应 M 的每一条带,M' 用两个道来实现模拟。其中,一条道用来存放对应的带的内容;另一条道专门用来标记对应带上的读头所在的位置。也就是说,这条道上只有一个带方格有一个非 B 符号,它指出,该带的读头正注视着这个非 B 的符号所在的带方格对应于此道的符号。

M' 的状态有 $3k+2$ 个分量,相应的状态集合为

$$Q\times(\Gamma\times\Gamma\times\{R,L\})\times\cdots\times(\Gamma\times\Gamma\times\{R,L\})\times\{1,2,\cdots,k\}$$

M' 为了模拟 M 的动作,需要对输入带进行扫描,以发现各个原始读头当前所注视的字符,并且将这个字符记在自己的有穷控制器中。第 j 组 $(\Gamma\times\Gamma\times\{R,L\})$ 中的元素 $[X,Y,D]$,表示 M 的第 j 个读头目前正注视着 X,它在当前要进行的动作中,将把这个 X 改印成 Y,同时,还要根据 D 所指示的方向移动该读头。

M' 状态的第一个分量为原图灵机的状态,M' 的最后一个分量表示 M' 的读头注视的带方格的右侧还有多少个原始读头位置需要扫描。

M' 每次都需要从最左的原始读头的标示位置开始,向右扫描,记下各个原始读头当前所注视的字符,直到读到最右的原始读头的标示位置。然后按照 M 在此情况下所要做的动作,从左到右,完成 M 动作的模拟。即印刷符号标示读头的新位置。在完成所有读头的本次动作的模拟后,再开始下一次的循环,直到到达终止状态。

9.2.3 不确定的图灵机

1. 知识点

(1) 不确定图灵机允许图灵机在某一状态下根据读入的符号选择地进行某一个动作。

(2) 可以让基本图灵机按照一定的顺序执行不确定图灵机处理一个输入串的各种可能的移动序列,以实现不确定图灵机的功能。

（3）不确定图灵机与基本图灵机等价。

2. 主要内容解读

不（非）确定的图灵机（nondeterministic Turing machine）TM $M=(Q,\Sigma,\Gamma,\delta,q_0,B,F)$，它与基本图灵机的区别是对于任意的$(q,X)\in Q\times\Gamma$，

$$\delta(q,X)=\{(q_1,Y_1,D_1),(q_2,Y_2,D_2),\cdots,(q_k,Y_k,D_k)\}$$

其中，D_j 为读头的移动方向。即 $D_j\in\{R,L\}$，$j=1,2,\cdots,k$。表示 M 在状态 q，读到带符号 X 时，可以有选择地进入状态 q_j，在当前的带方格中印刷字符 Y_j，并按照 D_j 移动读头。

$L(M)=\{w\mid w\in\Sigma^*$ 且存在 ID 序列 $\mathrm{ID}_1,\mathrm{ID}_2,\cdots,\mathrm{ID}_n$，满足 $\mathrm{ID}_1\vdash\mathrm{ID}_2\vdash\cdots\vdash\mathrm{ID}_n$，且 ID_n 中所含的状态为 M 的终止状态$\}$

对不确定的图灵机的理解，可以参考对 NFA 和 PDA 的理解。对于任意输入串，可以让 M 逐一地按照当前列举出的移动序列去处理它，如果该串是 M 接受的语言的句子，则 M 终究会执行接受这个串的移动序列。

定理 9-3 不确定的图灵机与基本的图灵机等价。

证明要点：

（1）让等价的基本图灵机 M' 具有 3 条带。第一条带用来存放输入，第二条带用来存放生成的用于处理输入串的移动序列，第三条带相当于是一个草稿纸。

（2）对 M 的动作进行编码。

（3）在第二条带上系统地生成 M 的各种可能的移动序列。

（4）M' 在第三条带上按照第二条带上给出的移动系列处理输入串，如果成功，则接受之；如果不成功，则在第二条带上生成下一个可能的移动系列，开始新一轮的“试处理”。

（5）产生移动系列的顺序为，先产生较短的序列，后产生较长的序列。对于同样长度的移动序列，则可以按照移动编号值的大小来排定顺序。值较小的排在前面，值较大的排在后面。

9.2.4 多维图灵机

1. 知识点

（1）可以沿着多个维移动读头的图灵机称为多维图灵机。可以沿着 k 个维移动读头的图灵机称为 k 维图灵机。

（2）k 维图灵机的带由 k 维阵列组成，而且在所有的 $2k$ 个方向上都是无穷的，它的读头可以向着 $2k$ 个方向中的任一个移动。

（3）段。

（4）用一维的形式表示 k 维的内容。

（5）多维图灵机与基本图灵机等价。

2. 主要内容解读

多维图灵机（multi-dimensional Turing machine）的读头可以沿着多个维移动。如果一个图灵机可以沿着 k 维移动，则称之为 k 维图灵机（k-dimensional Turing machine）。k 维

图灵机的带由 k 维阵列组成，而且在所有的 $2k$ 个方向上都是无穷的，它的读头可以向着 $2k$ 个方向中的任一个移动。

在图灵机运行期间的任意时刻，一个 k 维图灵机的每一维上也只有有限多个道各自含有有穷多个非空白字符。表明它只有有限范围的带上含有非空白的内容。这就是说，在任意时刻这些非空白的内容可以被一个有限的 k 维立方体所包含。

容易用一维的形式表示 k 维的内容，就像多维数组在计算机的内存中都被按照一维的形式实现存储一样。这里用到段(Segment)的概念，并且将 # 称为段分隔符。$\cent$ 用作该字符串的开始标志，\$ 用作该字符串的结束标志。

通过一维图灵机 M' 对二维图灵机 M 的移动的模拟，可以解释清楚一维图灵机如何实现对多维图灵机的模拟。

(1) M 沿着水平方向移动，并且未离开当前时刻包含所有非空白字符的最小方阵。M' 和 M 执行类似的动作。

(2) M 沿着水平方向移动，但是离开当前时刻包含所有非空白字符的最小方阵时，M' 除了在当前读头所指的字符处印刷相同的字符，并且在有穷状态控制器中记下 M 的新状态以外，它还需要使用字符移动技术根据 M 的移动方向在每个段的左端或者右端增加一个 B。

(3) M 沿着垂直方向移动，并且未离开当前时刻包含所有非空白字符的最小方阵。

M' 除了在当前读头所指的字符处印刷相同的字符，并在有穷状态控制器中记下 M 的新状态外，它还要在其第二个带上统计出读头的当前位置到左端最近的 # 的距离。然后根据 M 的移动方向将读头移到对应的位置。

(4) M 沿着垂直方向移动，离开当前时刻包含所有非空白字符的最小方阵，此时需要根据移动方向在一维串的首部或者尾部增加一段，并将读头移到相应的位置。

定理 9-4 多维图灵机与基本图灵机等价。

9.2.5 其他图灵机

1. 知识点

(1) 一条带上有多个读头的图灵机称为多头图灵机。

(2) 多头图灵机与基本图灵机等价。

(3) 一个 k 头图灵机可以用一个具有 $k+1$ 个道的基本图灵机来模拟。

(4) 含有一个只读带的多带图灵机为离线图灵机。

(5) 离线图灵机是多带图灵机的一种特例。

(6) 在线图灵机是一种特殊的离线图灵机，它只允许只读带上的读头从左向右移动。

(7) 离线图灵机与基本的图灵机等价。

(8) 作为枚举器的图灵机。

(9) L 为递归可枚举语言的充分必要条件是存在一个图灵机 M，使得 $L=G(M)$。

(10) L 为递归语言的充分必要条件是存在一个图灵机 M，使得 $L=G(M)$，并且 L 是被 M 按照规范顺序产生的。

(11) 多栈机是一个拥有一条只读输入带和多条存储带的不确定图灵机。

(12) 下推自动机是一种非确定的多带图灵机。

(13) 确定的双栈机是一个具有一条只读输入带和两条存储带的确定3带图灵机。

(14) 确定的双栈机是与基本图灵机等价的。

(15) 计数机是一种有一条只读输入带和若干用于计数的单向无穷带的离线图灵机。

(16) 如果RAM的基本指令都能用图灵机来实现,那么就可用图灵机实现RAM。

2. 主要内容解读

(1) 多头图灵机。

多头图灵机(multi-head Turing machine)是指在一条带上有多个读头,它们受 M 的有穷控制器的统一控制,M 根据当前的状态和这多个头当前读到的字符确定要执行的移动。在 M 的每个动作中,各个读头所印刷的字符和所移动的方向都可以是相互独立的。

可以用一条具有 $k+1$ 个道的基本图灵机来模拟一个具有 k 个头的图灵机(k 头图灵机)。其中,一个道用来存放原输入带上的内容,其余 k 个道分别用来作为 k 个读头位置的标示。

定理 9-5 多头图灵机与基本的图灵机等价。

证明要点:参考多带图灵机与基本图灵机等价(定理9-2)的证明方式。

(2) 离线图灵机。

离线图灵机(off-line Turing machine)是一种多带图灵机,其中有一条输入带是只读带(Read-only Tape)。

通常用符号¢和\$来限定它的有限长的输入串存放区域,¢在左边,\$在右边。不允许该带上的读头移出由¢和\$限定的输入串之外。

由于允许只读带上的读头在¢和\$之间来回移动,所以称之为离线的图灵机。如果只允许只读带上的读头从左向右移动,则称之为**在线TM**(On-line Turing Machine)。

定理 9-6 离线图灵机与基本的图灵机等价。

证明要点:让模拟 M 的离线图灵机比 M 多一条带,并且用这多出来的带复制 M 的输入串。然后将这条带看作 M 的输入带,模拟 M 进行相应的处理。

(3) 作为枚举器的图灵机。

作为枚举器的图灵机(Turing machine as enumerator)是一个多带图灵机,其中,有一条带专门作为输出带,用来记录产生语言的每一个句子。

在枚举器中,一旦一个字符被写在了输出带上,它就不能被更改。如果该带上的读头的正常移动方向是向右移动,这个带上的读头是不允许向左移动的。

如果这个语言有无穷多个句子,则它将永不停机。它每产生一个句子,就在其后打印一个分隔符"#"。

枚举器产生的语言记为 $G(M)$。

定理 9-7 L 为递归可枚举语言的充分必要条件是存在一个图灵机 M,使得 $L=G(M)$。

规范的顺序(canonical order):设 $\Sigma=\{a_0,a_1,\cdots,a_n\}$ 是一个字母表,Σ^* 上的规范顺序是满足这样要求的顺序,较长的串在前面,较短的串在后面。对于具有相同长度的串,让它们以"数值顺序"排列。其中,将字符 a_k 想象成以 n 为基的数字 k。这样一来,一个长度为 m 的字符串就可以看成是一个基为 n 的 $0\sim n^m-1$ 的一个数。

定理 9-8 一个语言 L 为递归语言的充分必要条件是存在一个图灵机 M，使得 $L=G(M)$，并且 L 是被 M 按照规范顺序产生的。

(4) 多栈机。

多栈机(multi-stack machines)是一个拥有一条只读输入带和多条存储带的不确定图灵机。

多栈机的只读带上的读头不能左移；存储带上的读头可以向左和向右移动。当它向右移时，一般都在当前注视的带方格上印刷一个非空白字符，仅在特殊情况下，才印刷空白字符 B。当它向左移动时，必须在当前注视的带方格中印刷空白字符 B。

下推自动机是一种非确定的多带图灵机。它有一条只读的输入带，一条存储带。

一个确定的**双栈机**(double stack machines)是一个确定的图灵机，它具有一条只读的输入带和两条存储带。存储带上的读头左移时，只能印刷空白符号 B。

定理 9-9 一个任意的单带图灵机可以被一个确定的双栈机模拟。

由此可见，确定的双栈机是与基本图灵机等价的。

(5) 计数机。

计数机(counter machine)是一种有一条只读输入带和若干用于计数的单向无穷带的离线图灵机。一个拥有 n 个用于计数带的计数机被称为 n 计数机。

用于计数的带上仅有两种字符，一个为相当于是作为栈底符号的 Z，该字符也可以看作计数带的首符号，它仅出现在计数带的最左端；另一个就是空白符 B。这个带上所记的数就是从 Z 开始到读头当前位置所含的 B 的个数。

定理 9-10 一个任意的图灵机可以被一个双计数机模拟。

由此可见，确定的双栈机是与基本图灵机等价的。

(6) 丘奇-图灵论题与随机存取机。

算法应该是对于它的任何输入都会终止的，否则只能称其为(计算)过程。对某些输入不能停机的图灵机就不是算法。

递归语言对应的图灵机是算法，递归可枚举语言对应的图灵机不一定是算法。

另一种观点则忽略在此时考虑停机问题，而扩大可计算问题的范围。

丘奇-图灵论题指出，对于任何可以用有效算法解决的问题，都存在解决此问题的图灵机。非形式化的可解性概念与图灵机的形式化概念使得我们无法证明此论题。

随机存取机(random access machine，RAM)含有无穷多个存储单元，这些存储单元被按照 0，1，2，…进行编号，每个存储单元可以存放一个任意的整数；有穷个能够保存任意整数的算术寄存器。这些整数可以被译码成通常的各类计算机指令。

如果选择一个适当的指令集合，RAM 就可以用来模拟现有的任何计算机。

定理 9-11 如果 RAM 的基本指令都能用图灵机来实现，那么就可以用图灵机实现 RAM。

9.3 通用图灵机

1. 知识点

(1) 设计一个编码系统，用来表示图灵机。

(2) 通用图灵机是用来模拟所有图灵机的图灵机。

(3) $L_d=\{w \mid w$ 是第 j 个句子,并且第 j 个图灵机不接受它$\}$不是递归可枚举语言。

(4) $L_u=\{<M,w> \mid M$ 接受 $w\}$是通用图灵机接受的语言,被称为通用语言。

2. 主要内容解读

直观地观察,一台通用的计算机,如果不受存储空间和运行时间的限制的话,它应该可以实现所有的有效算法。实际上,在前面的论述中,一直是将一个图灵机构造成一个算法的实现装置。按照丘奇-图灵论题,图灵机应该是现代计算机的形式化模型。既然如此,应该存在一个图灵机,它可以实现对所有图灵机的模拟。也就是说,它可以实现所有的有效算法。这就是**通用图灵机**(universal Turing machine)。本节只简单地对其进行讨论。

要想使一个图灵机能够实现对所有图灵机的模拟,首先需要设计一种编码系统,它可以在实现对图灵机的表示的同时,实现对该图灵机处理的句子的表示。当需要考查一个输入串是否可以被一个给定的图灵机接受时,就将这个给定的图灵机和相应的输入串的编码作为通用图灵机的输入,由通用图灵机去模拟给定的图灵机的执行。

用 0 和 1 对图灵机的非空白符和移动函数进行编码来实现对图灵机的表达。可以使用下列编码方式。设

$$M=(\{q_1,q_2,\cdots,q_n\},\{0,1\},\{0,1,B\},\delta,q_1,B,\{q_2\})$$

为任意一个图灵机。为了叙述方便,用 X_1,X_2,X_3 分别表示 0,1,B,用 D_1,D_2 分别表示 R,L。那么,对于一般的一个动作

$$\delta(q_i,X_j)=(q_k,X_l,D_m)$$

可以用如下编码表示:

$$0^i10^j10^k10^l10^m$$

这样一来,就可以用如下的字符串表示 M:

$$111\ \text{code}_1 11\ \text{code}_2\ 11 \cdots 11\ \text{code}_r 111$$

其中,code_r 就是动作 $\delta(q_i,X_j)=(q_k,X_l,D_m)$的形如 $0^i10^j10^k10^l10^m$ 的编码。而图灵机 M 和它的输入串 w 则可以表示成

$$111\ \text{code}_1 11\ \text{code}_2\ 11 \cdots 11\ \text{code}_r 111w$$

的形式。

有了这个编码系统之后,按照规范顺序分别对表示图灵机的符号行和表示输入的符号行进行排序。用 i 表示第 i 个图灵机,用 j 表示第 j 个输入字符串。

$$L_d=\{w \mid w \text{ 是第 } j \text{ 个句子,并且第 } j \text{ 个图灵机不接受它}\}$$

不是递归可枚举语言。

$$L_u=\{<M,w> \mid M \text{ 接受 } w\}$$

其中,$<M,w>$为形如

$$111\ \text{code}_1 11\ \text{code}_2\ 11 \cdots 11\ \text{code}_r 111w$$

的 0,1 串,表示图灵机 $M=(\{q_1,q_2,\cdots,q_n\},\{0,1\},\{0,1,B\},\delta,q_1,B,\{q_2\})$和它的输入串 w。称 L_u 为**通用语言**(universal language)。它是通用图灵机接受的语言。

9.4 几个相关的概念

9.4.1 可计算性

1. 知识点

(1) 可计算性理论是研究计算的一般性质的数学理论。可计算理论又称为算法理论。

(2) 可判定与不可判定问题。

(3) 几个重要的递归语言。它们对应的问题都是可判定的。

2. 主要问题解读

可计算性(computability)理论是研究计算的一般性质的数学理论。计算的过程就是执行算法的过程。可计算理论的中心问题是建立计算的数学模型,研究哪些是可计算的,哪些是不可计算的。可计算理论又称为**算法理论**(algorithm theory)。在直观意义下,算法具有有限性、机械可执行性、确定性、终止性等特征。可计算问题可以等同于图灵可计算问题。

一个问题,如果它的语言是递归的,则称此问题是**可判定的**(decidable),否则,称此问题是**不可判定的**(undecidable)。也就是说,一个问题是不可判定的,如果没有这样的算法,它以问题的实例为输入,并能给出相应的"是"与"否"的判定。

以下语言是递归语言:

① $L_{\mathrm{DFA}}=\{<M,w>|M$ 是一个 DFA,w 是字符串,M 接受 $w\}$。

② $L_{\mathrm{NFA}}=\{<M,w>|M$ 是一个 NFA,w 是字符串,M 接受 $w\}$。

③ $L_{\mathrm{RE}}=\{<r,w>|r$ 是一个 RE,w 是字符串,w 是 r 的一个句子$\}$。

④ $E_{\mathrm{DFA}}=\{<M>|M$ 是一个 DFA,且 $L(M)=\varnothing\}$。

⑤ $EQ_{\mathrm{DFA}}=\{<M_1,M_2>|M_1,M_2$ 是 DFA,且 $L(M_1)=L(M_2)\}$。

⑥ $L_{\mathrm{CFG}}=\{<G,w>|G$ 是一个 CFG,w 是字符串,G 产生 $w\}$。

⑦ $E_{\mathrm{CFG}}=\{<G>|G$ 是一个 CFG,且 $L(G)=\varnothing\}$。

$L_{\mathrm{TM}}=\{<M,w>|M$ 是一个 TM,w 是字符串,M 接受 $w\}$是非递归语言。

9.4.2 P 与 NP 相关问题

1. 知识点

(1) P 类问题和多项式可判定语言。

(2) NP 类问题和非确定性多项式可判定语言。

(3) NP 完全问题。

2. 主要内容解读

计算复杂性研究算法的时间复杂性和空间复杂性。

P 表示确定的图灵机在多项式时间(步数)内可判定的语言类。这些语言对应的问题被称为 **P 类问题**(class of P),这种语言被称为多项式可判定的。

NP表示不确定的图灵机在多项式时间(步数)内可判定的语言类。这些语言对应的问题称为**NP类问题**(class of NP),也称这些问题是NP复杂的,或者NP困难的。这种语言称为非确定性多项式可判定的。

P类问题都是NP类问题。

TSP(旅行商问题)、划分问题、可满足性问题、带优先次序的调度问题都是典型的NP完全问题。

9.5 小　结

图灵机(TM)是一个计算模型,用TM可以完成的计算被称为是图灵可计算的。本章讨论了以下几方面的内容。

(1) TM的基本概念:形式定义、递归可枚举语言、递归语言、完全递归函数、部分递归函数。

(2) 构造技术:状态的有穷存储功能的利用、多道技术、子程序技术。

(3) TM的变形:双向无穷带TM、多带TM、不确定的TM、多维TM、多头TM、离线TM、多栈TM,它们都与基本TM等价。

(4) 丘奇-图灵论题:如果RAM的基本指令都能用TM来实现,则RAM就可以用TM实现。所以,对于任何可以用有效算法解决的问题,都存在解决此问题的TM。

(5) 通用TM可以实现对所有TM的模拟。

(6) 可计算语言、不可判定性、P-NP问题。

9.6 典型习题解析

2. 设$M=(\{q_0,q_1,q_2,q_3,q_4,q_5\},\{0,1,2\},\{0,1,2,X,Y,Z,B\},\delta,q_0,B,\{q_5\})$,其状态转移函数为

$$\delta(q_0,0)=(q_1,X,R)$$
$$\delta(q_1,0)=(q_1,0,R)$$
$$\delta(q_1,Y)=(q_1,Y,R)$$
$$\delta(q_1,1)=(q_2,Y,R)$$
$$\delta(q_2,1)=(q_2,1,R)$$
$$\delta(q_2,Z)=(q_2,Z,R)$$
$$\delta(q_2,2)=(q_3,Z,L)$$
$$\delta(q_3,Z)=(q_3,Z,L)$$
$$\delta(q_3,1)=(q_3,1,L)$$
$$\delta(q_3,Y)=(q_3,Y,L)$$
$$\delta(q_3,0)=(q_3,0,L)$$
$$\delta(q_3,X)=(q_0,X,R)$$
$$\delta(q_0,Y)=(q_4,Y,R)$$
$$\delta(q_4,Y)=(q_4,Y,R)$$

$$\delta(q_4, Z) = (q_4, Z, R)$$

$$\delta(q_4, B) = (q_5, B, R)$$

请根据此定义,给出 M 处理字符串 000011112222 和 0011221 的过程中 ID 的变化。

解:

$q_0000011112222 \vdash Xq_100011112222 \vdash X0q_10011112222 \vdash X00q_1011112222$

$\vdash X000q_111112222 \vdash X000Yq_21112222 \vdash X000Y1q_2112222 \vdash X000Y11q_212222$

$\vdash X000Y111q_22222 \vdash X000Y11q_31Z222 \vdash X000Y11q_31Z222$

$\vdash X000Y1q_311Z222 \vdash X000Yq_3111Z222 \vdash X000q_3Y111Z222$

$\vdash X00q_30Y111Z222 \vdash X0q_300Y111Z222 \vdash Xq_3000Y111Z222$

$\vdash q_3X000Y111Z222 \vdash Xq_0000Y111Z222 \vdash XXq_100Y111Z222$

$\vdash XX0q_10Y111Z222 \vdash XX00q_1Y111Z222 \vdash XX00Yq_1111Z222$

$\vdash XX00YYq_211Z222 \vdash XX00YY1q_21Z222 \vdash XX00YY11q_2Z222$

$\vdash XX00YY11Zq_2222 \vdash XX00YY11q_3ZZ22 \vdash XX00YY1q_31ZZ22$

$\vdash XX00YYq_311ZZ22 \vdash XX00Yq_3Y11ZZ22 \vdash XX00q_3YY11ZZ22$

$\vdash XX0q_30YY11ZZ22 \vdash XXq_300YY11ZZ22 \vdash Xq_3X00YY11ZZ22$

$\vdash XXq_000YY11ZZ22 \vdash XXXq_10YY11ZZ22 \vdash XXX0q_1YY11ZZ22$

$\vdash XXX0Yq_1Y11ZZ22 \vdash XXX0YYq_111ZZ22 \vdash XXX0YYYq_21ZZ22$

$\vdash XXX0YYY1q_2ZZ22 \vdash XXX0YYY1Zq_2Z22 \vdash XXX0YYY1ZZq_222$

$\vdash XXX0YYY1Zq_3ZZ2 \vdash XXX0YYY1q_3ZZZ2 \vdash XXX0YYYq_31ZZZ2$

$\vdash XXX0YYq_3Y1ZZZ2 \vdash XXX0Yq_3YY1ZZZ2 \vdash XXX0q_3YYY1ZZZ2$

$\vdash XXXq_30YYY1ZZZ2 \vdash XXq_3X0YYY1ZZZ2 \vdash XXXq_00YYY1ZZZ2$

$\vdash XXXXq_1YYY1ZZZ2 \vdash XXXXYq_1YY1ZZZ2 \vdash XXXXYYq_1Y1ZZZ2$

$\vdash XXXXYYYq_11ZZZ2 \vdash XXXXYYYYq_2ZZZ2 \vdash XXXXYYYYZq_2ZZ2$

$\vdash XXXXYYYYZZq_2Z2 \vdash XXXXYYYYZZZq_22 \vdash XXXXYYYYZZZq_3Z$

$\vdash XXXXYYYYZZq_3ZZ \vdash XXXXYYYYZq_3ZZZ \vdash XXXXYYYYq_3ZZZZ$

$\vdash XXXXYYYq_3YZZZZ \vdash XXXXYYq_3YYZZZZ \vdash XXXXYq_3YYYZZZZ$

$\vdash XXXXq_3YYYYZZZZ \vdash XXXq_3XYYYYZZZZ \vdash XXXXq_0YYYYZZZZ$

$\vdash XXXXYq_4YYYZZZZ \vdash XXXXYYq_4YYZZZZ \vdash XXXXYYYq_4YZZZZ$

$\vdash XXXXYYYYq_4ZZZZ \vdash XXXXYYYYZq_4ZZZ \vdash XXXXYYYYZq_4ZZ$

$\vdash XXXXYYYYZZZq_4Z \vdash XXXXYYYYZZZZq_4B \vdash XXXXYYYYZZZZBq_5B$

当 M 在 q_4 状态下遇到 B 时，进入终止状态 q_5，并且右移，此时停机，接受符号串 000011112222。此时的 ID 为 $XXXXYYYYZZZZBq_5B$。在这个 ID 的“前一个”ID $XXXXYYYYZZZZq_0B$ 中，M 注视的字符为 B。

$$q_0 0011221 \vdash Xq_1 011221 \vdash X0q_1 11221 \vdash X0Yq_2 1221 \vdash X0Y1q_2 221 \vdash X0Yq_3 1Z21$$

$$\vdash X0q_3 Y1Z21 \vdash Xq_3 0Y1Z21 \vdash q_3 X0Y1Z21 \vdash X\,q_0 0Y1Z21 \vdash XXq_1 Y1Z21$$

$$\vdash XXYq_1 1Z21 \vdash XXYYq_2 Z21 \vdash XXYYZq_2 21 \vdash XXYYq_3 ZZ1$$

$$\vdash XXYq_3 YZZ1 \vdash XXq_3 YYZZ1 \vdash Xq_3 XYYZZ1 \vdash XX\,q_0 YYZZ1$$

$$\vdash XXYq_4 YZZ1 \vdash XXYYq_4 ZZ1 \vdash XXYYZq_4 Z1 \vdash XXYYZZq_4 1$$

当 M 在 q_4 状态下遇到 1 时，没有下一个移动，所以停机。由于 q_4 不是终止状态，所以，符号串 0011221 不被 M 接受。

3. 设 $M=(\{q_0,q_1,q_2,q_3\},\{0,1\},\{0,1,B\},\delta,q_0,B,\{q_1\})$，其中，$\delta$ 的定义为

$$\delta(q_0,1)=(q_1,B,R)$$
$$\delta(q_0,0)=(q_2,0,R)$$
$$\delta(q_2,0)=(q_2,0,R)$$
$$\delta(q_2,1)=(q_2,0,R)$$
$$\delta(q_2,B)=(q_3,B,L)$$
$$\delta(q_3,0)=(q_1,B,R)$$

请根据此定义，给出 M 计算 4+3 和 2+2 的过程中 ID 的变化。

解：M 在计算 2+2 时，M 的输入串的形式为 00001000。

$$q_0 00001000 \vdash 0\,q_2 0001000 \vdash 00\,q_2 001000 \vdash 000\,q_2 01000 \vdash 0000\,q_2 1000$$

$$\vdash 00000q_2 000 \vdash 000000\,q_2 00 \vdash 0000000\,q_2 0 \vdash 00000000q_2 B$$

$$\vdash 0000000\,q_3 0 \vdash 0000000Bq_1 B$$

结果为 0000000，这个字符串表示整数 7。

M 在计算 2+2 时，M 的输入串的形式为 00100。

$$q_0 00100 \vdash 0q_2 0100 \vdash 00q_2 100$$

$$\vdash 000q_2 00 \vdash 0000\,q_2 0 \vdash 00000\,q_2 \vdash 0000q_3 0 \vdash 0000Bq_1 B$$

结果为 0000，这个字符串表示整数 4。

5. 设计识别下列语言的图灵机。

(2) $\{01^n 0^{2m} 1^n \mid n,m \geqslant 1\}$。

解：$M=(\{q_0,q_1,q_2,q_3,q_4,q_5,q_6,q_7,q_8\},\{0,1\},\{0,1,X,Y,B\},\delta,q_0,B,\{q_8\})$，其中 δ 的定义为

$$\delta(q_0,0)=(q_1,0,R)$$
$$\delta(q_1,1)=(q_2,X,R)$$
$$\delta(q_2,1)=(q_2,1,R)$$
$$\delta(q_2,0)=(q_3,0,R)$$
$$\delta(q_3,0)=(q_3,0,R)$$

$$\delta(q_3,Y)=(q_3,Y,R)$$
$$\delta(q_3,1)=(q_4,Y,L)$$
$$\delta(q_4,Y)=(q_4,Y,L)$$
$$\delta(q_4,0)=(q_4,0,L)$$
$$\delta(q_4,1)=(q_4,1,L)$$
$$\delta(q_4,X)=(q_5,X,R)$$
$$\delta(q_5,1)=(q_2,X,R)$$
$$\delta(q_5,0)=(q_5,0,R)$$
$$\delta(q_5,Y)=(q_5,Y,R)$$
$$\delta(q_5,B)=(q_6,B,L)$$
$$\delta(q_6,Y)=(q_6,Y,L)$$
$$\delta(q_6,0)=(q_7,0,L)$$
$$\delta(q_7,0)=(q_6,0,L)$$
$$\delta(q_6,X)=(q_8,X,R)$$

(4) $\{0^n1^m \mid n\leqslant m\leqslant 2n\}$。

解:$M=(\{q_0,q_1,q_2,q_3,q_4,q_5,q_6,q_7,q_8\},\{0,1\},\{0,1,H,X,Y,B\},\delta,q_0,B,\{q_8\})$,其中,$\delta$ 的定义为

$$\delta(q_0,0)=(q_1,H,R)$$
$$\delta(q_1,0)=(q_1,0,R)$$
$$\delta(q_1,Y)=(q_1,Y,R)$$
$$\delta(q_1,1)=(q_2,Y,L)$$
$$\delta(q_2,Y)=(q_2,Y,L)$$
$$\delta(q_2,0)=(q_2,0,L)$$
$$\delta(q_2,H)=(q_3,H,R)$$
$$\delta(q_2,X)=(q_3,X,R)$$
$$\delta(q_3,0)=(q_1,X,R)$$
$$\delta(q_3,Y)=(q_4,Y,R)$$
$$\delta(q_4,Y)=(q_4,Y,R)$$
$$\delta(q_4,B)=(q_8,B,R)$$
$$\delta(q_4,1)=(q_5,Y,L)$$
$$\delta(q_5,Y)=(q_5,Y,L)$$
$$\delta(q_5,X)=(q_5,X,L)$$
$$\delta(q_5,H)=(q_6,0,R)$$
$$\delta(q_6,X)=(q_6,X,R)$$
$$\delta(q_6,Y)=(q_6,Y,R)$$
$$\delta(q_6,1)=(q_5,Y,L)$$
$$\delta(q_5,0)=(q_7,0,R)$$
$$\delta(q_7,X)=(q_6,0,R)$$
$$\delta(q_6,B)=(q_8,B,R)$$

$$\delta(q_0,B)=(q_8,B,R)$$

$$\delta(q_7,Y)=(q_7,Y,R)$$

$$\delta(q_7,B)=(q_8,B,R)$$

(6) $\{w \mid w\in\{0,1\}^*$ 且 w 中至少有 3 个连续的 1 出现$\}$。

解：$M=(\{q_0,q_1,q_2,q_3\},\{0,1\},\{0,1,B\},\delta,q_0,B,\{q_3\})$，其中，$\delta$ 的定义为

$$\delta(q_0,0)=(q_0,0,R)$$

$$\delta(q_0,1)=(q_1,1,R)$$

$$\delta(q_1,0)=(q_0,0,R)$$

$$\delta(q_1,1)=(q_2,1,R)$$

$$\delta(q_2,0)=(q_0,0,R)$$

$$\delta(q_2,1)=(q_3,1,R)$$

(8) $\{ww^{\mathrm{T}} \mid w\in\{0,1\}^*\}$。

解：$M=(\{q,q_X,q_Y,q_R,q_{PX},q_{PY},q_F\},\{0,1\},\{0,1,X,Y,B\},\delta,q_0,B,\{q_F\})$，其中，$\delta$ 的定义为

$$\delta(q,0)=(q_X,X,R)$$

$$\delta(q_X,1)=(q_X,1,R)$$

$$\delta(q_X,0)=(q_X,0,R)$$

$$\delta(q_X,B)=(q_{PX},B,L)$$

$$\delta(q_{PX},0)=(q_R,B,L)$$

$$\delta(q_R,0)=(q_R,0,L)$$

$$\delta(q_R,1)=(q_R,1,L)$$

$$\delta(q_R,X)=(q,X,R)$$

$$\delta(q,1)=(q_Y,Y,R)$$

$$\delta(q_Y,1)=(q_Y,1,R)$$

$$\delta(q_Y,0)=(q_Y,0,R)$$

$$\delta(q_Y,B)=(q_{PY},B,L)$$

$$\delta(q_{PY},1)=(q_R,B,L)$$

$$\delta(q,B)=(q_F,B,R)$$

6. 设计计算下列函数的图灵机。

(2) n^2。

解：$M=(\{q_0,q_1,q_2,q_3,q_5,q_6,q_7,q_8,q_9,q_{10},q_{11},q_{13},q_{14},q_{15},q_{16},q_{17},q_{18},q_{19}\},\{0,1\},\{0,1,X,B\},\delta,q_0,B,\{q_{19}\})$，为了阅读方便，下面分段给出 δ 的定义。

将 TM 的 ID 从 $q_0 00\cdots00$ 变成 $H0\cdots00100\cdots0q_7 01$，也就是将输入带的初始内容 $00\cdots00$(即 0^n)变成 $H0\cdots00100\cdots001$(即 $H0^{n-1}10^n 1$)，

$$\delta(q_0,0)=(q_8,H,R)$$

$$\delta(q_8,0)=(q_8,0,R)$$

$$\delta(q_8,B)=(q_9,1,R)$$

$$\delta(q_9,B)=(q_{10},0,L)$$

$$\delta(q_{10},1)=(q_{10},1,L)$$

$$\delta(q_{10},0)=(q_{10},0,L)$$
$$\delta(q_{10},B)=(q_{11},B,R)$$
$$\delta(q_{10},H)=(q_{11},H,R)$$
$$\delta(q_{11},0)=(q_5,B,R)$$
$$\delta(q_5,0)=(q_5,0,R)$$
$$\delta(q_5,1)=(q_5,1,R)$$
$$\delta(q_5,B)=(q_{10},0,L)$$
$$\delta(q_{11},1)=(q_6,1,R)$$
$$\delta(q_6,0)=(q_6,0,R)$$
$$\delta(q_6,B)=(q_7,1,L)$$

此时,已经将相应的 ID 为 $HB\cdots BB100\cdots00\,q_7 1$,输入带内容为 $HB\cdots BB100\cdots001$,我们还需要使图灵机完成下列 ID 变换:

$$HB\cdots BB100\cdots0q_701 \overset{+}{\vdash} Bq_10\cdots00100\cdots001$$

$$\delta(q_7,0)=(q_7,0,L)$$
$$\delta(q_7,1)=(q_7,1,L)$$
$$\delta(q_7,B)=(q_7,0,L)$$
$$\delta(q_7,H)=(q_1,B,R)$$

此时,需要假设已经 m 次地将两个 1 之间的 n 个 0 抄到了第二个 1 后面,现在要再一次将两个 1 之间的 n 个 0 抄到输入带的非空白字符之后,也就是要完成如下 ID 变换:

$$BB\cdots B\,q_10\cdots00100\cdots00100\cdots00 \overset{+}{\vdash} B\cdots B0\cdots01\,q_200\cdots00100\cdots00$$

即 $B^m\,q_10^{n-m}10^n10^{n(m-1)} \overset{+}{\vdash} B^m\,0^{n-m}1\,q_30^n10^{nm}$。

$$\delta(q_1,0)=(q_1,0,R)$$
$$\delta(q_1,1)=(q_2,1,R)$$
$$\delta(q_2,0)=(q_{13},X,R)$$
$$\delta(q_{13},0)=(q_{13},0,R)$$
$$\delta(q_{13},1)=(q_{13},1,R)$$
$$\delta(q_{13},B)=(q_{14},0,L)$$
$$\delta(q_{14},0)=(q_{14},0,L)$$
$$\delta(q_{14},1)=(q_{14},1,L)$$
$$\delta(q_{14},X)=(q_2,X,R)$$
$$\delta(q_2,1)=(q_{15},1,L)$$
$$\delta(q_{15},X)=(q_{15},0,L)$$
$$\delta(q_{15},1)=(q_3,1,R)$$

使图灵机从 $B^m\,0^{n-m}1\,q_30^n10^{nm}$ 再变到 $B^{m+1}\,q_10^{n-m-1}10^n10^{nm}$。

$$\delta(q_3,1)=(q_{16},1,L)$$
$$\delta(q_{16},0)=(q_{16},0,L)$$
$$\delta(q_{16},B)=(q_{17},B,R)$$
$$\delta(q_{17},0)=(q_1,B,R)$$

当在状态 q_{17} 发现前 n 个 0 全部被消除后，就将第二个 1 之前的所有非空白符全部改成空白符，此时输入带上的符号串就是 0^{nm}。

$$\delta(q_{17},1)=(q_{18},B,R)$$
$$\delta(q_{18},0)=(q_{18},B,R)$$
$$\delta(q_{18},1)=(q_{19},B,R)$$

(4) $f(w)=ww^{\mathrm{T}}$，其中，$w\in\{0,1,2\}^+$。

解：给定的是 w，现在需要将 w 按照相反的顺序复制到 w 的后面，为了方便，使用 2 道图灵机，一道用来存放 w 和 ww^{T}，另一道用来存放标记符号。在形成 w^{T} 的过程中，由于需要从 w 的尾部依次向首部逐字符地复制，所以，在这个过程中，需要进行如下标记工作：

第一，标记 w 的首字符，以便知道什么时候完成复制。对此，在 w 的首字符对应的带方格的上道上印刷符号 H。

第二，标记已经被复制过的字符。对此，在 w 的除首字符以外的字符对应的带方格的上道上印刷符号 C。

另外，为了将 w 中的字符复制到 w^{T} 中，还需要将读到的 w 的某个字符存放在图灵机的有穷控制器中。

$M=(\{q_0,q,p,r,s,f,p[0],r[0],s[0],p[1],r[1],s[1],p[2],r[2],s[2]\},\{B\}\times\{0,1,2\},\{B,H,C\}\times\{0,1,2,B\},\delta,q_0,[B,B],\{f\})$，其中，$\delta$ 的定义为

$$\delta(q_0,[B,0])=(p[0],[H,0],R)$$
$$\delta(q_0,[B,1])=(p[1],[H,1],R)$$
$$\delta(q_0,[B,2])=(p[2],[H,2],R)$$
$$\delta(p[0],[B,0])=(p[0],[B,0],R)$$
$$\delta(p[0],[B,1])=(p[1],[B,1],R)$$
$$\delta(p[0],[B,2])=(p[2],[B,2],R)$$
$$\delta(p[1],[B,0])=(p[0],[B,0],R)$$
$$\delta(p[1],[B,1])=(p[1],[B,1],R)$$
$$\delta(p[1],[B,2])=(p[2],[B,2],R)$$
$$\delta(p[2],[B,0])=(p[0],[B,0],R)$$
$$\delta(p[2],[B,1])=(p[1],[B,1],R)$$
$$\delta(p[2],[B,2])=(p[2],[B,2],R)$$
$$\delta(p[0],[B,B])=(q,[C,0],L)$$
$$\delta(p[1],[B,B])=(q,[C,1],L)$$
$$\delta(p[2],[B,B])=(q,[C,2],L)$$
$$\delta(q,[B,0])=(r,[C,0],L)$$
$$\delta(q,[B,1])=(r,[C,1],L)$$
$$\delta(q,[B,2])=(r,[C,2],L)$$

以上完成“初始”带字符的布局，此时，带上的符号呈如下形式：

H	B	B	B	…	B	B	B	C	C	B	B	B	B	…
a_1	a_2	a_3	a_4	…	a_{n-3}	a_{n-2}	a_{n-1}	a_n	a_n	B	B	B	B	…

TM 在状态 r 回退,以记下下一个待复制的字符,

$$\delta(r,[C,0])=(r,[C,0],L)$$
$$\delta(r,[C,1])=(r,[C,1],L)$$
$$\delta(r,[C,2])=(r,[C,2],L)$$
$$\delta(r,[B,0])=(r[0],[C,0],L)$$
$$\delta(r,[B,1])=(r[1],[C,1],L)$$
$$\delta(r,[B,2])=(r[2],[C,2],L)$$

TM 在状态 $r[a]$ 向右移动,以将记下的字符印刷出去。

$$\delta(r[0],[C,0])=(r[0],[C,0],R)$$
$$\delta(r[0],[C,1])=(r[0],[C,1],R)$$
$$\delta(r[0],[C,2])=(r[0],[C,2],R)$$
$$\delta(r[1],[C,0])=(r[1],[C,0],R)$$
$$\delta(r[1],[C,1])=(r[1],[C,1],R)$$
$$\delta(r[1],[C,2])=(r[1],[C,2],R)$$
$$\delta(r[2],[C,0])=(r[2],[C,0],R)$$
$$\delta(r[2],[C,1])=(r[2],[C,1],R)$$
$$\delta(r[2],[C,2])=(r[2],[C,2],R)$$
$$\delta(r[0],[B,B])=(r,[C,0],L)$$
$$\delta(r[1],[B,B])=(r,[C,1],L)$$
$$\delta(r[2],[B,B])=(r,[C,2],L)$$

图灵机在状态 r 返回去寻找下一个待复制的字符时,如果读到了 w 的首字符,则此为需要复制的最后一个字符。此时带上的符号呈如下形式:

H	C	C	C	…	C	C	C	C	C	C	C	C	…	C	C	C	B	…
a_1	a_2	a_3	a_4	…	a_{n-3}	a_{n-2}	a_{n-1}	a_n	a_n	a_{n-1}	a_{n-2}	a_{n-3}	…	a_4	a_3	a_2	B	…

此时,可以考虑将上道上的所有符号改成 B,并将首字符印刷到最后。这里情况的处理与只返回去印刷符号不同,所以可进入一个新状态 s,并且在完成印刷之后进入终止状态 f。

$$\delta(r,[H,0])=(s[0],[B,0],R)$$
$$\delta(r,[H,1])=(s[1],[B,1],R)$$
$$\delta(r,[H,2])=(s[2],[B,2],R)$$
$$\delta(s[0],[C,0])=(s[0],[B,0],R)$$
$$\delta(s[0],[C,1])=(s[0],[B,1],R)$$
$$\delta(s[0],[C,2])=(s[0],[B,2],R)$$
$$\delta(s[1],[C,0])=(s[1],[B,0],R)$$
$$\delta(s[1],[C,1])=(s[1],[B,1],R)$$
$$\delta(s[1],[C,2])=(s[1],[B,2],R)$$
$$\delta(s[2],[C,0])=(s[2],[B,0],R)$$

$$\delta(s[2],[C,1])=(s[2],[B,1],R)$$
$$\delta(s[2],[C,2])=(s[2],[B,2],R)$$
$$\delta(s[0],[B,B])=(f,[B,0],R)$$
$$\delta(s[1],[B,B])=(f,[B,1],R)$$
$$\delta(s[2],[B,B])=(f,[B,2],R)$$

此时,也可以保留上道上的所有符号,按照这种要求,可以有如下移动:

$$\delta(r,[H,0])=(s[0],[H,0],R)$$
$$\delta(r,[H,1])=(s[1],[H,1],R)$$
$$\delta(r,[H,2])=(s[2],[H,2],R)$$
$$\delta(s[0],[C,0])=(s[0],[C,0],R)$$
$$\delta(s[0],[C,1])=(s[0],[C,1],R)$$
$$\delta(s[0],[C,2])=(s[0],[C,2],R)$$
$$\delta(s[1],[C,0])=(s[1],[C,0],R)$$
$$\delta(s[1],[C,1])=(s[1],[C,1],R)$$
$$\delta(s[1],[C,2])=(s[1],[C,2],R)$$
$$\delta(s[2],[C,0])=(s[2],[C,0],R)$$
$$\delta(s[2],[C,1])=(s[2],[C,1],R)$$
$$\delta(s[2],[C,2])=(s[2],[C,2],R)$$
$$\delta(s[0],[B,B])=(f,[B,0],R)$$
$$\delta(s[1],[B,B])=(f,[B,1],R)$$
$$\delta(s[2],[B,B])=(f,[B,2],R)$$

11. 试给出作为枚举器的形式定义。

解:该定义应该注意枚举器的如下 4 个重要特征:

① 多带。

② 有一个输出带。

③ 按照习惯,读头右移被看作向前移动,读头左移被看作后退,所以,输出带上的读头不可左移。

④ 不同的句子用#号分开。

为了和基本的图灵机的形式定义一致,可以对图灵机的 7 个元素分别进行“处理”,有的需要扩充,有的可以保持原型,具体如下所述:

① 状态保持为原样,用 Q 表示。实际上,也可以设计成多分量的形式,让每个分量对应一个读头,这样能够反映出直接的动作定义。由于每一个分量的值都是有限种,所以,它们的笛卡儿积也只有有限个元素,每个元素就是一个“综合”状态。

② Σ 为输入字母表。可以考虑让图灵机的输入记录在某一个带上,因此,可以不进行调整。

③ Γ 为带符号表。让它包含图灵机的每个带上可以出现的符号。考虑到要用#号作为句子之间的分隔符,所以,Γ 中必须含有此符号,至于#是否含在输入字母表中,则要根据具体需要来确定。

④ 启动状态 q_0。按照对 Q 的讨论,仍然使用 q_0。

⑤ 空白符号 B。同样地,由于带符号表 Γ 中含的是每个带上出现的符号,所以,仍然可以用 B 表示各个带上的空白符。

⑥ F 与基本图灵机相同。

⑦ 移动函数 δ 需要有较大扩充。由于作为枚举器的图灵机有多个带,每个带有一个读头,这些都是可以独立移动的,所以,图灵机在某个状态下,各个读头可以根据自己读到的字符确定输出的字符和移动的方向。

根据上述分析,可以按照如下所述来定义作为枚举器的图灵机。

作为枚举器的图灵机 $M=(Q,\Sigma,\Gamma,\delta,q_0,B,\#,F)$,它具有 n 条带,其中一条为输入带,一条为输出带(不妨假定第 n 条带为输出带),这些带具有左端点而右端无穷。

Q——Q 为状态的有穷集合,$\forall q\in Q$,q 为 M 的一个**状态**。

q_0——$q_0\in Q$,是 M 的**开始状态**。对于一个给定的输入串,M 从状态 q_0 启动,它的所有读头都处于相应带的最左端,特别是输入带对应的读头正注视着输入带的最左端符号。

F——$F\subseteq Q$,是 M 的**终止状态集**。$\forall q\in F$,q 为 M 的一个终止状态。

Γ——Γ 为**带符号表**(tape symbol)。$\forall X\in\Gamma$,X 为 M 的一个带符号,表示在 M 的运行过程中,X 可以在某一时刻出现在 M 的某一个带上。

B——$B\in\Gamma$,被称为**空白符**(blank symbol)。含有空白符的带方格被认为是空的。

$\#$——$\#\in\Gamma$,被称为**分隔符**(separator)。用来分隔输出带上的句子。

Σ——$\Sigma\subseteq\Gamma-\{B\}$,被称为**输入字母表**。$\forall a\in\Sigma$,$a$ 为 M 的一个输入符号。除了空白符号 B 之外,只有 Σ 中的符号才能在 M 启动时出现在输入带上。

δ——δ: $Q\times\Gamma\times\cdots\times\Gamma\to Q\times(\Gamma\times\{S,R,L\})\times(\Gamma\times\{S,R,L\})\times\cdots\times(\Gamma\times\{S,R,L\})\times(\Gamma\times\{S,R\})$,为 M 的**移动函数**(transaction function)。

$\delta(q,X_1,X_2,\cdots,X_{n-1},X_n)=(p,[Y_1,D_1],[Y_2,D_2],\cdots,[Y_{n-1},D_{n-1}],[Y_n,D_n])$

表示 M 在状态 q 从第一条带上读入符号 X_1,从第二条带上读入符号 X_2,…,从第 $n-1$ 条带上读入字符 X_{n-1},在输出带上读入字符 X_n(有时候可能是不需要考虑这个字符的影响的),此时将状态改为 p,并在第一条带的这个 X_1 所在的带方格中印刷符号 Y_1,并且将此带上的读头按照 D_1 的标示完成移动;在第二条带的这个 X_2 所在的带方格中印刷符号 Y_2,并将此带上的读头按照 D_2 的标示完成移动;……;在第 $n-1$ 条带的这个 X_{n-1} 所在的带方格中印刷符号 Y_{n-1},并将此带上的读头按照 D_{n-1} 的标示完成移动;在输出带的这个 X_n 所在的带方格中印刷符号 Y_n,并将此带上的读头按照 D_n 的标示完成移动。

对于 $1\leqslant i\leqslant n-1$,$D_i\in\{S,R,L\}$,$D_n\in\{S,R\}$:

当 $D_i=R$ 时,表示第 i 个读头向右移动一个带方格;

当 $D_i=L$ 时,表示第 i 个读头向左移动一个带方格;

当 $D_i=S$ 时,表示第 i 个读头停留在原来的带方格,既不向右移动也不向左移动。

12. 试给出多栈机的形式定义。

解:虽然曾经将 PDA 定义成只有一个存储栈的模型,但不曾定义过“拥有多个存储栈的 PDA”,为了理解方便,不妨将一个多栈机看成是一个拥有多个存储栈的 PDA,所以,对多栈机应该有一个输入带,有多个存储带,输入带用来存放输入字符串,存储带按照栈的运行方式存放符号。所以,这里将不允许多栈机在输入带上的读头向左移动,并且一般都要求它的存储带上的读头所指的带方格右面的所有带方格都不含除 B 之外的任何字符——如同一个栈。

多栈机 $M=(Q,\Sigma,\Gamma,\delta,q_0,B,Z_0,F)$,它具有 n 条带,其中一条为输入带(不妨假定第一条带为输入带),此带为只读带,其他为存储带,这些带具有左端点而右端无穷。

Q——Q 为状态的有穷集合,$\forall q\in Q$,q 为 M 的一个**状态**。

q_0——$q_0\in Q$,是 M 的**开始状态**。对于一个给定的输入串,M 从状态 q_0 启动,它的所有读头都处于相应带的最左端,特别是输入带对应的读头正注视着输入带的最左端符号。

F——$F\subseteq Q$,是 M 的**终止状态集**。$\forall q\in F$,q 为 M 的一个终止状态。

Γ——Γ 为**带符号表**。$\forall X\in\Gamma$,X 为 M 的一个带符号,表示在 M 的运行过程中,X 可以在某一时刻出现在 M 的某一个带上。

B——$B\in\Gamma$,被称为**空白符**。含有空白符的带方格被认为是空的。

Z_0——$Z_0\in\Gamma$,被称为**栈底符号**。在 M 启动时,所有的存储带的最左端的带方格中存放此符号,其他的带方格中均为空白符号 B。

Σ——$\Sigma\subseteq\Gamma-\{B\}$为**输入字母表**。$\forall a\in\Sigma$,$a$ 为 M 的一个输入符号。除了空白符号 B 之外,只有 Σ 中的符号才能在 M 启动时出现在输入带上。

δ——$\delta: Q\times\Gamma\times\cdots\times\Gamma\to Q\times\{S,R\}\times(\Gamma\times\{S,R,L\})\times\cdots\times(\Gamma\times\{S,R,L\})$,为 M 的**移动函数**。

$\delta(q,X_1,X_2,\cdots,X_n)=(p,D_1,[Y_2,D_2],\cdots,[Y_n,D_n])$表示 M 在状态 q 从第一条带上读入符号 X_1,从第二条带上读入符号 X_2,……,在第 n 条带上读入字符 X_n,将状态改为 p,由于第一条带为只读带,所以,这个带方格中的印刷符号 X_1 保持不变,并将此带上的读头按照 D_1 的标示完成移动;在第二条带的这个 X_2 所在的带方格中印刷符号 Y_2,并将此带上的读头按照 D_2 的标示完成移动;……;在第 n 条带的这个 X_n 所在的带方格中印刷符号 Y_n,并将此带上的读头按照 D_n 的标示完成移动。

$D_1\in\{S,R\}$,表示输入带上的读头可以不动(相当于 PDA 的一个空移动)或者向右移动一个带方格(相当于 PDA 读入一个字符)。

对于 $2\leqslant i\leqslant n$,$D_i\in\{S,R,L\}$,

当 $D_i=R$ 时,表示第 i 个读头向右移动一个带方格,一般情况下,要求 $Y_i\neq B$;

当 $D_i=L$ 时,表示第 i 个读头向左移动一个带方格,一般情况下,要求 $Y_i=B$;

当 $D_i=S$ 时,表示第 i 个读头停留在原来的带方格,既不向右移动也不向左移动,一般情况下,要求 $Y_i\neq B$。

13. 试给出作为计数机的形式定义。

提示:参考本章第 11 题和第 12 题的定义。

14. 在通用图灵机编码中,用子串 111 作为 M 的描述的"括号",用子串 11 作为移动函数的各个函数编码的分隔符。然而,M 的编码后面的 w 中也同样会出现这两种子串,通用图灵机为什么不会将后面出现的 11,111 与作为"括号"和分隔符的 111 和 11 混淆。

提示：仔细阅读通用图灵机的定义，就可找出不会引起混淆的原因。

15. 根据 9.3 节给出的编码系统，可以用 0,1 符号行表示所有的输入符号行和图灵机。对这些符号行，还可以按照 9.2.5 节定义的规范顺序分别对表示图灵机的符号行和表示输入的符号行进行排序。用 i 表示第 i 个图灵机，用 j 表示第 j 个输入字符串，用一个无穷的二维阵列表示图灵机和输入串之间的关系。其中 i 按照行展开，j 按照列展开。如果第 i 个图灵机接受第 j 个输入串，阵列中第 i 行第 j 列的元素的值为 1，否则为 0。按照上述定义的阵列，构造这样一个语言：

$$L_d=\{w \mid w \text{ 是第 } j \text{ 个句子，并且第 } j \text{ 个图灵机不接受它}\}$$

请证明，不存在图灵机，它接受的语言为 L_d。

证明提示：使用反证法进行证明。假定有一个图灵机 M 接受此语言，按照规范顺序，M 一定有一个编号，不妨设此编号为 n，按照 L_d 的定义，它的第 n 个句子不被第 n 个图灵机接受，这与 M 接受 L_d 矛盾。因此，不存在图灵机 M，使得 $L(M)=L_d$。

第10章 上下文有关语言

在乔姆斯基体系中，短语结构语言（PSL）是最一般的语言，本章讨论短语结构语言（PSL）与其识别模型图灵机的等价性。由于在第2章和第9章中，曾经先后将短语结构文法（PSG）产生的语言和图灵机识别的语言定义为递归可枚举语言（r.e.集合），所以，这里给出的等价性证明实际上表明先前给出的定义是相容的。上下文有关语言（CSL）是递归可枚举语言的子类，而接受CFL的模型PDA相当于是只有一个存储带的多栈图灵机，因此，应该存在一种特殊的图灵机，它与上下文有关文法CSG等价。这种特殊的图灵机称为线性界限自动机（LBA）。

10.1 图灵机与短语结构文法的等价性

1. 知识点

(1) 图灵机处理一个输入串的过程与短语结构文法产生句子的过程是类似的。

(2) 图灵机是短语结构语言的识别器。

(3) 短语结构语言不一定是递归语言。

(4) 可以用产生式去模拟图灵机的移动。

2. 主要内容解读

根据第8章习题1第(2)小题的证明，语言$\{0^n \mid n$为2的非负整数次幂$\}$不是CFL。产生该语言的文法G_1的设计思想是，在文法中设置变量C，这个变量充当图灵机的读头，它从左到右扫描0，并且在每次遇到一个0时，都用00替换之，这使得当它从最左端移到最右端时，就完成了当前串的加倍工作，为了使串中的0再次被加倍，变量D起到将这个“读头”从右端移回到最左端的作用。为了标记出端点，文法用A，B分别表示串的最左端和最右端。文法G_2的设计思想与文法G_1的设计思想类似，只是它为了“提高效率”，在变量D从右向左移动时，与变量C一样，也同时实现对当前串的加倍。当“变化出”E或者F时，表示加倍工作结束。

G_1：$S \to 0$　　产生句子0

　　$S \to AC0B$　　产生句型$AC0B$，A，B分别表示左右端点，C为向右的倍增“扫描器”

　　$C0 \to 00C$　　C向右扫描，将每一个0变成00，以实现0个数的加倍

$CB \to DB$	C 到达句型的左端点,变成 D,准备进行从右到左的扫描,以实现对句型中 0 的个数的再次加倍
$CB \to E$	C 到达句型的右端点,变成 E,表示加倍工作已完成,准备结束
$0D \to D0$	D 移回到左端点
$AD \to AC$	当 D 到达左端点时,变成 C,此时已经做好了进行下一次加倍的准备工作
$0E \to E0$	E 向右移动,以寻找左端点 A
$AE \to \varepsilon$	E 找到 A 后,一同变成 ε,从而得到一个句子

G_2: $S \to AC0B$

$C0 \to 00C$

$CB \to DB$

$0D \to D00$

$CB \to E$

$AD \to AC$

$AC \to F$

$F0 \to 0F$

$0E \to E0$

$AE \to \varepsilon$

$FB \to \varepsilon$

定理 10-1 对于任意一个短语结构文法 $G=(V,T,P,S)$,存在图灵机 M,使得 $L(M)=L(G)$。

证明要点:

(1) 设 $G=(V,T,P,S)$为一个短语结构文法。

(2) TM M 具有两条带,其中一条带用来存放输入字符串 w,第二条带用来试着产生 w。即第二条带上存放的将是一个句型。启动时,这个句型就是 S。

(3) 设第二条带上的句型为 γ,M 按照某种策略在 γ 中选择一个子串 α 再按照非确定的方式选择 α 产生式的某一个候选式 β,用 β 替换 α。即让图灵机实现将句型中的 α 替换成 β 的工作。

(4) 当第二条带上的内容为一个终极符号行时,就把它与第一条带上的 w 进行比较,如果相等,就接受;如果不相等,就去寻找是否存在可以产生 w 的派生。

(5) 第二条带上产生的终极符号行只能是 G 所能够产生的句子。

(6) 如果 w 是 G 的句子,G 中必定存在 w 的派生,这个派生终究会被 M 在第二条带上模拟出来。

(7) 无法总能根据当前句型的长度来决定"试派生"是否需要继续进行下去。如果是CSG,就不会存在此问题。所以,CSL 应该是递归语言。

(8) 根据短语结构文法构造出来的图灵机可能会陷入永不停机的工作过程中。

定理 10-2 对于任意一个图灵机 M,存在短语结构文法 $G=(V,T,P,S)$,使得 $L(G)=L(M)$。

证明要点：

(1) 设图灵机 $M=(Q,\Sigma,\Gamma,\delta,q_0,B,F)$，$L=(M)$。

(2) 让 G 可以产生 Σ^* 中的任意一个字符串的变形，然后让 G 模拟 M 处理这个字符串。如果 M 接受它，则 G 就将此字符串的变形还原成该字符串。

(3) 变形是让每个字符对应一个二元组。$\forall [a_1,a_1][a_2,a_2]\cdots[a_n,a_n]\in(\Sigma\times\Sigma)^*$，被看成 $a_1a_2\cdots a_n$ 的两个副本。

(4) G 在一个副本上模拟 M 的识别动作，如果 M 进入终止状态，则 G 将句型中除另一个副本外的所有字符消去。

$G=((\Sigma\cup\{\varepsilon\})\times\Gamma\cup\{A_1,A_2,A_3\}\cup Q,\Sigma,P,A_1)$

其中，$\{A_1,A_2,A_3\}\cap\Gamma=\varnothing$，$P$ 的定义为

(1) $A_1\to q_0A_2$	准备模拟 M 从 q_0 启动
(2) 对于 $\forall a\in\Sigma$， $A_2\to[a,a]A_2$	A_2 首先生成任意的形如$[a_1,a_1][a_2,a_2]\cdots[a_n,a_n]$的串
(3) $A_2\to A_3$	在预生成双副本子串$[a_1,a_1][a_2,a_2]\cdots[a_n,a_n]$后，准备用 A_3 在该子串之后生成一系列的相当于空白符的子串，为了使 G 能够顺利地模拟 M 在处理相应的输入字符串的过程中需要将读头移向输入串右侧的初始为 B 的带方格做准备
(4) $A_3\to[\varepsilon,B]A_3$	由于 M 在处理一个字符时，还不知道将需要用到输入串右侧的多少个初始为 B 的带方格，所以，让 A_3 生成一个相当于空白符的子串$[\varepsilon,B][\varepsilon,B]\cdots[\varepsilon,B]$。在派生过程中，这个子串的长度依据实际需要而定
(5) $A_3\to\varepsilon$	
(6) 对于 $\forall a\in\Sigma\cup\{\varepsilon\}$，$\forall q,p\in Q$，$\forall X,Y\in\Gamma$，如果 $\delta(q,X)=(p,Y,R)$，则 $q[a,X]\to[a,Y]p$	G 模拟 M 的一次右移
(7) 对于 $\forall a,b\in\Sigma\cup\{\varepsilon\}$，$\forall q,p\in Q$，$\forall X,Y,Z\in\Gamma$，如果 $\delta(q,X)=(p,Y,L)$，则$[b,Z]q[a,X]\to p[b,Z][a,Y]$	G 模拟 M 的一次左移
(8) 对于 $\forall a\in\Sigma\cup\{\varepsilon\}$，$\forall q\in F$ 则 $[a,X]q\to qaq$ $q[a,X]\to qaq$	G 先将句型中的[、]，X 等消除
$q\to\varepsilon$	最后再消除句型中的状态 q

10.2 线性有界自动机及其与上下文有关文法的等价性

1. 知识点

(1) LBA 是一种非确定的图灵机。它的读头被限定在规定的范围内移动。
(2) CSL 是递归语言。
(3) LBA 是 CSL 的识别器。

2. 主要内容解读

如果非确定的图灵机 $M=(Q,\Sigma,\Gamma,\delta,q_0,¢,\$,F)$满足如下两个条件:

(1) 输入字母表包含两个特殊的符号¢和\$,其中,¢作为输入符号串的左端标志,\$作为输入符号串的右端标志。

(2) LBA 的读头只能在¢和\$之间移动,它不能在端点符号¢和\$上面打印另外一个符号。

则称 M 为**线性有界自动机**(linear bounded automaton),简记为 LBA。其中,$Q,\Sigma,\Gamma,\delta,q_0,F$ 与基本图灵机相同,$¢\in\Sigma$,$\$\in\Sigma$,$M$ 接受的语言:

$$L(M)=\{w\mid w\in(\Sigma-\{¢,\$\})^*\ 且\ \exists q\in F\ 使得\ q_0¢w\$\overset{*}{\vdash}¢\alpha q\beta\$\}。$$

定理 10-3 如果 L 的 CSL,$\varepsilon\notin L$,则存在 LBA M,使得 $L=L(M)$。

证明要点:

(1) 设 CSG $G=(V,T,P,S)$,使得 $L=L(G)$。
(2) 用一个两道图灵机模拟 G。一道存放字符串$¢w\$$,另一道用来生成 w 的推导。
(3) CSG 保证只用考查长度不超过$|w|$句型。
(4) 将句型的长度限制在$|w|$以内,所以,M 的运行不会超出符号¢和\$规定的范围。
(5) 对于任意输入,LBA 均会停机,这表明 CSL 是递归语言。

定理 10-4 对于任意 L,$\varepsilon\in L$,存在 LBA M,使得 $L=L(M)$。则 L 是 CSL。

证明要点:

(1) 与定理 10-2 的证明类似。
(2) 设图灵机 $M=(Q,\Sigma,\Gamma,\delta,q_0,B,F)$,$L=(M)$。
(3) 使用形如$[a_1,q_0¢a_1][a_2,a_2]\cdots[a_n,a_n\$]$的双副本串。

下面是 P 的构造。

(1) 对于$\forall a\in\Sigma-\{¢,\$\}$,

$A_1\to[a,q_0¢a]A_2$	准备模拟 M 从 q_0 启动,生成形如$[a_1,q_0¢a_1][a_2,a_2]\cdots[a_n,a_n\$]$的双副本串(句型)中的$[a_1,q_0¢a_1]$,并将生成子串$[a_2,a_2]\cdots[a_n,a_n\$]$的任务交给 A_2
$A_1\to[a,q_0¢a\$]$	生成双副本串$[a,q_0¢a\$]$

(2) 对于 $\forall a \in \Sigma - \{¢, \$\}$，
$A_2 \to [a, a]A_2$

A_2 首先生成任意的形如 $[a_1, q_0¢a_1][a_2, a_2]\cdots[a_n, a_n\$]$ 的双副本串中的子串 $[a_2, a_2]\cdots[a_{n-1}, a_{n-1}]$

(3) 对于 $\forall a \in \Sigma - \{¢, \$\}$，
$A_2 \to [a, a\$]$

A_2 最后生成任意的形如 $[a_1, q_0¢a_1][a_2, a_2]\cdots[a_n, a_n\$]$ 的双副本串中的子串 $[a_n, a_n\$]$

(4) 对于 $\forall a \in \Sigma - \{\$\}$，$\forall q, p \in Q$，$\forall X, Y, Z \in \Gamma$，$X \neq \$$，如果 $\delta(q, X) = (p, Y, R)$，则 $[a, q\,X][b, Z] \to [a, Y][b, p\,Z]$

G 模拟 M 的一次右移

(5) 对于 $\forall a, b \in \Sigma - \{¢\}$，$\forall q, p \in Q$，$\forall X, Y, Z \in \Gamma$，如果 $\delta(q, X) = (p, Y, L)$，则 $[b, Z][a, q\,X] \to [b, p\,Z][a, Y]$

G 模拟 M 的一次左移

(6) 对于 $\forall a \in \Sigma$，$\forall q \in F$，$\forall X, Y \in \Gamma - \{B\}$，
则 $[a, XqY] \to a$

由于 q 为终止状态，所以可以消除句型中的状态 q

(7) 对于 $\forall a \in \Sigma - \{¢, \$\}$，$\forall X \in \Gamma - \{B\}$，
则 $[a, X]b \to ab$
$a\,[b, X] \to ab$

文法产生一个句子的过程就是 LBA 产生一个句子的过程。

10.3 小　　结

本章讨论图灵机与短语结构文法的等价性，介绍了识别 CSL 的装置——LBA。

(1) 对于任意一个短语结构文法 $G=(V, T, P, S)$，存在图灵机 M，使得 $L(M)=L(G)$。

(2) 对于任意一个图灵机 M，存在短语结构文法 $G=(V, T, P, S)$，使得 $L(G)=L(M)$。

(3) LBA 是一种非确定的 TM，它的输入串被用符号¢和\$括起来，而且读头只能在¢和\$之间移动。

(4) 如果 L 是 CSL，$\varepsilon \notin L$，则存在 LBA M，使得 $L=L(M)$。

(5) 对于任意 L，$\varepsilon \notin L$，存在 LBA M，使得 $L=L(M)$，则 L 是 CSL。

10.4 典型习题解析

1. 对文法 G_2 进行分析，弄清楚它是如何完成产生规定语言的任务的。

解：

G_2：$S \to AC0B$　产生句型 $AC0B$，A，B 分别表示左右端点，C 为从左向右的倍增"扫描器"

$C0 \to 00C$　C 向右扫描，将每一个 0 变成 00，以实现 0 个数的加倍

$CB \to DB$　C 到达句型的左端点，变成 D，准备进行从右向左扫描，以实现对句型

中 0 的个数的再次加倍

$0D \to D00$	D 从右向左扫描,将每一个 0 变成 00,以实现 0 个数的加倍
$CB \to E$	C 到达句型的右端点,变成 E,表示加倍工作已完成,准备结束,当前产生的句子的长度将为 2 的奇数次幂
$AD \to AC$	D 到达句型的左端点,变成 C,表示本次加倍工作已完成,准备进行下一次加倍,或者准备结束
$AC \to F$	这个 C 处于句型的左端的第二个字符位置,此时消去句型中的 A,表示当前产生的句子的长度时 2 的偶数次幂。如果将这个产生式写成 $AD \to F$,理解起来会更方便。但是,这样一来,就难以产生句子 0 了
$F0 \to 0F$	F 移到句型的最右端,以消去句型的右端点符号 B
$0E \to E0$	E 移向句型的最左端,以消去句型的左端点符号 A
$AE \to \varepsilon$	消去句型的左端点符号 A
$FB \to \varepsilon$	消去句型的右端点符号 B

2. 构造 LBA M,使得 $L(M)=\{ww \mid w\in\{0,1\}^*\}$。

解:设 LBA $M=(Q,\Sigma,\Gamma,\delta,q_0,¢,\$,F)$

M 为一个两道的 TM,其中,M 一道存放输入串 $¢z\$$,另一道用来对匹配情况进行标示。M 首先必须找到 z 的中点,然后从中间开始进行匹配。取

$Q=\{q_0,q,p,p[0],p[1],r,r[0],r[1],s,t[0],t[1],u,u[0],u[1],v,v[0],v[1],f\}$

$\Sigma=\{0,1\}\times\{B,C,D\}$

$\Gamma=\{0,1,¢,\$\}\times\{B,C,D\}$

$F=\{f\}$

其中,C 将用来标示中点和已经匹配的字符,D 用来标示在寻找中点的过程中已经考虑过的字符。

按照前后对应地对字符标示 D 的方法寻找中点,其中,设 $a,b\in\{0,1\}$。

$\delta(q_0,[¢,B])=(q,[¢,B],R)$	将读头移到 z 的第一个字符
$\delta(q,[a,B])=(p,[a,D],R)$	标记 z 中的最左端未标记的字符
$\delta(p,[a,B])=(p,[a,B],R)$	寻找 z 中最右的未标示字符
$\delta(p,[\$,B])=(r,[\$,B],L)$	找到 z 中最右的未标示字符的下一个字符
$\delta(p,[a,D])=(r,[a,D],L)$	找到 z 中最右的未标示字符的下一个字符
$\delta(r,[a,B])=(s,[a,D],L)$	标记 z 中最右的未标示字符
	在状态 r 下,如果扫描到的字符是 $[a,D]$,表示串 z 是奇数长度的串,所以它肯定不是 M 应该接受的串;此时 M 停机。所以,对 $\delta(r,[a,D])$ 无定义
$\delta(s,[a,B])=(s,[a,B],L)$	向左扫描,以找出 z 中最左的未标示字符
$\delta(s,[a,D])=(q,[a,D],R)$	找出 z 中最左的未标示字符,所以开始下一轮循环
$\delta(q,[a,D])=(t[a],[a,C],L)$	已经找到中点,记下中点右侧的第一个字符,并将它标记为 C
$\delta(q,[\$,B])=(f,[\$,B],L)$	表示 $z=\varepsilon$,M 进入终止状态,接受它

在找到 z 的中点之后,开始进行匹配工作。首先,M 在状态 $t[a]$ 下应该回去看 z 的首

字符是否为 a。

$\delta(t[a],[b,D])=(t[a],[b,D],L)$ 向右扫描，寻找 z 的首字符

$\delta(t[a],[¢,B])=(u[a],[¢,B],R)$ 找到 z 的首字符

$\delta(u[a],[a,D])=(u,[a,C],R)$ 完成 z 的首字符的匹配

$\delta(u,[a,D])=(u,[a,D],R)$ 到中点后读取下一个带匹配的字符

$\delta(u,[a,C])=(v,[a,C],R)$ 到中点后读取下一个带匹配的字符

$\delta(v,[a,C])=(v,[a,C],R)$ 到中点后读取下一个带匹配的字符

$\delta(v,[a,D])=(v[a],[a,C],L)$ 记下下一个待匹配的字符

$\delta(v[a],[b,C])=(v[a],[b,C],L)$ 扫描过已经被匹配过的字符

$\delta(v[a],[b,D])=(r[a],[b,D],L)$ 继续扫描，以找到相应的匹配字符

$\delta(r[a],[b,D])=(r[a],[b,D],L)$ 继续扫描，以找到相应的匹配字符

$\delta(r[a],[b,C])=(p[a],[b,C],R)$ 找到相应的匹配字符的前一个字符

$\delta(p[a],[a,D])=(u,[a,C],R)$ 完成本次匹配，进入下一轮匹配循环

如果在状态 $p[a]$ 找不到要匹配的下一个符号，表明 z 不是 ww 的形式，因此拒绝接受这个字符串，M 停机但不进入终止状态，也就是 $\delta(p[a],[b,C])$ 无定义

$\delta(v,[\$,B])=(f,[\$,B],L)$ 此时表明 M 已经完成匹配查明 z 是 ww 的形式

3. 构造 LBA M，使得 $L(M)=\{1^n2^n3^n \mid n\geqslant 1\}$。

解：设 LBA $M=(Q,\Sigma,\Gamma,\delta,q_0,¢,\$,F)$ 为单道的 TM，其中：

$$Q=\{q_0,q[1],q[2],q,p,f\}$$
$$\Sigma=\{1,2,3\}$$
$$\Gamma=\{1,2,3,X,Y,Z,¢,\$\}$$
$$F=\{f\}$$
$$\delta(q_0,¢)=(q,¢,R)$$
$$\delta(q,1)=(q[1],X,R)$$
$$\delta(q[1],1)=(q[1],1,R)$$
$$\delta(q[1],Y)=(q[1],Y,R)$$
$$\delta(q[1],2)=(q[2],Y,R)$$
$$\delta(q[2],2)=(q[2],2,R)$$
$$\delta(q[2],Z)=(q[2],Z,R)$$
$$\delta(q[2],3)=(p,Z,L)$$
$$\delta(p,Z)=(p,Z,L)$$
$$\delta(p,2)=(p,2,L)$$
$$\delta(p,Y)=(p,Y,L)$$
$$\delta(p,1)=(p,1,L)$$
$$\delta(p,X)=(q,X,R)$$
$$\delta(q,Y)=(q,Y,R)$$
$$\delta(q,Z)=(q,Z,R)$$
$$\delta(q,\$)=(f,\$,L)$$

第 11 章 内容归纳

11.1 文法与语言

1. 字母表 Σ 上的语言

(1) 语言：$L \subseteq \Sigma^*$。
(2) Σ 上的句子：$x \in \Sigma^*$,语言 L 的句子 $x \in L$。
(3) 句子的前缀、后缀、子串。

2. 语言的运算

(1) 乘、克林闭包、正闭包。
(2) 交、并、补。

3. 文法

(1) 定义：$G=(V,T,P,S)$。
(2) 语法变量表示一个语法范畴。
(3) 文法的分类：0,1,2,3 型语言。
(4) 推导/推导,句子,句型,文法产生的语言 $L(G)$,文法的等价。

11.2 正 则 语 言

1. 描述

(1) RG：左线性文法、右线性文法。
(2) FA：$M=(Q,\Sigma,\delta,q_0,F)$。
① DFA。
② NFA。
③ 带空移动的 NFA。
(3) RE。

2. 5 种描述的等价性(图 4-23(a))

3. 性质

(1) 正则语言的泵引理(证明的关键)。
(2) 正则语言的扩展泵引理(从证明的注意点来看有关证明)。
(3) 封闭性:
① 并、乘积、闭包、正则代换、同态:方便的描述工具——RE。
② 交、补、逆同态:方便的描述工具——FA。
③ 倒序:方便的描述工具——FA,RG。
(4) Myhill-Nerode 定理
① 右不变的等价关系:R_M,R_L。
② R_M,R_L 与等价分类。
③ L 是 RL$\Leftrightarrow|\Sigma^*/R|$有穷$\Leftrightarrow|\Sigma^*/R_L|$有穷。其中,$R$ 是 Σ^* 上的右不变等价关系。

4. 极小化

极小化算法的思想:状态的等价与区分。

11.3 上下文无关语言

1. 描述

(1) 推导:语法树、结果、子树、最左/最右推导、二义性。
(2) 自顶向下的分析和自底向上的分析。
(3) CFG 的化简:
① 去无用符号,保证:$X\overset{*}{\Rightarrow}w$ 且 $S\overset{*}{\Rightarrow}\alpha X\beta$。
② 去 ε-产生式:寻找可空变量,增加新产生式。
③ 去单一产生式:$A\overset{+}{\Rightarrow}B$,且 $B\rightarrow\alpha$ 不是单一产生式,则有 $B\rightarrow\alpha$。
(4) CNF:
① 将产生式变成:$A\rightarrow B_1B_2\cdots B_m$,$A\rightarrow a$。
② 将产生式变成:$A\rightarrow BC$,$A\rightarrow a$。
(5) GNF:

将产生式组

$$\begin{cases}A\rightarrow A\alpha_1\mid A\alpha_2\mid\cdots\mid A\alpha_n\\A\rightarrow\beta_1\mid\beta_2\mid\cdots\mid\beta_m\end{cases}$$

替换成产生式组

$$\begin{cases}A\rightarrow\beta_1\mid\beta_2\mid\cdots\mid\beta_m\\A\rightarrow\beta_1B\mid\beta_2\,B\mid\cdots\mid\beta_m\,B\\B\rightarrow\alpha_1\mid\alpha_2\mid\cdots\mid\alpha_n\\B\rightarrow\alpha_1B\mid\alpha_2\,B\mid\cdots\mid\alpha_n\,B\end{cases}$$

(6) PDA $M=(Q,\Sigma,\Gamma,\delta,q_0,Z_0,F)$

① ID：$(q,w,\gamma)\vdash_M(p,w',\gamma')$。

② $L(M)$，$N(M)$。
③ DPDA。

2. CFG与PDA的等价性

(1) $L(M)=N(M)$。
(2) PDA⇔CFG。

3. 性质

(1) 泵引理。
(2) Ogden引理。
(3) 封闭性：
① 并、乘积、闭包、代换、同态：方便的描述工具——CFG。
② CFL交RL、逆同态：方便的描述工具——PDA与FA。
③ 交与补不封闭：分别通过实例和De Morgan证明。

11.4 图 灵 机

1. 定义

(1) TM $M=(Q,\Sigma,\Gamma,\delta,q_0,B,F)$，一个动作3个节拍：改变状态、印刷字符、移动读头。

(2) ID：$\alpha q\beta \vdash_M \alpha' p\beta'$。

(3) 语言与函数：
① 递归可枚举语言⇔部分递归函数。
② 递归语言⇔完全递归函数。

2. 构造技术

(1) 表达你的构造思想。
(2) 存储。
(3) 移动。
(4) 多道。
(5) 查讫符号。
(6) 子程序。

3. TM的修改

(1) 双向TM。

(2) 多带 TM。
(3) 多头 TM。
(4) 多维 TM。
(5) 不确定的 TM。
(6) 其他 TM。

4. 通用 TM

11.5 上下文有关语言

1. TM 与短语结构文法等价、推导与识别的相互模拟

2. LBA 及其与 CSG 等价

(1) LBA 的定义。
(2) 与 CSG 等价——推导与识别的相互模拟。

第12章 教学设计

这个教学设计是按照本科生48学时，每学时50分钟的要求制定的。实际上，各个学校可以根据本校学生的实际进行适当的调整，建议最少40学时。考虑到不少研究生，包括计算机类专业的本科毕业生，在本科阶段并没有学过本课程的内容，一些学生也许在编译原理类课程中涉及一点与编译原理相关的有穷状态自动机和文法的基本知识，而且由于受多重因素的影响，开设编译原理类课程的专业点占比还较小，所以，当面向研究生授课时，可以根据学生的学习能力适当地增加一些内容，或者提出更高一些的要求，本教材所含的相关内容仍然能够满足要求，也可以参照这个教学设计开展教学活动。

12.1 概　述

12.1.1 基本描述

课程名称：形式语言与自动机理论

英文译名：Formal Languages and Automata Theory

总学时：48

讲课学时：44

习题课学时：4

实验学时：0

分类：技术基础课(学位课)

先修课：数学分析(或者高等数学)，离散数学

12.1.2 教学定位

本科教育的基本定位是培养学生解决复杂工程问题的能力。复杂工程问题的最基本特征是“必须运用深入的工程原理经过分析才能解决”，而许多工程原理，特别是计算机类的工程原理，都是基于形式化描述进行表述和开展分析的。另外，复杂工程问题的重要特征之一是“需要通过建立合适的抽象模型才能解决，在建模过程中需要体现出创造性”。《华盛顿协议》在对本科教育中数学与计算机知识要求(WK2)中指出，“要学习适应本专业的数学、数值分析、数据分析、统计、计算机和信息科学的内容，以支撑相应学科问题的分析和建模”。可见，建立恰当的模型，特别是以数学和计算机的方法，通过形式化建立恰当的抽象模型对

工程教育是多么重要。在计算机领域,无论是一般的问题求解,还是工程设计与开发,追求的是对一类问题的处理,而不是简单地对"实例"进行求解,这就要求系统的处理能力必须覆盖相应的问题空间的全部问题。所以,用一个恰当的模型去表达相应问题空间的所有问题及其处理是非常重要的。再加上计算机问题求解所需要的"符号化表示",更使得培养学生的建模能力和模型计算能力成为提升学生有效地解决(复杂工程)问题的关键。

形式语言与自动机理论含有非常经典的计算模型,其基本内容包括三部分。第一部分是正则语言的描述模型及其等价变换。具体有左线性文法、右线性文法、正则表达式和确定的有穷状态自动机、不确定的有穷状态自动机、带空移动的有穷状态自动机、这些描述模型之间的等价变换,以及正则语言的性质。第二部分是上下文无关语言的描述模型及其等价变换。具体有上下文无关文法、乔姆斯基范式、格雷巴赫范式、用空栈识别的下推自动机、用终态识别的下推自动机和这些描述模型之间的等价变换,以及上下文无关语言的性质。第三部分是一般的计算模型——图灵机和可计算问题。在本科教育阶段,考虑到学时的限制,第三部分的内容可以不考虑。就第一部分和第二部分内容而言,这些模型确实是很经典、很精致的,对学生建立"高质量的模型"的基本"印象",形成计算机学科"计算模型"的基本概念具有重要意义。其中涉及的等价变换很好地体现了模型计算这一典型计算的特征。

本课程属于学科技术基础课,是计算机科学与技术专业基础理论系列中较后的一门课,它继离散数学后用于培养学生计算思维能力。课程含有语言的形式化描述模型——文法和自动机,其主要特点是抽象和形式化,既有严格的理论证明,又具有很强的构造性,包含一些基本模型、模型的构建、性质的研究与证明等,具有明显的数学特征。

本课程通过对正则语言、下文无关语言及其描述模型和基本性质的讨论向学生传授有关知识和问题求解方法,培养学生的抽象和模型化能力。要求学生掌握有关基本概念、基本理论、基本方法和基本技术。具体知识包括:形式语言的基本概念;文法、推导、语言、句子、句型,Chomsky 体系;确定的有穷状态自动机、不确定的有穷状态自动机、带空移动的不确定有穷状态自动机,有穷状态自动机作为正则语言的识别器;正则表达式与正则语言,正则表达式作为正则语言的表达模型;正则语言泵引理和封闭性;Myhill-Nerode 定理与有穷状态自动机的极小化;派生树,二义性;上下文无关文法的化简,乔姆斯基范式,格雷巴赫范式;下推自动机,用终态接受和用空栈接受的等价性,下推自动机作为上下文无关语言的识别器;上下文无关语言的泵引理和封闭性。

从整个培养方案来看,本课程是计算机类专业及相关专业的重要核心课程编译原理的先修课程,为学好编译原理打下知识和思想方法的基础,而且还广泛地用于一些新兴的研究领域。

通过该课程的教与学,将对提高学生解决复杂工程问题的能力发挥重要作用。

12.1.3 教学目标

"形式语言与自动机"课程主要用于培养学生的抽象思维能力、建模能力、模型计算能力。作为工科院校,将注重抽象,以及抽象描述下的构造思想和方法的学习与探究,使学生了解和初步掌握"问题、形式化描述(抽象)、自动化(计算机化)"这一最典型的计算机问题求解思路,并能够将其运用到具体问题的求解中,实现基本计算思想的迁移。

具体地,本课程主要有两个目标,为基本毕业要求"工程知识:能够将数学、自然科学、计算机、工程基础和专业知识用于解决计算机类专业领域的复杂工程问题”的达成提供支撑。

课程目标1：建立语言模型描述的基本意识，能够理解对语言进行分类，并以形式化的方法(文法、表达式和自动机)描述语言，进行语言不同描述模型的等价变换。

这个课程目标体现的是相应毕业要求中“能针对计算系统及其计算过程选择或建立适当的描述模型”的内容。

课程目标2：理解语言的性质，能够基于描述模型和相应类型语言的基本性质进行分析、推理。

这个课程目标体现的是相应毕业要求中“能对计算系统的设计方案和所建模型的正确性进行推理分析并能够得出结论”的内容。

12.1.4 知识点与学时分配

第1章 绪论(4学时)

本课程的教学目的、基本内容，以及学习中应注意的问题；集合、关系、数学证明等基础知识回顾；形式语言及其相关的基本概念，包括字母表、字母及其特性、句子、出现、句子的长度、空语句、句子的前缀和后缀、语言及其运算。为学生运用形式化描述方法刻画拟处理的对象奠定更好的基础，强化问题的形式化描述这一核心专业意识。

第2章 文法(6学时)

语言的文法及其建立，以及在该模型描述下的分类。具体包括文法的直观意义与形式定义，推导、文法产生的句子、句型、语言；文法的构造，Chomsky体系，左线性文法、右线性文法及其对应的推导与归约；空语句问题。

第3章 有穷状态自动机(6学时)

识别正则语言的有穷状态自动机(FA)描述模型及其建立，三种不同有穷状态自动机模型之间的等价，有穷状态自动机与正则文法的等价，模型之间等价变换的基本思想和方法，以及这些方法所提供的变换算法的基本思想，特别是其体现出来的典型的模型计算。

确定的有穷状态自动机(DFA)：作为对实际问题的抽象、直观物理模型、形式定义，确定的有穷状态自动机接受的句子、语言，状态转移图，典型确定的有穷状态自动机构造举例。

不确定的有穷状态自动机(NFA)：基本定义，不确定的有穷状态自动机与确定的有穷状态自动机的等价性。

带空移动的有穷状态自动机(ε-NFA)：基本定义，与不确定的有穷状态自动机的等价性。

有穷状态自动机是正则语言的接受器：右线性文法与有穷状态自动机的等价性、相互转换方法，左线性文法与有穷状态自动机的等价性、相互转换方法。

第4章 正则表达式(4学时)

本章讨论正则语言的第5种描述模型，由于该模型形式上与读者习惯的“算数表达式”

比较接近，所以，相对更便于计算机表示，在一定的意义上也更易于理解。

正则表达式(RE)与正则语言。正则表达式的定义、等价性证明：与RE等价的FA的构造方法及其证明；与DFA等价的RE的构造方法及其等价性证明。

正则语言的5种等价描述总结。

第5章 正则语言的性质(6学时)

通过正则语言不同的描述模型，研究正则语言的性质。在研究中，面对相应的问题，在所给的5种等价模型中，选择最恰当的描述模型实现问题的求解。同时，使学生知道，建立模型不仅可以描述一类对象，而且可以用来发现一类对象的性质。

正则语言泵引理的证明及其应用；正则语言对并、乘积、闭包、补、交运算的封闭性及其证明。

Myhill-Nerode定理与FA的极小化。右不变的等价关系、DFA所确定的等价关系与语言确定的等价关系的右不变性，Myhill-Nerode定理的证明与应用；DFA的极小化。

第6章 上下文无关语言(6学时)

上下文无关文法(CFG)的派生树模型及其建立，上下文无关文法(CFG)的化简需求及其化简方法，化简的实现，左递归的消除，范式文法的建立，到范式文法的转换思想与方法及其利用。

上下文无关语言与上下文无关文法的派生树，*A*-子树，最左派生与最右派生，派生与派生树的关系，二异性文法与先天二异性语言。

无用符号的消除，空产生式的消除，单一产生式的消除。

Chomsky范式(CNF)。

Greibach范式(GNF)：直接左递归的消除，等价GNF的构造。

第7章 下推自动机(6学时)

下推自动机模型及其建立，模型之间等价变换的思想与方法，下推自动机与上下文无关文法的等价变换的思想与方法。进一步学习了解模型计算。

下推自动机的基本定义，即时描述，用终态接受的语言和用空栈接受的语言；下推自动机的构造举例。确定的下推自动机。

用终态接受和用空栈接受的等价性；下推自动机是上下文无关语言的接受器：构造与给定的上下文无关文法(GNF)等价的下推自动机，构造与给定的下推自动机等价的上下文无关文法。

第8章 上下文无关语言的性质(4学时)

通过上下文无关语言的不同等价模型，研究上下文无关语言的性质，学习选择恰当的模型去研究一类对象的性质，使学生进一步了解建立模型的重要性，且建立模型并不止于对象的简单描述，还需要用来进一步研究对象的性质。

上下文无关语言泵引理的证明及其应用。

上下文无关语言的封闭性。对并、乘积、闭包、与正则语言的交运算封闭及其证明；对补、交运算不封闭及其证明。

L 是否为空、是否为有穷,以及成员关系的判定算法简介。

第9章　图灵机(0学时)

图灵机作为一个计算模型,基本定义,即时描述,图灵机接受的语言;基本图灵机的构造;图灵机的变形;通用图灵机。

图灵机的构造技术。

本章内容可选,时间允许,可以用6学时进行讨论。

第10章　上下文有关语言(0学时)

图灵机与短语结构文法的等价性;识别上下文有关语言的装置——线性界限自动机(LBA)。

本章内容可选,若时间允许,可以用2学时做适当的介绍,读者可以将重点放在线性界限自动机的概念及其对上下文有关语言的描述上。

总结(2学时)

习题课(4学时)

主要内容包括:文法的构造;FA的构造(要突出讲解DFA的状态的有穷存储功能);RL的泵引理的应用(有穷状态无法记忆无穷多种情况);Myhill-Nerode定理的应用(Σ^*关于R_M、$R_{L(M)}$、R_L的等价分类);文法的范式(尤其是到GNF的特例转换方法与一般转换方法);空栈接受的PDA与终态接受的PDA的构造(状态、栈符号结合表达相关信息);CFL的泵引理的应用。

具体地,可以穿插在授课的过程中讲解典型的习题,也可以单独安排习题课。如果单独安排习题课,可以分为4次,每次1学时;也可以分为两次,每次2学时。这需要根据学生的学习基本情况确定。根据作者的经验,一般都是穿插在授课的过程中讲解典型的习题,以便进一步与课程内容相结合,甚至发挥其在课程内容的前后衔接的作用。

12.2 课堂讲授

12.2.1 重点与难点

第1章　绪论(2学时)

重点:教学目的,基本内容,学习本课程应注意的问题。

难点:如何让学生能较好地认识到学习这门课的重要性,如何讲清本课程的教学在计算机高水平人才培养中的地位,特别要讲清楚基础理论系列这一朴素的计算思维能力训练梯级系统的意义以及各门课的联系。

本章主要包括两部分内容,一是本课程内容的特点,它对计算机类专业人才四大专业能力(计算思维能力、算法设计与分析能力、程序设计与实现能力、系统能力)培养的重要性,特别是培养学生认识模型、设计模型、基于模型设计计算系统实现计算功能的能力。提醒学生注意，本门课程中用抽象模型这种高级形式实现对处理对象的形式化描述，并通过对相应模型性质的研究，去揭示一类问题的基本性质，使学生认识到模型分析、模型计算的重要性，并建立起模型分析、模型计算的初步意识。

二是为后面章节内容的展开做基本准备。包括字母表、字母、句子、语言等基本概念，在讲授过程中，逐步引导学生"习惯"这种抽象表示方法。

需要注意的是，对大多数工科学生来说，他们擅长程序设计、开发系统等，有的甚至在表明自己的专业能力时，往往带点"炫耀意味"地说自己会用这样或者那样的语言做开发，但对建立抽象模型、抽象表示问题并基于这种抽象模型去研究问题的性质、进行问题的处理或多或少会有畏难情绪，需要从开始就努力去消除，这对最终实现课程的教学目标是非常重要的。

第2章　文法(4学时)

重点：文法，派生，归约。

难点：文法的形式化概念，文法的构造，基于基本模型的文法构造。

文法是语言的描述模型，本门课程将以研究正则语言和上下文无关语言为载体，培养学生建立模型，并基于建立的模型研究问题和解决问题的能力。文法是各类语言的有穷描述模型之一，也是本课程学生遇到的第一个模型。所以，在教学中，要注意引导学生根据语言有穷描述的需要，如何从对语言的结构特征的描述出发，去建立$G=(V,T,P,S)$这个模型，并且在该过程中引导学生一起去设计这个模型，而不是直接给出这个模型，叙述它的定义。通过这样的教学，不仅使学生掌握相应的知识，更要强化他们的"设计意识"和"建模能力"，让他们体验如何"设计"抽象模型，感觉到"模型"甚至"设计模型"不仅不可怕，而且"也很自然"。

必须清醒地看到，对学生来说，建立文法的抽象模型是比较困难的，特别是这个4元组怎么严格地表达一个语言，要从熟悉的简单的例子开始，逐渐突破。例如，可以以早就熟悉的简单算术表达式的文法描述开始。首先是简单算术表达式的递归定义，强化学生对递归作为用有穷描述无穷的有力工具的认识；然后引入一些符号，将递归定义写成式子；再对式子进行进一步的符号化处理，并在符号化处理的基础上归纳出语法变量(集合)、终极符号(集合)、开始符号、产生式(集合)，从而得到文法$G=(V,T,P,S)$。

建立了文法的概念后，就基于这个概念去发展推导、句子、句型、语言等基本概念。左线性文法、右线性文法及其对应的推导与归约，可以从具体例子出发，逐渐地归纳给出，避免从定义到定理这种灌输式的教学。

Chomsky体系包括短语结构文法/语言(PSG/PSL)、上下文有关文法/语言(CSG/CSL)、上下文无关文法/语言(CFG/CFL)和正则文法/语言(RG/RL)。对于Chomsky体系的学习，关键是使学生体会到，当给予产生式不同的限制时会给出不同性质的语言，而我们根据这些性质的不同将语言分成不同的类型，为后面对不同类型的语言建立不同的描述(识别与产生)模型，并讨论它们之间的关系做准备。

对于给定具体语言的文法的设计，学生学习起来虽然不是很容易，但对他们来说，并不是最难的。最难的是"模型计算"，也就是基于给定的模型构造新的模型。例如，给定正则文

法 $G_1=(V_1,T,P_1,S_1)$、$G_2=(V_2,T,P_2,S_2)$，构造正则文法 $G=(V,T,P,S)$，使得 $L(G)=L(G_1)\cup L(G_2)$，或者 $L(G)=L(G_1)L(G_2)$，甚至 $L(G)=L(G_1)\cap L(G_2)$。因为这也许是学生第一次遇到这种类型的问题，他们甚至还不知道如何去思考该问题。如果还要证明构造的正确性，难度会更大一些。但是，作为对这方面的追求，还是有必要在本章开始对这种性质的问题进行讨论，否则在下一章讨论不同的有穷状态自动机之间，以及有穷状态自动机与正则文法之间的等价变换时就会有更大的困难。

第3章　有穷状态自动机(8学时)

重点：确定的有穷状态自动机的概念，确定的有穷状态自动机与正则文法的等价性。

难点：对确定的有穷状态自动机概念的理解，确定的有穷状态自动机、不确定的有穷状态自动机、带空移动的有穷状态自动机的构造方法，确定的有穷状态自动机与正则文法的等价性证明。

有穷状态自动机模型的建立是本章的核心。由于是"模型的建立"，所以，也必须引导学生从"计算机/程序"识别语言的角度抽象出语言的有穷状态自动机描述。顺序是确定的有穷状态自动机、不确定的有穷状态自动机、带空移动的有穷状态自动机，它们逐步放宽对构造的约束，使得人们在设计识别一个语言的有穷状态自动机时越来越方便。与此同时，实现算法的复杂性也越来越高。从而引导学生体会"自动计算"的必要性，并且需要将"自动计算"作为计算机类专业人员的追求。具体地，需要从新引进模型与已有模型的等价而展开。关于等价变换，需要包括等价变换的基本思想、处理过程及其自动化。这部分是很好的"模型计算"的实例。

考虑到课程的容量，关于有穷状态自动机与正则文法的等价，在课堂上可以只讨论有穷状态自动机与右线性文法的等价变换，而将有穷状态自动机与左线性文法的等价变换作为思考题，给学生适当的提示，请学生课后去探索。

这部分要突出等价变换的自动化，而不是几个等价定理的证明，以此来体现对学生建立模型和基于模型进行计算的能力培养。

在第2章中已经涉及"模型计算"，本章则包括确定的有穷状态自动机、不确定的有穷状态自动机、带空移动的有穷状态自动机、正则文法之间的等价变换。实际上，为了强化对学生进行"模型计算"的训练，还可以作为讨论题，请学生基于给定的确定的有穷状态自动机 $M_1=(Q_1,\Sigma,\delta_1,q_{01},F_1)$ 和 $M_2=(Q_2,\Sigma,\delta_2,q_{02},F_2)$，构造确定的有穷状态自动机 $M=(Q,\Sigma,\delta,q_0,F)$，使得 $L(M)=L(M_1)\cup L(M_2)$，或者 $L(M)=L(M_1)\cap L(M_2)$，$L(M)=L(M_1)-L(M_2)$等。有了这样的铺垫，后面的内容学生学起来就会顺利一些。当然，从内容相关性来说，也可以将这些留到第5章再考虑。只不过在第5章中，有理解起来更难一些的 Myhill-Nerode 定理，以及在该定理支持下的有穷状态自动机的极小化。

第4章　正则表达式(3学时)

重点：RE 的概念，RE 与 FA 的等价性。

难点：对 RE 概念的理解，RE 的构造方法，RE 与 FA 的等价性证明。

RE 作为正则语言的一个新描述模型，其建立可以从一个利于理解的恰当有穷状态自动机入手，找到正则表达式中的"运算"，然后根据语言的无限性所要求的"表达式"的无限性，以及递归作为对无穷对象的有穷描述的有力工具，同时基于字母表的非空有穷性，找出最基本的RE，进而给出RE的递归定义。

对于工科学生，重点不是追求RE与FA等价的严格数学证明，但需要探讨这两种模型之间的等价变换基本思想，而且同时要将等价变换与“计算”关联起来。

第5章　正则语言的性质（5学时）

重点：正则语言的泵引理及其应用，正则语言的封闭性，FA的极小化。

难点：Myhill-Nerode定理的证明及其理解。

本章主要是通过语言的描述模型去研究正则语言的性质，而且在研究语言的性质的过程中再次探讨相应的构造方法，进一步培养学生“模型计算”的能力。从这一点看，本课程对培养学生基于模型去解决一类问题的能力是非常重要的。根据这一点，本章的讲授和对学生的要求并不是记住几个定理，而是要学会如何基于模型在多因素背景下构建新的模型，并且在构造的基础上能够完成构造的正确性证明——构造性证明。这样还使得学生在完成系统的基本设计后，能够考虑通过“证明”去评价系统的正确性。

按照2次习题课的设计，在这里可以插入第一次习题课。讲授典型语言文法的构造，典型语言的有穷状态自动机的构造，例如状态的有穷存储功能的利用、优先搭建主体框架等典型方法；RL的泵引理的应用。

第6章　上下文无关语言（6学时）

重点：CFG的化简，CFG到GNF的转换。

难点：CFG到GNF的转换。

文法化简的着眼点，首先在于培养学生系统地寻求文法的优化，这种优化的需求来自问题的处理。其次是对于这些优化，如何实现自动化。特别是当一系列的自动化被实现以后，学生就会在新的层面体会到“自动计算的乐趣”。

对派生树、CNF、GNF的讨论，一是为在问题处理过程中建立恰当的描述，这种描述既有可视化的派生树，还有便于探索派生性质的两类范式；二是在对GNF的讨论中注意讨论左递归对分析的影响，如何用右递归替换左递归等。相对于对GNF的讨论，CNF的讨论要简单很多。

第7章　下推自动机（4学时）

重点：下推自动机（PDA）的基本定义及其构造方法，下推自动机是CFL的等价描述。

难点：根据下推自动机的构造CFG。

作为本课程重点讨论的另一类语言——上下文无关语言的描述模型。下推自动机的建立，既可以源于有穷状态自动机，也可以源于上下文无关语言的GNF。GNF到下推自动机的等价变换比较容易，但下推自动机到上下文无关文法的等价变换要难不少。在这个等价变换中，要求学生考虑多个因素：状态和栈符号，两者的“协同”使得与下推自动机等价的上下文无关文法的构造变得“繁杂”得多。但是，掌握了这个方法后，学生会发现，这些工作都是可以自动化的。

注意，不确定的下推自动机与确定的下推自动机是不等价的。

第8章　上下文无关语言的性质(4学时)

重点：CFL的泵引理。

难点：CFL的泵引理的应用，Ogden引理的理解。

本章在对内容的处理上可以参考第5章，重点还是放在基于模型构造模型。另外，有了第5章的学习基础，一些问题的讨论可以与这些基础关联起来，除了强化学生相关的能力外，也能够使相关的内容变得顺理成章。所以，本章的讲授可以从RL的泵引理引出CFL的泵引理，引导学生从RL的泵引理的证明方法中获得启发，找到证明CFL的泵引理的途径，同时使学生更深入地了解RL与CFL在结构上的联系与区别。

对Ogden引理可以只一般性介绍，不作要求。

对CFL的封闭性，可吸取RL封闭性证明的经验，分类进行证明，这里主要是引导学生去发现思路。

按照2次习题课的设计，在这里可以插入第二次习题课。包括文法的范式，尤其是到GNF的特例转换方法与一般转换方法；用空栈接受语言的PDA与用终态接受语言的PDA的构造(状态、栈符号结合表达相关信息)；CFL的泵引理的应用。

第9章　图灵机

重点：图灵机的定义。

难点：图灵机的构造技术、通用图灵机。

要把图灵机作为一个计算模型来讲授，注意基本定义和图灵机的基本构造方法的讲解。本章不作为重点内容，仅在学时允许的情况下学习。

第10章　上下文有关语言

重点：识别上下文有关语言的装置——线性界限自动机(LBA)。

难点：图灵机与短语结构文法的等价性。

对于一般工科本科生而言，如果学时允许，本章的内容一般只作为介绍性内容即可。主要讲清楚什么是图灵机，图灵机是如何实现“计算”的，图灵机与短语结构文法的相互模拟的思想，然后再介绍线性界限自动机及其与上下文有关文法的等价性。

总结

对整门课的总结，要注意以下三方面的问题：

(1) 以串线为主。

(2) 整理思想。

(3) 注意比较、归纳。

习题课

习题课可以安排成4次，每次1学时；也可以安排成2次，每次2学时。当安排成4次时，可分别放在第2、4、5、8章讲完之后进行；当安排成2次时，可分别放在第5章和第8章讲完之后进行。

12.2.2 讲授中应注意的方法等问题

该课程的主要特点是抽象和形式化，既有严格的理论证明，又具有很强的构造性，难度非常大，既难讲又难学。其高度的抽象和形式化特点，很容易让教师讲得干干巴巴，使学生听起来枯燥无味，而且还不容易听懂。所以，要想讲好此课程，建议教师要努力做到以下几点：

(1) 深入理解本课程的基本内容，掌握这些内容之间的衔接，并能够与"计算系统的设计开发"活动联系起来。这是基础。

(2) 第一次课，要花时间讲清楚计算机学科的人才特需的抽象思维与逻辑思维能力的训练过程，以及本课程的教学在一个人成长为一个较高水平的计算机工作者的作用，使学生能有所准备，积极地与教师配合，克服困难，上好这门课。

(3) 一个关键的问题是，课程讲授，特别是这类理论性比较强，以抽象描述为主要特征的课程的讲授，不能简单地告诉学生相应的"知识"，更不能照本宣科。从提出问题、分析问题，到解决问题，要保持和学生"一同探讨"。做到教师在对问题的研究中"教"，学生在对未知的"探索"中学，也就是研究型教学。所以，教师要深入研究各知识点产生的背景和来龙去脉，努力将它们用一条线穿起来，避免对各知识点的孤立讲授，力求对知识发现过程的模拟，引导学生一起去思考、去探讨，实现师生心灵上的互动交流，使抽象的内容活起来，提高学生的学习兴趣。

(4) 牢牢把握本课程的教学目的，除了使学生掌握基本知识外，主要致力于培养学生的形式化描述和抽象思维能力，力求使学生初步掌握"问题、形式化描述、自动化(计算机化)"的解题思路，并尝试用这种思路去解决问题。

特别要提醒的是，对工科学生，要注意面向工程设计开发处理问题的需要，强调设计形态的内容，而不仅仅是数学性的严密推理与证明。例如，RL 对并、交、补等运算封闭。如果单从封闭性证明的角度看，先根据 RE 的定义得到并的封闭性，再通过 DFA 构造证明补的封闭性，基于交和补的封闭性，根据 De Morgan 定律得到交运算封闭，这样很顺利，也很严密。但是，如果要强调设计形态的内容，尤其是基于模型的设计，就应该强调具体如何根据给定的 DFA 去构造要求的 DFA。这样讲，也体现了引导学生在系统设计中如何利用现有资源，如何基于模型进行设计。

(5) 以知识为载体，努力进行学科方法论核心思想的讲授，自然地引导学生学习科学方法，树立科学的态度，强化科学精神和探索、创新意识。进一步提高学生的学习兴趣。

(6)为了使学生能较好地跟上教师的思维，课堂上要注意适时地提出一些问题，引导学生一起思考。一些难点问题，要尽可能提前铺垫，不要堆积在一起。例如，Myhill-Nerode 定理的证明及其理解可以说是本课程中难度最大的内容之一，加上等价关系，特别是等价分类，对学生来说掌握得一般都不太好，该定理的证明及其理解就更困难了。所以要尽量分散解决这些难点。具体地可以在第 1 章让学生复习等价关系和等价分类，在第 3 章讲解 DFA 时，定义

$$set(q)=\{x \mid \delta(q_0,x)=q\}$$

以便提前讨论 DFA M 所确定的等价关系 R_M：$\forall x,y\in\Sigma^*$，

$$xR_My \text{ iff } \delta(q_0,x)=\delta(q_0,y) \text{ iff } \exists q\in Q, x,y\in set(q)$$

让学生知道将 Σ^* 分成了若干等价类,而且由于这些等价类都是与 M 的可达状态是一一对应的:

$$\Sigma^*/R_M=\{set(q)\mid q\in Q\&q\text{ 是可达状态}\}$$

学生理解起来就比较容易。

(7) 要注意多加一些例子,使学生能更容易地理解抽象的概念。例如,关于 NFA 与 DFA 等价,就可以先用一个例子做引导,一来和学生一起探讨如何构造与 NFA 等价的 DFA 的思路;二来让学生先有一定的感性认识,免得他们因一下子接触完全抽象的表达而影响理解。也许这体现的就是如何从"实践"到"理论",如何从"实例计算"到"模型计算",从而得到一类问题的求解方法。

(8) 由于学生需要一个适应过程,所以,第 2 章和第 3 章的进度要适当放慢。教师一定要本着一个原则,"授课"的目的不是教师讲了哪些内容,更不是说/读了哪些内容,而是学生学会了什么。所以,不能一股脑地向前推进。要让大多数学生听懂大多数内容,保证学习的信心。此外,要站在专业人才培养的高度上考虑"学生应该学到了什么",这就需要考虑有关内容的教学和"课程目标的达成"有什么关系,而"课程目标的达成"和专业"毕业要求的达成"又是什么关系。

(9) 由于本课程对大多数学生来说,难度确实比较大,接受起来有较大的困难,因此,讲授中与其他课程不同的另一点是:每次课的开始,要用较多的时间复习上次课的内容。一般要用 6 分钟时间复习,有时用时要多一些,但要控制在 10 分钟内。要追求使学生产生恍然领悟的感觉。每章开始要有说明,结束一定要有总结。章与章之间努力做到较平稳过渡。

(10) 精选习题和思考题,重视答疑和作业的批改,积极鼓励学生克服困难,完成习题,及时给予学生指导。本课程的习题都比较难,但学生一定要通过学习得到训练,否则无法实现教学目标。所以,要努力落实正阳的要求:"必须保证学生受到足够的训练,包括课程作业与专业实践环节。专业课程,特别是基础类课程必须有数量和难度与培养学生解决复杂工程问题能力相适应的作业。"

一定要严要求,一旦放松要求,就难以达到课程的教学目的。

(11) 注意要在适当的时机插入习题的讲授。讲解习题,不能简单地告诉学生该如何求解"给定的这个题目",而是要传递一些问题求解的思想和方法。

(12) 绪论部分和文法的前一部分可以 PPT 为主,板书为辅;剩余内容均采用板书,这样会收到较好的效果。

总的来说,要努力将该课上成思维体操课。教师自己要在对问题的研究中教,引导学生在对未知的探索中学,要把课堂当成师生共同思考问题的场所,在思考中完成问题的发现、问题的分析和问题的求解,通过对大师们的思维过程的学习,提高学生的思维能力,并掌握相应的方法和知识。

学生要养成探索的习惯,积极思考问题。学着从实际出发,进行归纳,在归纳的基础上进行抽象,最后给出抽象描述,实现形式化。所以,可以要求学生在课堂上不仅要适当地做笔记,甚至要准备好"草稿纸",随时准备"写写画画"。要注意理解基本的抽象模型,并用该模型描述给定的对象,在描述中加深对其理解。要仔细研究概念,掌握解题基本技巧,多想,多练。要特别重视构造和证明的思想、方法和表达。

12.3 作　业

12.3.1 指导思想

作业要包含最基本的习题，而且必须督促学生完成适量的习题，要求学生完成这些习题并提交教师进行批阅。另一类作业是一些称为“练习”的题目，这些题目相对难度要么比较低，要么比较高，也更灵活，这些练习题引导学生查漏补缺、做更多的思考和练习，这部分作业可以不要求学生正式提交。第三类是随堂的问题，这些问题中的一部分旨在使学生在课内能跟上教师的引导，另外一部分是引导学生在课外进行更广泛、更深入的思考，充分调动学生的“思考”积极性，而那些难题旨在引导学生去寻求更多的“顶峰体验”。

由于本课程的作业需要学生综合地运用教师在课堂上讲述的方法(含思维方法)，亲自去想办法求解问题，去体会、去进一步认识。所以，教师在布置作业后，不要一听学生有困难就去讲习题，要给学生足够多的、自我进行问题求解的时间，一定要督促学生自己去想问题，去亲身体验这一过程，哪怕会出现一些错误。但是，由于此课程的习题确实具有相当的难度，因此，教师要把握火候，在适当的时候安排习题课，选择典型的题，讲解典型的思路和解题方法。例如，文法的构造思路、FA 状态的构造思路，泵引理的用法与其中特殊串的取法。

分期中、期末两次，找机会简要地讲解一遍所布置的习题也有一定的作用。在这过程中，注意重点讲思路和典型方法的应用。关于作业，再次强调以下几点：

(1) 必须督促学生完成适量的作业。希望老师想办法抽出足够的时间批改学生的作业。

(2) 本课程的作业需要学生综合地运用教师在课堂上讲述的方法(含思维方法)，亲自去想办法求解问题，去体会、去进一步认识。

(3) 要给学生足够多的、自我进行问题求解的时间，一定要督促学生自己去想问题，去亲身体验这一过程，哪怕会出现一些错误。

(4) 此课的习题确实具有相当的难度，要把握火候，在适当的时候安排习题课，选择典型的题，讲解典型的思路和解题方法。

(5) 精选习题和思考题，重视答疑和作业的批改，积极鼓励学生克服困难，完成习题。及时给予学生指导。

12.3.2 关于大作业和实验

由于本课程是难度很大的基础理论课程，有的习题甚至在当初就是一篇高水平的学术论文，所以，大作业、课程论文、实验等受学时的限制不宜安排，所需实验达到的目的将在后续的其他专业课(如编译原理)中实现，本课程中不做安排。根据本课程的性质，可以认为广义的“实践”体现在“练习”上。所以，需要重视学生的作业。对于学有余力的学生，完成各种模型，尤其是实现等价模型的自动转换系统的设计与实现也是很有意义的。

12.4 课程考试与成绩评定

12.4.1 成绩评定

平时成绩占总成绩的 30%，期末考试占总成绩的 70%。

平时成绩主要用于督促学生平时就抓紧学习。由于本课程理论性非常强,需要更多的练习,所以,平时的作业对课程基本内容的理解非常重要。作业部分和随堂的练习与测验可以各占平时成绩的15%。

期末考试采用笔试。期末考试起到复习、总结的作用,要求学生全面梳理课程的全部内容,起到温故知新的作用。考试主要通过对学生掌握所学内容的情况,考查其对知识、方法的掌握,特别是通过学生解题能力的考查,评价其能力的形成。

课程考核方式及主要考核内容参见表12-1。课程成绩评定标准参见表12-2。

表12-1 课程考核方式及主要考核内容

考核方式	所占比例	主要考核内容
作业	15%	引导复习讲授的内容,深入理解相关的内容,锻炼基于基本定义、定理、引理、基本方法等基本原理进行问题求解的能力,通过对相关作业的完成质量的评价,促进学生达成课程教学目标。这部分分数虽然对课程目标的达成情况有一定的体现,但有效性不足,因此不具体用于课程目标达成情况评价
随堂练习与测验	15%	考查课堂参与度,对讲授的基本内容的掌握程度,包括对基本模型和相关性质的掌握情况,以及基本的问题求解能力,根据练习和测验的参与度及其完成质量进行考核,促进学生达成课程教学目标。同样,这部分分数虽然对课程目标的达成情况有一定的体现,但有效性不足,因此不具体用于课程目标达成情况评价
期末考试	70%	通过对规定考试内容掌握的情况,特别是具体的问题求解能力的考核,评价课程目标1和课程目标2的达成情况。包括对所讲内容(基本定义、定理、引理、基本方法)的掌握情况,对基本模型的理解、选择、设计恰当的模型表述对象,实现模型之间的等价变换等。考查学生依据所学的这些基本原理对有关问题的分析、判定、描述、推理、解决方案设计等能力

表12-2 课程成绩评定标准

课程目标	成绩分档				
	A	B	C	D	E
	100~90分	89~80分	79~70分	69~60分	<60分
课程目标1:建立语言模型描述的基本意识,能够理解对语言进行分类,并以形式化的方法(文法、表达式和自动机)描述语言,进行语言不同描述模型的等价变换	能够很好地理解语言的文法、自动机等基本描述模型;很好地运用这些模型对给定语言进行描述,清晰准确地描述模型刻画的语言;可以准确地根据需要进行模型之间的等价变化	能够很好地理解语言的文法、自动机等基本描述模型;能够正确运用这些模型对给定语言进行描述,正确描述模型刻画的语言;可以准确地根据要求进行模型之间的等价变化	能够理解语言的文法、自动机等基本描述模型;能够按照模型的要求提取给定语言的基本特征,并用模型进行恰当描述,能够正确描述模型刻画的语言;可以根据要求进行模型之间的等价变化	能够较好地理解语言的文法、自动机等基本描述模型;能够提取给定语言的基本特征,并加以描述,理解模型刻画的语言;可以根据要求进行模型之间的等价变化	达不到评定标准D档要求

续表

课程目标	成绩分档				
	A	B	C	D	E
	100～90分	89～80分	79～70分	69～60分	<60分
课程目标2：理解语言的性质，能够基于描述模型和相应类型的语言的基本性质进行分析、推理	准确理解语言的性质，能够基于相应的描述模型和相应类型的语言的基本性质，很好地完成相关的推理分析	正确理解语言的性质，能够基于相应的描述模型和相应类型的语言的基本性质，正确地完成相关的推理分析	理解语言的性质，能够基于相应的描述模型和相应类型的语言的基本性质，完成相关的推理分析	理解语言的性质，能够基于相应的描述模型和相应类型的语言的基本性质，进行相关的推理分析	达不到评定标准D档要求

12.4.2 考题设计

考试题要注重督促学生在学习过程中对基本概念、基本方法、基本技术的掌握，尤其要督促学生在期终总结复习的过程中对整个知识系统的全面掌握和灵活运用，希望他们能将这些知识串联起来，要督促学生努力为自己打下坚实的基础理论知识，督促学生建立不怕困难、勇于探索未知的意识。

考试题大体上可分为3种类型，重点考查学生对基本概念、基本方法、基本技术的掌握和综合应用。

(1) 概念型题：这类题目重点考查学生对基本概念掌握的程度，对于只会死背定义者，是难以准确回答这类问题的，引导学生重视对基本概念的深入理解；同时，还要注意对一些基本术语（如派生、语法树、语言）和基本符号（如→、|、⇒）的掌握，这些均是今后学习、工作所要用到的工具。

这种类型题目的基本形式有：判定对错、判定类属、错误改正、填空，占比不宜超过10%。

(2) 构造型题：这部分属于基本功考查。可以有4种题型，包括：给定语言的文法、自动机的构造；给出文法、自动机所描述的语言；基于模型设计；进行等价变换。

此类题用于考查学生灵活运用所讲授的基本方法和课程的基本知识求解问题的能力。包括考查学生对问题进行形式化描述和处理的能力，这是计算机学科的高级人才的基本功之一。

要想较好地求解此类题目，要求学生能够较好地将所学的知识、方法和思维方法综合应用。

这类题目可以是给定条件下的直接构造，也可以是等价变换、依条件改造，还可以是映射变换。这类题目所占比例可以控制在60%～70%。

(3) 证明型题：严密的思维和严格的证明是计算机学科高级人才的另一个基本功。此类考题考查学生运用所学的定理、重要引理证明有关结论的能力。

证明题中，可以要求学生先依照题目的要求完成构造（相当于给出构造方法），然后去证明自己所给出的构造是正确的。实际上,这种训练对学生在今后设计出一些重要的算法后再去证明算法的正确性是非常有意义的。

另外,也可以给出一些直接的证明题。例如,用 Myhill-Nerode 定理进行 L 是否为 RL 的判断和证明;分别用 RL 和 CFL 的泵引理进行 RL 和 CFL 的判定性证明等。

这类题目所占比例可以控制在 20%～30%。

参考文献

[1] 蒋宗礼,姜守旭. 形式语言与自动机理论[M]. 4版. 北京:清华大学出版社,2023.

[2] HOPCROFT J E,MOTWANI R I,ULLMAN J D. Introduction to Automata Theory,Languages,and Computation[M]. 2nd ed. Addison-Wesley Publishing Company,2001.

[3] HOPCROFT J E,MOTWANI R I,ULLMAN J D. 自动机理论、语言和计算导论[M]. 2版(影印版). 北京:清华大学出版社,2002.

[4] HOPCROFT J E,ULLMAN J D. Introduction to Automata Theory,Languages,and Computation [M]. Addison-Wesley Publishing Company,1979.

[5] HOPCROFT J E,ULLMAN J D. 形式语言及其与自动机的关系[M]. 莫绍揆,段祥,顾秀芬,译. 北京:科学出版社,1979.

[6] LEWIS H R,PAPADIMITRIOU C H. 计算理论基础[M]. 张立昂,刘田,译. 2版. 北京:清华大学出版社,2000.

[7] SIPSER M. 计算理论导引[M]. 张立昂,王捍贫,黄雄,译. 北京:机械工业出版社,2000.

[8] ROSEN K H. 离散数学及其应用[M]. 袁崇义,屈婉玲,刘田,译. 北京:机械工业出版社,2002.

[9] 吴鹤龄,崔林. ACM图灵奖(1966—1999)——计算机发展史的缩影[M]. 北京:高等教育出版社,2000.